全国高校古籍整理研究工作委员会
2016年度古籍整理研究项目（编号：1623）成果

中国柞蚕书
十七种校注

武强 校注

中国社会科学出版社

图书在版编目（CIP）数据

中国柞蚕书十七种校注／武强校注．—北京：中国社会科学
出版社，2020.9
ISBN 978 - 7 - 5203 - 6695 - 3

Ⅰ．①中… Ⅱ．①武… Ⅲ．①柞蚕—研究 Ⅳ．①S885.1

中国版本图书馆 CIP 数据核字（2020）第 104647 号

出 版 人　赵剑英
责任编辑　宋燕鹏
责任校对　沈　旭
责任印制　李寡寡

出　　版　中国社会科学出版社
社　　址　北京鼓楼西大街甲 158 号
邮　　编　100720
网　　址　http://www.csspw.cn
发 行 部　010 - 84083685
门 市 部　010 - 84029450
经　　销　新华书店及其他书店

印　　刷　北京君升印刷有限公司
装　　订　廊坊市广阳区广增装订厂
版　　次　2020 年 9 月第 1 版
印　　次　2020 年 9 月第 1 次印刷

开　　本　710×1000　1/16
印　　张　21.25
插　　页　2
字　　数　338 千字
定　　价　118.00 元

目　　录

自　序

　　蚕桑丝织业早已成为中华文明的代表，在这一大背景之下，明代之后从山东等地又兴起了一类柞蚕丝织业，又被称为野蚕的这一产业主要分布于北方地区，清初又陆续传播至西南地区，与江南和珠江三角洲地区的家蚕业并行存在，成为丘陵山区民众的衣食之源。

　　柞蚕的种类极多，同时因其生产方式主要为野外放养，故其品种变异极快；根据不同的产区以及饲蚕树种的差异，柞蚕的名称也五花八门，如野蚕、椿蚕、椒蚕、柳蚕、蓖麻蚕等等，不一而足。如何统一名称，循名以责实，前人已多有议论，此处就引用清末安徽劝业道童祥熊的解释，统称之为柞蚕：

　　　　或曰："柞蚕者，野蚕之一耳，柞之属若橡、若槲、若青桐，皆宜蚕，兹编以柞蚕名，其未备乎？"曰："事固有举一以例其余者，且齐、豫习称柞蚕，民所易知，则仍之云。"

　　柞蚕业自清末以来柞蚕业早已经被视为一项富国裕民的产业，对于其研究也已经有了不少的成果。但是，对柞蚕书的系统性整理尚付阙如，鄙人一直有意从事该项工作，前期也进行了相关的研究工作，同时特别关注并搜集了一些柞蚕书。2016 年，在全国高校古籍整理委员会的资助之下，此项柞蚕书之点校整理工作终于真正开始进行了。

　　若论及柞蚕书的渊源，前辈学者们已经做过很多整理了，王毓瑚的《中国农学书录》（中华书局 2006 年版），华德公《中国蚕桑书录》（中国农业出版社 1990 年版）等目录著作中，都有相应的梳理。本次整理点校过程中，也参考了这些著作，在此一并点明。最早的柞蚕书，应该来源于明末孙廷铨的《南征纪略》中的记载。《四库全书总目提要》称："《南征纪略》二卷，国朝孙廷铨撰。廷铨字伯度，又字次道，益都人，前明崇祯庚辰进士，入国朝官至大学士，谥文定。顺治辛卯，廷铨奉使祭告禹陵及南海，此乃其纪程之书。上卷自出都至杭州，下卷自杭州至会稽，迄祀南海而止。其间游览古迹，多因以追论史事，同时酬赠诸诗，亦并载其间。"在《南征纪略》卷一部分顺治八年（1651 年）六月乙酉当天的日记中，孙廷铨对诸城县山中民众进行柞蚕生产的情况进行了较为明确的记载：

　　（六月）戊申，……渡潍水，次诸城县。……

　　己酉，自县南行，入一溪中。两岸夹山，层峰远近包络，村烟堤沙，岸柳曲折，随流高下，川原翠浮。马首七十里，至石门村，宿焉其中，沙石粼粼，一溪屡渡。山半多生槲树林，是土人之野蚕场。

　　按：野蚕成茧，昔人谓之上瑞，乃今东齐山谷，在在有之，与家蚕等。蚕月抚种出蚁，蠕蠕然，即散置槲树上。槲叶初生，猗猗不异桑柔，听其眠食，食尽即枝枝相换，树树相移，皆人力为之。弥山遍谷，一望蚕丛。其蚕壮大，亦生而习野，日日处风日中，不为罢。然亦时伤水旱，畏雀啄。野人饲蚕，必架庐林下，手把长竿，逐树按行，为之查阴阳、御鸟鼠。其稔也，与家蚕相后先。然其穫者春夏及秋，岁凡三熟也。

　　作茧大者二寸以来，非黄非白，色近乎土，浅则黄壤，深则赤埴坟，如果赢繁实，离离缀木叶间，又或如雉鸡壳也。练之取茧，置瓦甀中，藉以竹叶，覆以葵席，洮之用纯灰之卤。藉之虞其近火而焦也，覆之虞其泛而不濡也，洮之用灰，柔之也。厝火焉，朝以逮朝，夕以逮夕，发覆而视之，相其水火之齐。抽其绪而引之，或断或续，加火焉。引之不断，乃已。去火而沃之，而盬之，俾勿燥。缫之不用缫车，尺五之竿，削其端为两角，冒茧其上，重以十数，抽其绪而引之，若出一茧然。练者工良也，竿在腋间，丝出指上，缀横木而疾转之，且转且抽，寸寸相续，巧者日得三百尺；或有间辍，日得一二百尺；或计十焉，积岁乃成匹也。脱机而振之，丁丁然，握之如捻沙，则缣善。食榭名榭，食椿名椿，食椒名椒。茧如蚕名，缣如茧名。

又其蚕小者，作蚕坚如石，大才如指上螺。在深谷丛条间，不关人力，樵牧过之，载橐而归，无所名之，曰山蚕也。其缣备五善焉：色不加染，黯而有章，一也；浣濯，虽敝不异色，二也；日御之，上者十岁不败，三也；与韦布处，不己华，与纨縠处，不己野，四也；出门不二服，吉凶可从焉，五也。故谚曰："宦者赢，葛布褐"，言无人不可者，此亦有焉。

孙廷铨这篇日记体的小文，是现存最早描述柞蚕工艺全部流程的记载。在该文中，第一次将"野蚕作茧"从作为"祥瑞"的代表，转变为一种民生副业。虽然早在明太祖朱元璋时期，已经训令地方官员，不许再将此类野蚕作茧的现象以祥瑞上报，但真正作为一项产业被记录，即是始于本篇小文。

除《南征纪略》中的记载之外，清中期的《西吴蚕略》也收录了此篇小文，并将其单独标注为《山东茧志》流传。此外，该篇小文曾有于云傲等人进行过整理和点校（《孙廷铨与〈山蚕说〉》，《蚕业科学》1987 年第 13 卷第 1 期），并以《山蚕说》的名称视其为单行本。

对于柞蚕书的点校工作，早在 20 世纪 60 年代开始已经陆续有前辈学者在从事此项工作，最著名的如：《野蚕录》（清王元綖撰，郑辟疆校注，中国农业出版社，1962 年），《柞蚕三书》（杨洪江、华德公校注，中国农业出版社，1983 年），收录了《养蚕成法》《樗茧谱》《山蚕辑略》等三部重要的柞蚕书。既有前辈学者珠玉在前，小子也不揣浅陋，完成了此次续貂之作。

本次校注工作，在前辈学者的基础上，又选取了尚未被整理过的一些比较有代表性的柞蚕书。因出版体量所限，不可能应收尽收，故选取了流传较为普遍的十七种柞蚕书，并将其按照成书时间顺序排列如下：

《养山蚕成法》（1756 年），程恩泽：《橡茧诗》（1824 年），刘祖宪：《橡茧图说》（1827 年），常恩：《放养山蚕法》（1849 年），国璋《教种山蚕谱》（1894 年），曹广权：《推广种橡树育山蚕说》（1904 年），夏与赓：

《山蚕图说》（1906 年），增韫：《柞蚕杂志》（1906 年），董元亮：《柞蚕汇志》（1909 年），徐矩易：《山蚕演说》（1908 年），张培：《劝业道委员调查奉省柞蚕报告书》（1908 年），孙尚质：《橡蚕刍言》（1908 年），许鹏翊：《橡蚕新编》（1909 年）、《柳蚕新编》（1910 年），秦枬：《槲蚕通说》（1909 年），陈蕃诰：《劝办桐庐柞蚕歌》（1910 年），徐澜：《安徽劝办柞蚕案》（1910 年）等。

　　以上这些柞蚕书，除了在时间上的先后顺序之外，在内容上也存在着一定的传承关系。如国璋《教种山蚕谱》一书，就将郑珍《樗茧谱》全文收录，仅仅在前半部加入了一些自己撰写的内容；而之后的夏与赓《山蚕图说》，则又将《教种山蚕谱》中由国璋撰写的部分收录进来，并附上图说。增韫《柞蚕杂志》与董元亮《柞蚕汇志》也有前后相承的关系，董元亮在浙江为官时，曾经是当时身为浙江巡抚的增韫下属，且持续数年时间，因此，这两部柞蚕书无论是内容还是体例等方面，自然无法将两人完全区别来看孤立看待。

　　以上柞蚕书往往流传不广，国璋曾在《教种山蚕谱》的序中评论称："遵义郑子尹徵君著有《樗茧谱》，于养蚕取茧诸法，条举件系，可为师承，第文词古奥，笔墨雅近《考工记》，虽得独山莫子偲徵君为之注释，究难尽人通晓。"这其中固然有中国传统文人对技艺的隔膜相对忽视之故，但也需要注意，这些书许多是在清末刻印，由于王朝更迭、时代变迁，几乎随之都被束之高阁，因此版本都比较稀少。在此次校注过程中，往往会依据某部柞蚕书的一个版本，参照其他相关知识进行整理，版本之间的对勘则相对较少，望读者明识。

　　此外尚有民国时期的一些柞蚕书，虽然已经不能称之为"古籍"，但其基本的结构仍然是传统柞蚕书的模式，如张嘉猷《实用柞蚕法》（1923 年）、文宗潞《调查贵州遵义橡蚕报告书》（民国年间刻本）等，就不再收录进入本次点校的书目之内。此外，还有一些因种种特殊情况，无法收录的柞蚕书，如清末林肇元《种橡养蚕说》（1878 年），林邕《山蚕简明图说》，茹朝政《山蚕易简》一卷（1889 年）等等。由此而导致的遗珠之憾，思之怅然，只能待校注者今后弥补了；此书中点校整理出的十七部柞蚕书，难免有疏漏失误之处，自古校书如扫落叶，随扫随生，亦为另一憾事，期待读者与学界同人批评指正。

是为序。

武强

庚子年芒种日书于汴梁

《养山蚕成法》

整理说明

　　《养山蚕成法》不分卷，清代山东巡抚喀尔吉善组织编刊。喀尔吉善，《清史稿》有传，乾隆八年，调任山东巡抚，《养山蚕成法》即在此期间组织完成。但《清史稿》喀尔吉善本传中，并未记载这件事；不过，乾隆帝谕令地方官员组织编撰柞蚕书一事，《清实录》中有比较详细的记载。清高宗于乾隆八年（1743 年）十一月初八日，谕令山东巡抚喀尔吉善纂修《山东养蚕成法》一书，刊送各省（《清高宗实录》卷二〇四）：

　　　　上谕军机大臣等，据四川按察使姜顺龙奏称，东省有蚕二种，食椿叶者名椿蚕，食柞叶者为山蚕，此蚕不须食桑叶，兼可散置树枝，自然成茧。臣在蜀见有青杠树一种，其叶类柞，堪以喂养山蚕。大邑县知县王隽曾取东省茧数万，散给民间，教以喂养，两年以来，已有成效。仰请饬下东省抚臣，将前项椿蚕、山蚕二种作何喂养之法，详细移咨各省，如各省见有椿树、青杠树，即可如法喂养，以收蚕利等语。可寄信喀尔吉善，令其酌量素产椿青等树省分，将喂养椿蚕、山蚕之法，移咨该省督抚，听其依法喂养，以收蚕利。再直隶与山东甚近，喂养椿蚕、山蚕，不知可行与否，并著寄信询问高斌。

该上谕中表彰了几位曾经推广柞蚕的地方官员，并从中央政府的层面出发，要求各地尽量拓展柞蚕产业。在中国柞蚕业的发展史上，最早编撰的柞蚕书即为《养山蚕成法》。喀尔吉善作为全省最高行政长官，署名为此书的编撰者，真正编撰者的身份已无从查考，根据行文的情况，应该是山东省内的某一位基层技术型官员。

《养山蚕成法》一书已佚，此处的点校本，录自乾隆二十一年（1756年）《廉州府志》（周硕勋修，王家宪等纂）卷九《农桑》，该方志编纂者在按语中称，乾隆九年（1744年）山东省奉命编撰此书，之后咨行各省，"令相度土宜，酌量办理"，经过十余年后，"偶于旧牍中捡得，恐日久湮失，并录之"，故而比较完整地保存了这一珍贵史料。

乾隆三十八年（1773年）《塔子沟纪略》（哈达清格著）卷十《蚕事》中，也载有《养山蚕成法》的缩略改编版本，与《廉州府志》内容各有异同，可相互参看，或可遥想《养山蚕成法》一书的原貌，故在此校注本中一并列出。

《养山蚕成法》

（乾隆二十一年《廉州府志》卷九《农桑》）

《养山蚕成法》，乃乾隆九年山东奉部文咨行各省，令相度土宜，酌量办理者。偶于旧牍中捡得，恐日久湮失，并录之，俾养蚕之家以此互相参证，以广利源。

春山蚕十六则

收种

即用秋茧作种，秋闲分茧时择种，贮以箪箔，置屋内，或垫起，或挂起一举手高，勿使风燥岭南风不燥，亦避凄风、避烟气。

温种

冬节数九至八九将尽时，将茧种穿成大串，穿时勿伤蛹子尹竦切，音涌，蚕化为蛹，蛹化为蚕，用枰挂暖屋内，令茧就温，数九尽则陆续蛾出，切防雀鼠虫蚁原本挂暖屋内，常置火屋中，指北地言，岭南地暖，故删去。

拾蛾

每日申、酉、戌三时出蛾，出毕，将蛾拾入有盖筐内。雄蛾小而尾尖，雌蛾大而腹壮，雌雄分置一筐，悬挂屋内，勿为烟气所及，以致雌雄不交。

配蛾

每晓将蚕蛾雌雄各半，纳之筐中，自能匹配。筐盖不可轻揭，恐惊蛾拆开，次早开视，如有不配者，将雌雄合并，以津唾之即配。如雄蛾不足，晨起将雌蛾筐悬屋外，去其盖，即有雄蛾觅配，谓之风蛾。蛾翅有形如镜，名隔山照附近有养蚕之家，方有雄蛾觅配也。

摘对

配蛾之次日申刻，将雄蛾摘去，用两指轻捻雌蛾腹，出溺，谓之把蛾。俟溺尽，仍置筐内，悬挂屋中，听其出子。筐内须用纸糊，以免子漏筐，须时时转动，蚕蛾俱集向明一面，以致下子不匀。筐内子满，暂挂清凉屋内，若树芽未发，恐在暖处，出蚕大早岭南树木发芽甚蚤，则无虑此。

暖子

近谷雨时，簸箩渐次发芽岭南气候较早一节，将子筐移入暖室中粤中又不宜太暖，六七日出蚕如蚁，所谓蚕蚁是也。

出蚕

每日寅、卯、辰时出蚕，其筐下先须铺席，有蚕蚁落地者，仍拾入筐内。

斫芽

春蚕出时，簸箩尚未发叶，其向阳处先抽嫩芽，连枝斫取高约三尺许。

插墩

活水河边无土沙滩，有水不见水处，掘沟宽二寸许，深亦如之，将芽枝密插沟内，旋插旋掩，勿使露水，枝宜深插，使之易活。盖芽枝忌土，故用沙滩，蚕蚁畏水，故须掩盖。

坐墩

每晨日出后，将蚁筐去盖，纳入墩中，筐下用石垫起以就芽枝，枝外用绳虚束，使枝头下垂，与筐相近，筐内另竖芽枝数茎，与外枝相接，蚕蚁自缘行墩上。

立幛

滩内沙中掘沟，宽尺余，深见水而止，长无一定，密插芽枝以备移蚕之用幛，即墩也，止有大小多寡之别，蚕渐长用叶亦渐多，故须立幛。

上幛

蚕出七日则一眠，须于未眠之先，将墩上枝头之蚕，带叶剪取，移置幛上。此幛叶尽，再移彼幛，上山为止。

进场

山中植簸箩处，俗名蚕场。立夏后，树叶长成，不拘二三眠，起后将幛上蚕连叶剪取，移置树中，每树置蚕之多寡，以树之大小为准蝶蚕养于家内，又省许多繁难。

守场

一切鸟兽虫蚁，俱能伤蚕，故蚕工巡视守护，窝铺住宿，饮食坐卧，时刻勿离。

移蚕

春蚕四眠，一眠一起，一起一移，移欲勤，叶欲嫩，蚕小连叶剪取，大蚕竟可手摘，头身俱肿不食曰眠，蜕衣日起，如有叶多蚕少，蚕多叶少之处，均之使匀，秋蚕如之蝶蚕眠起，挪移情形大概相同。

摘茧

蚕出四十余日成茧，在树带叶摘下，仍去叶，其系于叶处谓之蒂，去之恐伤茧，丝包于茧外，谓之衫，留之织绸，始有花纹，故蒂衫俱不可伤损此当与蝶蚕参酌行之。

秋山蚕 九则。按山东之山茧，秋丝胜似春丝，蝶茧则春丝胜似秋丝，地道不同故也。

收茧

春茧既成，即择秋种，用箔薄摊，悬挂清凉屋内，勿使伤热。盖春寒故种宜暖，秋热故种宜凉炎岭尤宜清凉。

选种

茧有雌雄，雄茧小而尖，雌茧大而平，雌宜多备，亦勿过偏，茧务择其响而重者，若油茧、烘茧，则内蛹不活，其茧出黑水，有臭气者，不堪作种。

穿种

小暑后，用针引细麻线，从种茧小头，一如春种，穿成大串，挂于风凉屋内或凉棚下，高不过举手便于摘蛾，下不使及地防犬猫攀噬，宜透风，不宜见日。拾蛾、配蛾与春蚕同，惟秋蛾宜悬屋外，勿使日晒，并勿轻动惊蛾。

拴蛾

先于簸箩中，拣枝叶稠密，下无虫蚁之树，将根下柴草芟尽，申刻将雌蛾把溺，用五寸许细麻，拴其大翅根下，一绳可拴二蛾，骑中于树枝，蛾即下子于枝上，其拴蛾之多寡，量树之大小为准。

选场

场有蚁场、茧场之分。蚁场地宜凹音坳，土洼也，下相宜低小，以蚕小不耐干燥，故取其叶嫩且便于巡视。茧场则宜向阳，盖蚕至大眠后，天气渐寒，非暖不能成茧粤中七月正热，又不宜太暖。其场内荆棘草株，悉宜芟除。

浇子

亢旱天炎，恐致伤蚕，宜汲水时灌树下，并洒水叶上。

开蚁

子下十一日出蚕，蚕出三日，连枝剪下，送入蚁场。

匀蚕

如春蚕法，移蚕亦然。但不必一起一移，惟以叶尽为度。

打铺

晚蚕多懒，且天气渐寒指北方言，蚕堕地不能复上，宜于枝柯间缚置草铺，蚕堕草间，自能复上。又草中亦可成茧。

山蚕避忌五则

避高场

山高多雾，蚕食雾则生疾岭南瘴雾尤忌，并不独避高场也，且风厉早寒，致使眠起太迟蚕有生班、破腹二疾，听其自然。

避蚁穴

蚁穴中，簸箩最肥，但蚁能咬蚕使堕，且蚁行上下，使蚕终日摇首，食叶不安。

避焦叶

有一种簸箩叶，黄薄而少汁浆，似干焦，蚕愈食愈瘦。

忌移眠蚕

墩上初次移蚕，在未眠之先，此外移蚕，须在既起之后，蚕将眠，必吐丝于足下，紧贴枝上，不可即动，俟起后有力，方可移取。

忌人

忌孝服，忌产妇，忌疮疥污秽人。

子筐①

荆条为之，平底陡沿，平盖，形圆，高尺许，阔倍之，纸糊底免漏子，秋则勿糊，恐闭风无荆筐，用竹筐亦可。

椿蚕五则，亦分春秋。

润茧

谷雨后，将茧种用温水润过，或二三十枚，或四五十枚，线穿成串，挂置壁间，小满蛾出。

拾蛾

雄蛾听其飞去，将雌蛾用捻麻，或左或右，系其大小两翅，挂椿树上，雄蛾自来寻对。

出蚕

成对一日即下子，八日以外即出小蚕，树叶食尽，另移一树，其防护等法，一如山蚕。如此一月成茧。

秋种

春蚕既成，选种亦如山蚕法，悬挂屋内，不必水润，七月初旬出蛾，喂养收成如前。

---

① 此处"子筐"条，根据柞蚕书的体例，应归入生产工具类，疑似上下文中有遗漏。

附：椒茧

椿蚕一眠起后，移置花椒树上，养成茧子即名椒茧。此茧最佳，极贵。

茧绸始末三则

拣茧

用柴灰取浓汁，注半锅，烧滚，纳茧满筐，担置锅上，先以滚汁浇之，俟茧透，叠实，覆以簸箩叶，用石压沉锅底，少顷蛹香，其茧乃熟，将茧倾于席上，以手出蛹蛹可食，出蛹时勿倒取，茧蒂下原有一孔可出，即将茧壳十枚一套，以茧丝束住，用温水洗濯，以手捻之，水清为度，晒干收贮灰水不可去净，净则线色太白。

捻线

线贵细匀，将套茧置茧义上茧义，截木为之，如笔管而稍锐其末，捻法不一，或用轴，或用车，各随方宜，棉车亦可为之，络线做法与桑蚕同。再茧分春秋，线有粗细，织绸用春线作经，秋线作纬，更佳。

眼绸①

织毕下楼，择平坦洁净处，舒展晒眼，下衬以草，上压以石，须见日光，否则绸色不亮。

蚕茧种类

山茧，黄白色，大者如鸭卵，其蛾米色，生子大如高粱米，其色微赤，形扁，初成蚕黑色，渐变青色，约长三寸许，大如指。

椿茧，灰色，大如枣，其蛾黑花，子色白，蚕初出黑色，至二眠后色黄白，三眠后色白，身有肉翅，状如海参，尾底有岐，长二寸许。

簸箩种类 大叶槲树名大簸箩，小叶槲树名小簸箩，红柞、白柞亦名尖叶簸

---

① 眼，音 làng，"曝晒"，多见于吴语和湘语。

笋，青红亦名青红簸笋。按槲叶称簸笋，齐鲁之方言也，今岭南山中处处有之。

大小簸笋，叶多棱洼，结子上圆下尖，状如莲子，外壳内仁名曰橡子研粉可食，子下有托，如栗房之半而小染皂用，名橡椀子。

青杠，叶类槲叶而小，结子与槲树同，名亦同。

红柞、白柞，就树皮颜色分别，叶皆青色，似柳叶而较宽，经霜不落，结子与青杠树同而较大，名亦同柞与杠皆槲树，特树皮颜色、叶之大小，微有不同。

椿树即臭椿，廉州人谓之假椿树，嫩芽酱红色，成叶后青色，似香椿而微臭，子结瓣，中如目之有珠，名凤眠草。

簸笋品格

尖叶簸笋，最能发蚕，早眠早起，茧大而厚，且叶尽易发，春秋相继，但蚕易病，不如大簸笋气味平和，故养山蚕者，以大小簸笋为主，青杠较二者稍下，特取其萌芽早发，墩幛多赖之粤中簸笋叶发芽甚早，青杠似可不用。

种植宜山场

种簸笋，秋九月刨坑，入橡子四五粒，以土掩之，春后发芽，防火烧及牛羊践食，六七年成林。

种椿树，交春锄地，将椿子去瓣，分行撒入地内，俟出土四五寸，分移排列，高二尺许，遂掐去稍尖，使交桠四出，长不过四五尺，随时掐之，勿令过高，两年成林。

论曰：农桑为衣食之本，衣食为礼义之原。廉俗不善饲蚕，尚可诿曰艰于树桑，如蝴蝶茧之类则无需于桑，钦中八峒有饲之者。他如纺绩，各女红舍之不务，而趁墟逐末，男女之别谓何？至于灌溉，莫善于水车，奈廉民不识为何物，爰绘图徧告之，或可收利赖于数十年之后。

《养山蚕成法》

（乾隆三十八年《塔子沟纪略》卷十《蚕事器用附》）

蚕之产丝之广，唯浙杭为最，饲以桑叶，比户皆然，小民之完粮纳课，身衣口食咸赖焉。他处所产山绸，山东有之，今口外气寒，又无桑可饲，蚕从何生，丝从何得！而塔属地方生菠箩叶，民人藉以饲蚕织山绸而贸易之，其饲育之法，则有诀焉。故细录之，以见天工养人之意，抑以知人巧可夺天工，物力之艰难，不仅稼穑而已也。

春夏养法

收种

春蚕用秋茧作种，秋间分茧时择种，贮以簟箔，摊置屋内，或垫起，或挂起一举手高，不使风燥。

温种

冬节数九至九九时，将茧种穿成大串，穿时勿伤蛹子。用杆挂暖屋中，常置火屋内，令茧就温，至清明节前后则陆续蛾出，切防雀鼠蚁虫。

拾蛾

每日申、酉、戌三时出蛾，出毕，将蛾拾入有盖筐内。雄蛾小而尾尖，雌蛾大而腹壮，雌雄分置一筐，挂屋内，勿为烟气所及，以致雌雄不交。

配蛾

每晚，将蚕蛾雌雄各半，纳之筐中，自能配合。筐盖不可轻揭，恐惊蛾拆散也。次早开筐视之，如有不配者，将雌雄合并，以津唾唾之即复交矣。如雄蛾不足，晨起将雌蛾筐悬屋外，去其盖，即有雄蛾觅配，谓之风蛾。蛾翅有形如镜，名隔山照。

摘对

配蛾之次日申刻，将雄蛾摘去，用两指轻捻雌蛾腹，出溺，谓之把蛾。俟溺尽，仍置于筐内，悬于屋中，听其出子。筐内须用纸糊，以免蛾子渗漏筐，须时时转动，蜀蛾俱集向明一面，以致下子不匀。筐内子满，暂挂清凉屋内，其树芽未能生发，恐在暖处，出蚕太早。

暖子

过谷雨后，簸箩叶渐次发芽。将子筐移入暖室中，六七日出蚕如蚁，名曰蚕蚁。

出蚕

每日寅、卯、辰时出蚕，其筐下先须铺席，蚕落席上，用鸡翎扫入盆内，然后送至芽枝上。

斫芽

春蚕出时，簸箩尚未出叶，其向阳处先出嫩芽，连枝斫取约高三尺余，送蚕其上。

插墩

活水河边，择无土沙滩，滩下有水，滩上不见水处，掘沟宽二寸许，深亦如之，将芽枝密插沟内，旋插旋掩，勿使露水，枝宜深插浅提，使其易活。盖芽枝忌土，故用沙滩，蚕蚁畏水，故须掩盖。

坐墩

每晨日出，复将蚕蚁盆去盖，纳入墩中，盆下用石垫起，枝外用绳虚束，使盆与枝头相近，用鸡翎拨蚕蚁于芽枝上。

立幛

滩内沙中掘沟，宽尺余，见水长流，随意密插芽枝，以备移蚕。

上幛

蚕出四五日则一眠，至四五日方起，蜕黑衣，蚕即回头自食其衣。蚕方肥大，须于未眠之先，将墩上枝头之蚕，带叶剪取，移置幛上。此幛叶尽，再移彼幛，上山为止。

进场

山中长籚箩处，即为蚕场。立夏后，树叶长成，不拘二三眠，起后将幛上蚕连叶剪取，移置树中，每树置蚕之多寡，以树之大小为准。树以三尺余为高，次不过一二尺许，恐过高则难剪取矣。

守场

一切鸟兽虫蚁，俱能伤蚕，故蚕工巡视守护，必立茅棚住宿，饮食坐卧于其中，时刻勿离。

移蚕

春蚕四眠，一眠一起，一起一移，移欲勤，叶欲嫩，蚕小连叶剪取，大蚕竟可手摘，头身俱肿，不食曰眠，脱衣曰起，如有叶多蚕少，蚕多叶少之处，均之使匀。秋蚕如之。

摘茧

蚕出六十余日成茧，在树叶摘下，仍去叶，其系于叶处谓之蒂，去之恐伤茧，丝包于茧外，谓之衫，留之织紬，始有花纹，故蒂衫俱不可伤损。

秋季养法

收茧

春蚕既成，即择秋种，用箔薄摊，悬挂清凉屋内，勿使伤热。盖春寒故种宜暖，秋热故种宜凉。

选种

茧有雌雄，雄茧小而尖，雌茧大而平，雌宜多备，亦勿过偏。务择其响而重者，若油茧、烘茧，则内蛹不活，其茧出黑水、有臭气者，尤不堪为种。

穿种

小暑后，用针引细滑麻线，从种茧小头，一如春种，穿成大串，挂于风凉屋内或凉棚棚下，高不过举手，下不使及地，宜透风，不宜见日。拾蛾、配蛾与春蚕同，惟秋蛾宜悬屋外，勿使日晒，并勿轻动惊蛾。

拴蛾

先于簸箩中，拣枝叶稠密，下无虫蚁之树，将根下柴草芟尽，申刻将雌蛾把溺，用五寸许细麻，拴其大翅根下，一绳可拴二蛾，骑中缠搭树枝，蛾即下子枝上，其拴蛾之多寡，量树之大小为准。

选场

场有蚁场、茧场之分。蚁场地宜洼下，树宜低小，以蚕小不耐干燥，故取其叶嫩且宜于巡视。茧场则宜向阳，盖蚕至大眠后，天气渐寒，非暖不能成茧。其场内荆棘草株，悉宜芟除。

浇子

亢旱天炎，恐致伤蚕，宜汲水时灌树下，并洒水叶上。

开蚁

子下十一日出蚕，蚕出三日，连枝剪下，送入蚁场。

匀蚕

移秋蚕之法，亦如春蚕。但不必一起一移，惟以叶尽为度。

打铺

秋蚕多懒，且天气渐寒，蚕堕地不能复上，宜于枝柯间缚置草铺，蚕堕草间，自能复上。而草中亦可成茧。

避高场

山高多雾，蚕食雾则生疾，且风厉早寒，致使眠起太迟。

避蚁穴

蚁穴中，簸箩最肥，但蚁能咬蚕使堕，且蚁行上下，使蚕终日摇首，食叶不安。

避焦叶

有一种簸箩叶，黄而薄，少汁浆，似干叶，蚕愈食愈瘦。

忌移眠蚕

墩上初次移蚕，在未眠之先，此外移蚕，须在既眠之后，蚕将眠，必吐丝于足下，紧黏枝上，不可即动，俟起后有力，方可移取。

忌人

忌孝服，忌产妇，一入场，其蚕必变。

忌蚕工不和

蚕工须择老成安静之人为首，群工俱听其指挥。否则各出意见，蚕务纷弛矣。

蚕茧种类

山茧，黄白色，大者如鸭卵，其蛾米色，生子大如黍，色微赤，形扁，初成蚕黑色，渐变青色，约长二寸许，大如指。

人工①

春日一人养五六百种，秋日一人可养一千余种。

小斧

刃薄无顶，取其轻利，便于砍芽。

鸟枪

护场须用火枪，凡场内伤蚕之物，如蜂蚁蛙鼠，可以手捉，若鸟兽之属，非鸣枪则不知避，况防虎狼、惊盗贼，更不可少。

子筐

筐以荆条为之，平底陡沿，上有平盖，形圆，高尺许，阔倍之，纸糊底免漏子，秋则勿糊，止用盛蚕，糊之恐闭风。

麻线

用好麻两批合一，长丈许，细如线，滑如弦，以之串种，不虞涩滞。

麻捻

晨起清蛾之后，有暇工，剪麻五寸为度，取单批湿以水，或运以津，

---

① 此节以下，与《廉州府志》所载内容几乎完全不同，需加注意。

用手在腿上搓之，以备拴蛾之用。

窝棚

守场人住宿搭盖，棚式不拘大小，以人数为准，且须多盖数处，布散场中，分人看守。

《橡茧诗》

整理说明

　　《橡茧诗》不分卷，程恩泽撰。程恩泽（1785—1837 年），字云芬，号春海，安徽歙县人。嘉庆十六年（1811 年）进士，历任翰林院编修、贵州学政、侍读学士、内阁学士等职，累官至户部右侍郎。清代中叶的著名诗人和学者，有《程侍郎遗集》等文集存世。

　　道光三年（1823 年），程恩泽任贵州学政，至道光五年（1825 年）调任湖南学政。道光四年冬，程恩泽作《橡茧诗》，后收录于《春海诗集》。之后，贵州按察使吴荣光作《和程春海橡茧诗》十首，收录于其文集《荷屋集》中；郑珍也于道光十七年作和诗，题为《追和程春海先生橡茧十咏原韵》（该诗为追和，故《橡茧诗》原书中无，本次点校时从民国《续遵义府志》中抄录，附于书末）。

　　可以说，程恩泽以诗文进行宣传，促进柞蚕生产在贵州全省的推广，在上层政府官员和学者精英文人中，取得了非常好的效果。刘祖宪于道光七年（1827 年）刊刻《橡茧图说》，与这一时期贵州各级官员的提倡之功，是大有关联的。

　　本书有道光四年（1824 年）刻本，同时载于清道光二十一年成书之《遵义府志》（黄乐之等修，郑珍、莫友芝纂）卷四十六《艺文志五》，此次校注时，也对二者在重要之处的差异进行了校勘。

棉纸《橡茧诗》全

【清】 程恩泽撰

《橡茧诗》序

黔郡州十三，富郡二，曰黎平，曰遵义。黎平以木，遵义以茧，茧不以桑，以橡。然非创于遵义人也，乾隆间，陈君实教之，于是食茧利凡数十年，春秋茧成，歌舞祠陈君如生。道光三年冬，泽试遵义，旋过橡林间，风策策然，叶鳞鳞然，记所历郡皆有橡，不以茧，今过平越、都匀，土益沃宜橡，因叹曰："处处有橡，处处可茧也，富独遵义乎？"过镇远，见方伯吴荷屋先生、廉访宋仁圃先生，颁令甲，劝民种橡，词恳恳着街亭，时夕阳烂如，驻马读之，过思南，遭校官某罿札出，则方伯、廉访督使巡上下游，购橡子，教播种，期三年成食茧利。嗟乎！居尊官亲民，为谋百世利，思深哉。可谓君子儒矣！黔土瘠，黔民劳，劳无所获，遂颓废不自振，晓之曰利在某，不信，视某地民，蓬然顾墙角畦棱，有美荫皆金钱，其黠者又虑利与害俱，且榷之，晓之曰："有百世利，无一日税也。"则又虑购茧器织具，纷然赀未入先贷，晓之曰："如购种，法皆官为。"夫民骄子弟，官慈父母也，骄乃惰，慈乃周，以周起惰，惰乃勉，皆可学而能也。数岁利必若遵义，富甲西南维矣。泽职在文字，咏歌之可乎！分题十，各系四十言，附长篇一则，旧冬作也。

道光四年秋九月上澣
贵州督学使者程恩泽撰。

橡茧十咏

种树

橡随在可植，三年枝叶蔚可饲蚕，饲后休一年。老则充薪炭，新肄出，仍饲蚕。

种树三年成，三年莫嫌迟。今日一丸泥，他日千绚丝。将丝比薪炭，何啻万倍为？黄金在枝头，巧者能取之。

窖茧

以线贯秋茧，悬密室，温以火，蛾出配乃孕，不断火，子易出。

窖茧如窖花，蛹卧小天里。不知春风来，但觉卧欲起。雄雌皆蛾眉，生子眇难视。一朝能上高，万绪从此始。

春放蚕

子既出，承以橡枝叶于筐，能自上，即取枝叶缚之树。

越娘急蚕食，意欲亲乳哺。黔娘急蚕功，一任饱风露。得茧大于瓮，不顾越娘妒。回头笑懒妇，歌舞博纨素。

秋放蚕

春茧就暖，蛾自出配乃孕，以丝两头系两蛾，亘橡树间即育子着枝叶。

秋蛾似蝴蝶，置之高树巅。一绳系两雌，其情不相连。出鷇①叶漠漠，袅丝头娟娟。当其未成时，昼夜防未然。

驱蠹

害蚕者鸟也，蠡也，春秋之昼须驱鸟，秋夜须驱蠡。野蚕先于柘馆，

---

① 此处"鷇"字，方志本作"壳"。

故古有为蚕驱雀之官。

鸟曰予口甘，岂惜人之寒。乌栖蚕又来，蚕乎良独难。畏响驱以柝，避形驱以竿。持谢鸟与蚕，并生天地间。

移枝

叶尽，蚕未饱，剪枝移之他，毋惊蚕。

叶叶敝如绤，蚕蚕饥不禁。翦①枝缚他枝，移家绿云深。声若骤雨来，萧萧风一林。蚕娘未入山，常怀已饥心。

煮茧

茧成，投熟汤，入莜灰汁乃熟，乃缫之，蛹不能生也。或曰，蛹混沌无知，故昔人无抹蛹法。

功成赴汤火，幸在混沌时。茧刚可使柔，丝断难重治。水涑渥以灰，古法存于斯。齐纨不十年，越罗风凄其。

上机

丝值蓰茧，绸值倍丝，功成矣，如绩学然。

丝值蓰茧值，织成金满屋。灯火连晨星，伊轧扰夜读。上充公姥襦，下嫠儿女服。衣郎郎不着，愿换来春谷。

利无算

橡可衣，可食，地宝也。

橡粉可疗饥，橡斗可染皂。老枝薪且炭，新肄复蚕饱。一物备衣食，地乃不爱宝。黔富甲天下，居者殊草草。

永不税

民趋利避害，永不税，乃可与图始。

购种与教织，琐琐皆官赍。焉忍复征榷，如父谋其儿。有衣耀寒暑，

---

① 此处"翦"字，方志本作"剪"。"上机"一节亦有此字。

有金充栋楣。土沃民转劳，民劳劳则思。

橡茧歌①

　　遵义野蚕成茧，曰青槲茧，不知于古为何树也。癸未仲冬，行部
过长林间，叶焦茧割矣，掇其实，知为栎斗。栎斗之子名橡，孙炎
云：栎似樗②。按栎与樗迥别，不得以《尔雅》之樗茧当之。因字曰
橡茧，作《橡茧歌》。

　　冬十一月来播州，扑头黄叶风飕飕。是何嘉卉繁且稠，云此可媲桑
之柔。
　　美荫卷绿春油油，弥山弥泽弥瓯窭。不烦山奴玉斧修，无事红女青
桂钩。
　　叶以为箔枝为帱，结茅承种悬曲摎。蠕蠕子子纷相蹂，天教寝食得
自由。
　　自起自眠登树头，暖日出曝雨则偻③。蚀厥新甲弃厥庮，神丛打鼓小
姑求。
　　宛窳夫人跪树欧，愿生脂屙④无生鸠。为驱花豹驱栗鹠，竹栫行昼宵
乃休。
　　何如彩旙长其斿⑤，娟娟风露春复秋。两番割茧十倍收，茧熟圆如金
弹投。
　　蛾飞大与蝴蜨侔，杼声万家丝万抽。蚕娘乐逸，机娘愁蚕功逸，丝功
劳，流黄缣素充画楼。
　　可怜龙马不上鞯蚕与马同宫，蚕盛则马少，其地乃封千户侯。我来长林

---

①　此处的题目，方志本有"并序"二字，并称此诗出自《春海诗集》。
②　出自孙炎《尔雅注》："栎，似樗之木。"
③　方志本作"依"。
④　方志本作"屓"，疑误。
⑤　"彩旙"一词，方志本作"小旙"。

采其刘，知是栎斗其寔㭨。

斗可染皂实可溲，高士拾之狙公留。不材之木值十牛①，却顾材木翻包羞。

黔中土瘠民臞脉②，何不广植上下游。计其赢羡裨先畴，终岁乃无旱涝忧。

有暴其道夏暍瘳。有依其士丝衣𫄨。积铢累寸成长裘。衣被直徧西南陬。

和春海学使橡茧歌③ 南海吴荣光

栎椥之属房生，有子曰橡黔南陬。昔闻叶可为绀缌，又闻树仅充薪樵。岁拾作粮谁其尤，矫矫李恂新关留。遑遑挚虞鄂社求，不闻饲蚕蚕有收。快哉博物使君邮，乌江之南爱咨诹。作歌告我纴织修，使其有用大蔽牛。我亟徧与守土谋，是时寒林实落秋。采以斗石多为哀，散种十二府一州。汝有一亩与一坺，腴者汝仅为田畴。瘠者可种不可蔾，自汝硌确至于芜。况有拱把生道周，汝先保之毋斧銶。龙岩凤山多丝绸，机声轧轧灯一篝。富胜千石千皮裘，汝得其传富则侔。东风冲融吹林幽，其叶沃若如桑柔。蟫蟫蝀蝀缘枝头，以枝接树枝相樛。连枝桑叶纷蜒蚰，众鸟眈伺声嚅喁。驱以竿幨戒枪矛所属有请用枪驱者，止之，蛹成乃割盈盆瓯。缫以茈汁丝频抽，蚕姑蚕妇忙不休。成絇成匹皆堪售，不胫而走长通流。不税其蚕防苛搜，万家万树同庇休。回看苍翠三年周，户户丝绣皇华辀。亦或茧有同功不，更将十法为汝讴。

种树

种稻三年劳，种橡一锄力。况土不宜禾，硗瘠橡可植。植成叶泥泥，

---

① "十牛"一词，方志本作"千牛"。

② "脉"，方志本作"脉"，疑误。

③ 方志本称此诗出自《荷屋集》。

用以供蚕食。黔民勤且劬，胡弗事纴织？

窖茧

纴织夫如何，始事窖秋茧。寒来知屋深，暖至知春浅。双蛾起累卵，瑟瑟复蜳蜳。昨夜东风多，枝头新绿展。

春放蚕

新绿复新绿，忽忽今三年。我有八育种，汝有九春天。借汝一枝春，引我万丝纆。枝上日渐高，且莫惊蚕眠。

秋放蚕

蚕眠又成茧，秋事继自今。问我何所事，秋蛾已满林。蛾子下如雨，风露相蕤森。千喙万连蜷，眈窥奈饥禽。

驱蠹

饥禽复胡为，重以蟊缉缉。安能去之逃，色斯举不集。我欲卫其生，岂必伤汝及。春声与秋影，中有人独立。

移枝

独立人再思，叶尽防空枝。就食但求饱，守株难为饥。今日碧云合，昨日碧云离。碧云去复回，相送老不知。

煮茧

茧老丝始成，茧熟丝始出。以身殉其丝，衣被及万室。我茧一灰柔，汝茧三丝密。贸丝人或来，如念保素质。

上机

素质定不贵，终日歌七襄。大姑织袆被，小姑织裙裳。更有机前人，夜读声琅琅。秋灯勿辞劳，已免春来筐。

利无算

春筐何但免，成茧劳逸判。回视吴越蚕，功倍而事半。况彼树有实，园收未贫叹。肆者汝洗染，朽者成薪炭。

永不税

山炭与山蚕，俱不入课则。圣恩宽边隅，重戒尽民力。涂畬赋本轻，微末何足殖。寄言循良吏，慎勿扰作息。

书《橡茧诗》跋后

右《橡茧诗》序一篇，五言分咏十首，七言歌一首，初唱于学使程公，而方伯吴公和之，章法如前，今皆备载。延恩于方伯公有师弟之谊，学使则余妹之婿，而佐其幕府者也，故得读二公之诗，校录合椠，因缀言于简末曰：

古者山川林麓之利，与民共之，盖欲以辨物土之所宜，而辅农桑之不足也。自唐贞观时，滁州野蚕食槲成茧，而齐鲁、河洛间遂有以槲叶饲蚕者，其异乎《禹贡》之厴丝、《尔雅》之樗茧明矣。然而缯帛是资，衣食不匮，谓非东南独擅其利也哉！道光三年，余从程学使来贵州，冬月试遵义郡，闻郡民亦知种橡育茧，富甲黔中，视其树，则栎斗之实所产也，稽其法，则前守陈君所教也，于是学使作歌以纪其事。明年，吾师吴方伯公握节治黔，既和学使《橡茧诗》，又喜播民之能自食其力也，乃颁令甲购橡子，先以种树法教督全省，而茧器织具悉讲求以待用焉。延恩窃谓创始者必贵善成，谋深者乃能虑远，彼陈守之所得为者一郡耳，而民之殷富若是，苟因其势而利导之，教诲之，整齐之，制其恒产，养其恒心，黔之上下游即尽易瘠土为沃野可也。夫莫为之前，虽美弗彰，莫为之后，虽盛弗传，今二公忧乐同民，后先一揆，犹惧蚩蚩者之舍本而逐末也，复相与分题咏歌，雍容讽喻，以发人之善心，而征其佚志，岂小补哉？诚可谓见理明而处事当者矣。昔白乐天、元微之同官于渝赋诗赠答，或以湖山寄傲，或以州宅自夸，虽一时渊怀雅量，而由昔视今，其得失固有能辨之者。延恩谫陋无学，何足以知二公之诗？然观其法良意美，纲举目张，不责难于民，而民自勤于用力，不苛扰于吏，而吏尤乐于劝功，惠施一方，业垂百世，安见美利之独擅于东南乎？政贵有恒，辞尚体要，此立德立功立言之所以不朽也，又何患不为采风者所传法耶？

道光甲申孟冬月

古歙金延恩谨跋。

附追和程春海先生《橡茧十咏》原韵 郑珍

种树

我亦念井田，此世生已迟。天与地商量，遣蚕饲尔丝。树是古时树，为要今人为。急种莫穷待，三年当见之。

烘种

春寒四十五，人茧暖窝里。人既忘其寒，蛹亦醒思起。蚕事争此闗，火力谨相视。譬如胎教疏，百病从之始。

春放蚕

谁能妻不衣，谁能儿不哺。都仰蚕腹钱，那避山中露。得不辛苦得，即得神亦妒。春山九十朝，报君以纨素。

秋放蚕

君谷熟田中，我蚕熟山颠。熟时两通易，丰歉情相连。昼要秋日小，夜须秋月娟。天解人愿从，我腹定果然。

驱蠹

蠹蠹岂得已，亦复因饥寒。只此万头虫，尔饱我则难。系头有排索，系足有机竿。非我能陷子，天教入其间。

移枝

筐载似褓负，蠕蠕缘不禁。后时要尔养，肯谓恩勤深。不知家已移，食饱眠于林。蚕乎我诚苦，待儿无此心。

煮茧

同命蹈汤火，吾怜蚕此时。要为世衣被，不尔安得治。所求补生民，可悯不在斯。我观古仁人，用心如见其。

上机

今日机杼地，旧时空破屋。织师有手诀，可授不可读。岁织千万端，远散侯甸服。劝君毋作伪，作伪天不谷。

利无算

槲之用于古，木薪实以皂。一经发全能，遂令穷郡饱。辨土剂利害，草木乃皆宝。敬告异邦君，死法要活草。

永不税

生为穷陬民，如未得父赀。千方获小利，又索真苦儿。堂堂永不税，楔此三字楣。不无桑宏羊，咏言请深思。

资料来源：（民国）《续遵义府志》卷十一《农桑》

《橡茧图说》

整理说明

《橡茧图说》上、下两卷，清代刘祖宪著。刘祖宪（1774—1831），字为宪，一字守斋，号仲矩，清代福建闽清县六都玉坂人。清乾隆五十九年（1794 年）中举人，嘉庆二十二年（1817 年），被朝廷挑选应用赴贵州任职，历署永从、龙里、婺川、普安等县知县及丹江通判。

道光四年（1824 年）至道光九年（1829 年）间，任安平（今平坝）县知县。在安平县知县任上，刘祖宪提倡放养柞蚕，亲自撰写《橡茧图说》一书，道光七年（1827 年）出版，书中从培育橡（柞）林，放养柞蚕，以至络丝织绸，分条述说其方法，共四十一条，每条附图一幅、诗一首，明白易懂，向当地民众传授种橡养蚕的具体方法。道光十一年（1831）卒，祀名宦乡贤。著有《安平县志》五卷、《论语纪闻》八卷。

《橡茧图说》一书，张之洞《书目答问》、王毓瑚《中国农学书录》中均有载，但均将作者记载为"刘祖震"，有误。

此处点校底本为道光七年（1827 年）刻本。

《橡茧图说》

【清】刘祖宪 撰

序一

闻之民生在勤，勤则不匮，沃土之民不材，瘠土之民莫不向义，以其劳逸殊也。黔中尺寸皆山，绝少沃壤，瘠已甚矣。乃黔之民能辨土宜，勤于树艺，五谷而外，杉、桐、茶、蜡，特产蕃滋，而遵义之槲叶育蚕，其利尤美，是殆风气近古，抑亦劳则思善之所致欤！然非司牧者为之开其利源，导其先路，不为功。

道光甲申，前抚程公从吴荷屋方伯请，取遵义种橡养蚕之法，徧示通省，俾仿而行之，一时循良吏无不踊跃从事，安平刘令祖宪，悃愊无华，实心爱民，用意尤为勤恳，以贫民苦无蚕种也，捐资市茧，导之试放。丙戌，茧乃大熟，于是制机集匠，教以织丝。又恐蚩氓未能通晓而乐行也，复撰《橡茧图说》，各系以诗，俾之咏歌鼓舞，易知易从，是真能勤于民事而导民以义者。

余考《齐民要术》《氾胜之书》，言蚕桑事详矣，而槲栎之用阙焉。《唐书·南诏传》称："曲靖至滇池，食蚕以柘"，亦不及槲栎。《农政全书》则云："饲蚕之树，世人皆知有桑柘矣，而东莱人育山茧者，于树无所不用，椒茧最上，桑柘次之，椿次之，樗为下。"然则前遵义陈守之教民以槲叶育蚕，亦因地制宜耳，苟师其意，则可育蚕之树尚多也。

又按《南史》载，高昌国有草，实如茧中丝，为细纑，名白叠。《南越志》云，桂州出古终藤，结实如鹅毳，昔人谓之吉贝，即今之棉花是也。不蚕而棉，无采养之劳，不麻而布，免绩缉之功，衣被天下，其利大矣。

恭读《钦定授时通考》，所载种艺制作之法綦详，较之育蚕织绸，事半而功倍，其为用也更广，为民父母者，诚讲求而劝导之，俾吾民因物土之宜，各尽其力。棉花之利，与橡茧并行，庶地无遗利，人无遗力，衣食足而礼义兴，于良司牧有厚望焉。是为序。

道光岁在强圉大渊献阳月上澣，抚黔使者兴堪嵩溥撰。

序二

尝谓以实心行实政者，必当视民事如家事，为之擘画周详，讴吟讽劝，此《书》所以有《无逸》之图，《诗》所以有《豳风》之咏也。黔中山峻水驶，无平原沃野之利，乾隆初有遵义陈守，教民以种橡养蚕缫丝织绸之法，由是商贩云集，遵郡之民独称殷富，而他郡鲜有及之者，盖由官斯土者未能因所利而利之也。

安顺所属之安平县，地狭而土瘠，然多产橡，民间伐之以作薪炭，不知其可以饲蚕也。闽清刘仲矩来宰斯邑，相地之宜，揆物之理，知其利于橡者必利于蚕，因奉上宪之檄而行之，循陈守之法而试之，知民之窘于谋始也，捐赏以倡之，虑民之每每畏难也，延工匠教之，且念民之未能家谕而户晓也，绘图以示之，注说以解之，而复赘诗以咏之。余忝守郡，嘉其苦心劳思，开此无穷之利，诚恐所费不赀，后难为继，亦分廉以助之，务使野无旷土，邑鲜游民。今试过其地，见橡林之葱郁，数蚕具之参差，缫茧丝丝，晨昏弗辍，弄机轧轧，午夜常闻，民生在勤，勤则不匮。

又值圣天子在上，丰年屡庆，饱食暖衣乐利之休风，不多让于遵郡矣。顾非仲矩之以实心行实政，视民事如家事，乌能为之擘画周详，无微不至，讴吟讽劝，有感斯通乎人道敏政，地道敏树，洵不诬也。惟冀所属各贤牧令，踵而行之，则余亦与有荣施焉。爰披图而为之序。

时在

道光丁亥畅月下浣，长白庆林樾庭氏撰。

《橡茧图说》叙

《洪范》之陈八政也，食货次于司徒，《周颂》之咏思文也，陈常先谋率育。此我先师孔子所为筹富于教之先，而管子亦云仓廪实而礼义兴也。伏读我圣祖仁皇帝上谕之四条，曰重农桑以足衣食，盖自古帝王未有不以小民之衣食为先务者。

岁丙戌，贵以安平邑侯刘仲矩先生聘纂县志，寓平署，窃闻安平多橡树，民祇薪炭用之。先生于甲申冬间，禁民砍伐，教民种橡育蚕。乙酉十月，贫民苦无蚕种，先生捐廉四百六十金贷之。及贵来署，复孜孜汲汲，续购橡子数十石，给民领种，又于署旁隙地种橡秧，以分给乡民。邑无机商，先生复贷蚕民蔡万春等千余金，设机房三所，招教织匠三十余人，蹑机行纬，轧轧乙乙，而城乡妇孺，相率而师之者，日无宁晷。冬末，又市茧种三十万，教民烘种育蛾，并以贷贫民之不能买种者。

贵戏谓先生曰："居官如传舍，斯岂公家子孙世守者乎？何为劳心焦思，一至于此？"先生曰："安平旧称瘠邑，余始不之信，自甲申承乏以来，熟察四境，民无积蓄，室少完庐，年丰则仅餍糟糠，岁歉则野有菜色。余闻安邑千树枣，燕秦千树栗，渭川千亩竹，其富与千户侯等。方今各上宪刊刻育橡放蚕条教，令各府州县教民种育，余计种山土一幅，得山粮二石，以之种橡，利可十倍。昔遵义亦瘠区也，乾隆初年，山东陈守玉璧以其乡之山蚕，教民饲放织茧，数十年后，遵义称富饶。安平瘠土，安知不可转为富乡哉？"贵曰："是固然已，但百姓可与乐成，难与谋始，先生又安能尽教之？"先生因出所纂《橡茧图说》以示余。余读其书，自辨橡种橡，以至上机成绸，为条四十有一，条各一说，说各一图，图各一诗，条分缕晰，明白显易，虽村农野老，贩夫牧竖，皆能通晓而乐行之，是真可与谋始，可以家谕户晓矣。

昔张全义之任河南也，河南地尽砂砾，草木皆稀，全义巡行郊野，劝民种树种麦，有勤苦者，必亲至其家，劳以酒食，民相语曰："张公不喜声伎，惟见种树种麦乃喜耳。"由是比户丰美，民少离散。先生其今之张公哉！宋於潜令楼璹言农夫蚕妇之作苦，究访始末，作《耕》《织》二图，其《织图》则自浴蚕以至剪帛，凡二十四事。先生此书有图有说，每图之上，又作诗以咏歌之，使读是书者既有所遵循，又有所观感兴起，乐于从事，仰事俯育，共为圣世良民。然此书固可媲美前人，而大为斯民衣食之籍也，其利岂不溥哉！谨序。

时道光七年五月，水西何思贵天爵书于平坝文仪官舍。

《橡茧图说》 上卷

闽中梅溪刘祖宪仲矩手辑

橡利第一

橡,《尔雅》谓之栎,山东、关中谓之槲,贵州谓之青㭴,小者可养蚕,大者老者可薪炭,其子可喂猪,其斗斗,橡子壳也可染皂。《东观汉记》:"李恂居新安关下,拾橡实为食。"《本草纲目》言:"凶年饥岁,可作豆腐。"今湖广、黔中,往往杂黄豆为之,又或以石灰水去其苦味,干研成面,亦可供食,则树木之利,未有过于此者。管子言"十年之计树木",而橡树则四年便可饲蚕,他树必沃土易长,而橡树则于瘠土及五谷不生之土,无不可以种植。今遵义一郡,不论肥瘠之土,均栽橡树,其有宜于杂粮者,亦以利少,而皆种橡。橡利之广,已有明征,吾民何惮而不为哉?或曰:"遵义以一郡所出之茧,即将遍天下,设橡树徧于黔中,不虑其聚而不销乎?"不知遵义之绸,今仅通于河南、四川、湖北、山陕、云贵数省,而河南贩客,往往于春季,先出银付织,秋始收绸,则绸之易销可知。且今之土绸,尚不可以染红,其用此丝者,亦惟广东之沉香茧,云南之通海缎,余若四川各省,祗以杂丝线帽纬等之用,嗣此而胰绸益熟,染水益得,则用必益多,销必益易矣。且家蚕之丝,每两值银二钱,此则半减其价,纵俗尚纷华,或嫌其朴,今上宗俭去奢,苟非朝祭之服,未有不乐趋于俭者,然则数十年以后,知必有较家蚕之丝而倍销者矣。吾民又何虑其壅而不行哉?

辨橡树第二

橡树之宜于蚕者，黔人名细叶青槲，有二种，一种色青，一种叶边微红，均叶长如锯，房生，实如小榛子大，味甜。又有一种大叶青槲，又名厚皮青槲，皮厚，叶微圆，如掌大，表白相兼，味甜，叶粗，秋蚕嘴坚利，初眠时即能食，若春蚕，必二三眠后，始能食之，亦房生，实小如薏苡，以之催叶，尚可。又一种名胡利叶，与厚叶青槲略同，但皮薄不开花焉异耳。又大叶一种，名水青槲，色微红，叶边如锯，味涩，蚕食之不甚作茧。

窖橡子第三

凡橡子必生于老橡，九月间子熟自落，收取之后，即当挖地窖之。窖大小浅深，视橡之多少，每铺橡子一层，厚寸许，用草灰寸许盖之，复铺橡子一层，不论层数多寡，均如前法。埋毕，上覆以土，至春则分种之。若将橡子散置房屋，或见风日，则积湿生热，积热生虫，不过半月，而橡子尽坏矣。

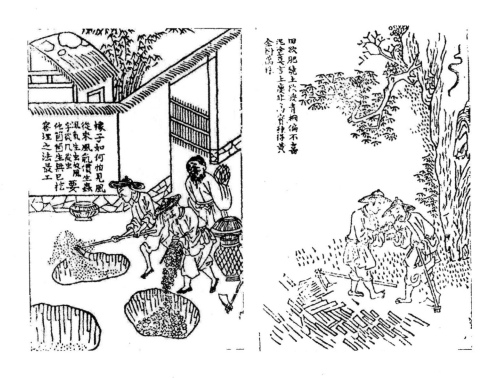

择土第四

　　凡树忌瘦土，橡树则否，惟求土紧色黄及土纹缜密者种之，则不生虫凡松土中，生一种白虫，其状如三眠之蚕，色白，但差短耳，俗名土蚕，食橡根及栗根尤甚，若坚土则皆无有。若黑土性松，泥涂洼湿恶其湿也，及阴土凡太阳所不照之土，皆为阴土，均非所宜，而岩山尤忌，盖山石坚硬，蚕多跌坏，夏日炎热，所有坠落及乘凉下地之蚕，不即为捡取，往往烫死石上，岩石又多罅隙，有匿藏其中而饿死者，且山石多蛇鼠，尤须防之。

种橡第五播秧种秧附

　　种橡之法，用大铁锹一根，圆如鸽卵大，上平下尖如锥形，长二尺许，以推击入土中三四寸，先入粪土一撮，随置橡子二枚，仍以松土盖之。至春发芽，芽为根荄，随手置之而本乎地者自亲下①。此种橡之法也。
　　若播秧则不必窖橡，法于取橡子时，择沃土一块，密铺橡子如播谷种，上用草或草灰盖之，再覆以土一二寸，至发生时加粪土灌溉，年可长尺余，既易于培植，且可免牛马之践。俟次年雨水节二三日后，将大踩锹一把踩锹，今土工所用踩土皮向秧地上用力踩起，连秧和土，提入箕内往山场。又用大铁锄长一尺，约重五六斤，于栽种处用力一挖，深三四寸，再用力一挖，深五六寸，将土轻为撬开切不可翻转原土，又将橡秧顺势插入所撬土内，如稍有盘屈，则抽出再插之，插毕，又以轻手取出铁锄以脚重踏原土，使无缝隙。如此，则根与土合，易于得气，种千活千，种万活万，四年之间，便可放蚕。至秧之相去，每栽一秧，四面各距二三尺，亦定法也。
　　又按，每日一人可栽橡秧三百，十人三千，若十人十日便可栽三万，以橡树一株放蚕四十头计之，三万株即可出茧一百二十万，橡树之利如

────────────

　　①　此处语句似有不通，待考。

此，吾民又何惮而不为哉？凡附近橡林之田坎、园坎及移枝可及之处，均宜种橡，以尽地利。至民宅墙下及园中隙地，种橡百株，可抵山橡三百株，以地肥叶美，人工易周，而蚕少抛弃故也。

甲申九月，奉各宪札饬，收买橡子，以备邻县支领，并劝谕铺陇等十余处民人，领种橡子，将及三载，树仅尺余，山土稍肥者，亦不满三尺邑民全未知利，不肯去草浇粪，故倍难长。如果留心树畜，四年定可放蚕，勿疑也。丙戌腊月，于署中隙地，依法种秧十数万株，半年之间，橡高二尺，最小者亦有一尺五六寸。可见人之勤惰，与地之肥硗，相去不啻数倍也。

种橡兼种杂粮第六

橡利兴矣，当必有如遵义各县，以干土、熟土而种橡者，设或不明其法，地利未尽，亦可惜也。法宜于干土、熟土内，依法栽种橡树，每树四面各空二尺，而空处之地，即当兼种豆、麦、红稗，以收地利。且浇粪去草，橡树既可易长，而春草不生，仍可免牛马之践。至次年、三年，橡高不过二三尺，其叶尚稀，仍宜于冬间种麦，至橡叶繁茂，而麦亦已熟矣。四年春季，已可放蚕，无庸兼种，至放过三季或四季之后，橡经斫伐，是年冬间，即当种麦。至新种于山者，亦可依此兼种，此为尽地之利，吾民亦不可不知也。

畜橡第七

畜橡者，谓橡树初生时，生气尚微，凡四旁之草木，皆易为害，故宜速锄之。橡叶味甘美，牛羊皆嗜之，一经被啮，不独难长，必数年乃复其旧，而羊害尤酷，语云："牛吃如浇，羊吃如烧。"盖羊为兑畜，兑属金，金克木，故其害为尤甚。

凡橡叶落时，扫壅橡根，而树愈畅茂。何也？叶之朽也，美于粪也。

斫橡第八

橡老叶粗，气薄味淡，蚕多不食，即食之而吐丝亦少。其未老之树，屡经蚕食，枝剪殆尽，萌蘖无多，而叶亦力薄。法宜于小阳时候是月木气归根，斫之无害其根，离橡根四五寸，用刀猛力斜斫之，务使斫处多有歧缝，一缝一芽，十缝便有十芽。若用利刀及锯，则光滑无缝，不能丛生。试看人家种蜡树者，愈斫愈繁，每本不下五六十茎，橡性之丛生，亦属此也。

七月不可斫橡，以金旺克木，木根多坏也。故凡田畔茨草，农夫必以七月斫之。

恤橡第九

橡生四年，可放蚕矣，而欲其耐放，则尤当恤橡之力。假如橡树一林，甲子年放过春蚕，则秋季便当休息，至乙丑、丙寅、丁卯三季，仍放春蚕，亦各以本秋为休息之时，至丁卯春后，四经剪削，橡秃无枝，则于是年十月，如法斫伐，戊辰一年，可长三尺余，己巳春季，便可放蚕，但前放一万者，此时只可五千耳。

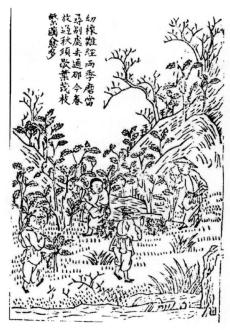

择种摇种第十

择种之法有三:一以手四指审之,重而壳润者佳,轻而壳燥者否;一向耳边摇之,重而沉者佳,轻而声松者否;一看丝头丝头长寸许,在茧较尖处,蛹之头在此,丝之头亦在此,丝头红润者佳,黄燥者否。种之美者,每万可得蛾七八千,否则只三五千不等。然又须慎辨雌雄,毋使多寡不匀,丝头正出者为雄,偏出者为雌,雄者多瘦而长,雌者则较圆而大。

修理烘房第十一烘种、桑种附

烘种之法,于腊末正初,修整烘屋一间,纸糊四壁,不使透风,上以板盖之,使火气不散,周围置木架,架高五六寸以便安顿种筐,当中置火,用篾箩盛茧种，靠四壁安顿架上，时常移动，使背面皆得暖气，数日之后，又将箩内茧种翻转，勿令偏热偏寒。如此，则十日之后，茧种柔软而其壳可受穿矣。

穿种上晾出蛾第十二

何谓穿种？茧有头脚，有丝头者曰头，无丝头而圆净者曰脚，用麻线浅穿其脚深则伤蚕，顿在烘房箩内，仍不时翻转，使火气匀满，如此二十日，则有蛾飞出，谓之"报信蛾"。即取所穿之种，挂于烘房四面竹竿上，中仍以微火烘之，则群蛾咬茧而出矣。

自烘种起，十日穿种，又十日，见报信蛾，上晾竿，又二十日，蛾尽出。凡出蛾，多在午时以后，至戌时止，故俗以蛾出为阴。

烘房火候第十三

火宜柴，柴必橡树，一取其味甘、气纯、性平，一取其火烟缭绕，暖气周遍。此外惟救兵粮之根多生于道旁围坎，其子丛生，至秋末冬初则熟，其色紫赤，可以疗饥，俗名救兵粮，或毛栗、枫香、白蜡、化稿诸树，亦可取用。若他树则气辛杀虫，蚕蛹最忌，如蚕食桐子叶或白杨叶，必死，是其验也。若用炭，则火性烈而不匀，煤火尤忌。此用柴之辨也。

凡未出蛾之先，烘者于鸡鸣时起火，陆续添柴，至戌时息火，以灰覆之，日日如是。若蛾既出，则起火虽亦同时谓之阳火，至巳时便以灰息火谓之阴火，否则火无阴阳，而蚕多病。要之用火之法，自烘种、软种，至穿种、出蛾，前后三十日，总要停匀。若火过大，则蚕多斑狗，过小则蚕出又迟，至蛾之出也，生气甚微，又宜微火以养之。此用火有阴阳大小之辨也。

又须量地之寒暖，假如至高之处，冬气常在，橡叶生迟，须微火烘之，使蛾迟出。低平之处，春气常在，橡叶生早，宜急火烘之急火，非忽大忽小之谓也，使蛾早出，此用火之缓急，以橡叶之迟早而辨之也。又有不高不低之地，春气一般，橡叶业已发生，而蚕出有迟早者，何故？盖烘房必依村寨人家，而村寨有向阳向阴之不同，如村寨坐向东南，天阳外感，蚕出必早，须以缓火烘之；如村寨坐向西北，天阴外袭，蚕出必迟，须以急火烘之。此以村寨之阴阳，分蚕之迟早，而因以火候之缓急配之也。

凡烘房欲温，若瓦房稍高，或三面均砖墙土墙，又系土地，至息火时，上下四面，均有阴气潜袭，蚕多泻痢。若概用阳火及火过大，则不独蚕病斑狗，而在二三眠时，亦必纷纷下地，四处逃散，多至于饿死。火候之调，莫难于此，故烘房不如草房之为妥也今遵义概用草房，其烘坏于瓦屋砖墙者，屡经试验，慎之慎之。

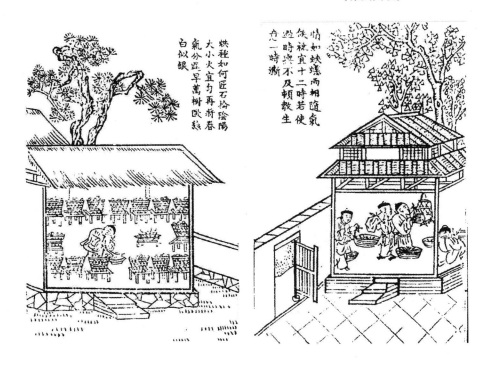

提蛾配蛾折蛾数蛾第十四

蛾出矣，大者为雌，小者为雄，雄者眉粗，雌者眉秀，无论雌雄，尽提入筐，使其自为配耦，缘筐内外，以便于折，其有不能自配者，则人为之合。其配之时候，如本日午时配者，俟来日午时折之。若配不周日，与不及时，而折之早，则精气不足，大眠之时，必病空肚，有过时而折之太晚，则雌蛾乱飞，往往覆卵于别处，多所抛弃。若以已配之雄蛾，再令作配，则卵不生蚕，即生蚕而亦多病，亦精气不足故也。凡折蛾，必以手大指及次指，捻雌蛾之肚尾，使尿水尽出，否则腹胀，而难于伏卵。折配毕，以母蛾一一数过，放入荆条箩内，各为登记数目，以便拴筐。若天气寒凉，仍须以微火熏之。

凡雌蛾不去溺，及折蛾太迟，则雌蛾往往胀死，即或不死，其卵亦难尽出。所折雄蛾，必须另收一处，俟其自毙，否则纷纷乱飞，复与别蛾作配，致有败卵及空肚诸病。

凡烘火过大，则蛾多黑，而两翅不舒，俗谓之健翅一云，火候虽匀，凡一筐之蛾，亦必有健翅蛾十余只，当急去之，不令作配，若火过小，则蛾翅有黑汗一点，如粟米大，所配之卵均不育。

伏卵出蚕第十五

凡母蛾大者，约伏卵百二三十颗，小者亦有八九十，大概以百颗为准。其当覆卵时，两翅必摇动有声，又须以筐盖覆之，勿使飞出，欲卵之匀布，则以灯火引之，使就空处生卵。此十余日内，若天气阴寒，则蛾不飞动，覆卵成堆，至蚕出之时，卵之在中者，往往咬不出卵而死。若天气晴暖，则群蛾栩栩，其生卵必匀，其色如膏粱，有生气，若遇天气寒冷，仍须以炭火微烘之，见卵半月或二十日而蚕出，亦宜近火，以沾暖气。其出也，总在寅、卯二时，故俗以蚕出为阳。

卵箩，须以黄荆嫩条编之，年必一换，若用他木，则不粘子。黄荆条，出遵义府，清镇、鸭池河亦有之。

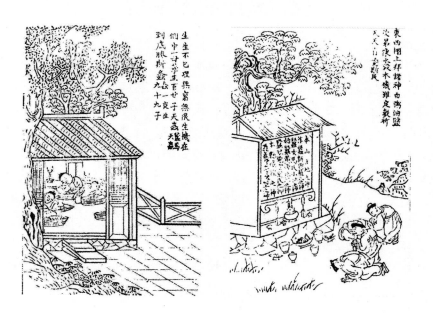

祈蚕第十六

　　蚕之空肚、发斑，皆由人事，不藉神功。若久雨久晴，及大风雹，皆有神主之，是则不可以不祈也。或曰："风雹为上天所司，蚕神岂能作主?"殊不知我祈于神，神祈于天，我一念之诚，上天可以感格，况有神以为之助乎? 其法，于棚之东西角上在别处则蚕神不灵，筑一小台或砌石亦可，方二尺、宽二尺、高三尺，竖四小柱，搭茅于上，如街坊土地祠状，中用木片，高一尺三寸、宽一尺，择神在日，书写蚕神姓氏，及应祀诸神安设台上，每日焚香设茗，每月十五日，煮油米白粥祀之用白米煮粥，入猪油、白盐，以磁器盛之。如此虔诚供养，则祈祷无不应矣。

　　又按，历代所祀蚕神有四：一黄帝元妃西陵氏见《皇图要览》，一蜀蚕女马头娘见《蚕经》及《搜神记》，一菀窳妇人寓氏蚕神见《后汉书·礼仪志》注，一新兴泥塑东山蚕神罗夫人见《广东新语》，今从之。

　　式牌主木神蚕

　　本山土地之神
　　作茧新兴罗氏之神
　　罗女马氏小姑之神
　　始蚕黄帝元妃之神
　　菀窳寓氏之神
　　本县城隍之神
　　羲陈太守之神

御风雹法第十七

　　或曰："蚕利固大矣，设遇雹灾，则蚕无遗类，奈之何哉?"余曰："俗以蚕为天虫，人果能毋为不义，毋自暇逸，诚心事神，以祈蚕年，善待工人，毋有诟厉刻薄，则上天断不降灾。"即或天灾难免，黔西何天爵先生谓有辟除风雹之法，云其家有茶树数十万株，开花时亦最忌雹，遇异人授御雹之法，行之十余年，雹灾不作，且雹作而以此法免者有二次。今见君急切为民，故不敢吝秘，务广为传之。其说曰："凡雹必有风以送之，风不至雹亦不至矣。"风之神曰蜚廉，雹之神曰李左车，能制风雹之神曰后羿。其法，于蚕未入山之前，或二月，或三月内，择第一个丙戌日，将罗针在橡林中间，定准戌方，在于何处，即于是处立一幡竿，竿以小直木为之，长三丈四尺九寸必如此数，幡以黄布一幅为之，长一丈四尺九寸必如此数，幡上书"日月木火土金水气孛罗计"十一字幡上除头二尺，幡尾除一尺零九寸，中间一丈一尺，一尺写一字，日朱书、月粉书、木靛书、火朱书、土黄土书、金粉书、水墨书、气靛书、孛墨书、罗朱书、计黄土书，令道士照依斋醮立皇幡之法树之系幡竿绳索，务要坚固，以麻纼为之，防大风摇落，不落则雹自不来矣，幡竿下设一小棹，用洁净栗木版片，宽一尺、长二尺，做一牌位，牌分三行，一直书风主蜚大将军之神，一书护蚕后羿大将军之神，一书雹主李大将军之神。棹及牌位，坐辰向戌，又取年、月、日、时四戌方之土各一小撮，和水为泥塑一小狗像安顿棹下，其尾在辰，其头向戌，幡竿于丙戌前三日造毕，幡与牌位上字，以丙戌日写土狗，以丙戌日辰时取土为之。树竿及牌位，皆于午中刻毕事，随取一雄鸡祭之，洒血牌位上，设香帛酒醴祭品，众蚕户整洁衣冠，俯伏读祝文，奠献毕，化钱毕，出泥狗于棹下，向幡下焚香奠酒化钱，杀一小黑狗以祭之，取血涂黄幡尾上，即于此时竖幡，并取血涂狗背上，涂毕，取泥狗仍置棹下，剥取狗皮晒干，亦挂于棹下，每日焚香二次，遇雹将起，即奔赴幡下，焚香拜祝云：幸赦过，幸赦过，再割黑狗皮如掌大，走出橡林之外，向风来处，和干草烧之，祝曰："他方显化，他方显化。"如此邻村雨雹，而养蚕之处定不受害矣。

附取四狗土例

年狗，例以六甲年中取之。假如甲子、甲戌二旬，此二十年中，在甲方上取土。甲申旬中十年，在丙方上取土。甲午旬中十年，在亥方上取土戊寄在亥，取亥土，即是取戊土。甲辰旬中十年，在庚方上取土。甲寅旬中十年，在壬方上取土。

月狗，例以五虎遁取之。假如甲、巳之年，正月为丙、寅月建，就丙寅顺数至九月得甲戌，就甲方上取土。乙、庚两年，月建戊寅，就丙方上取土。丙、辛两年，月建庚寅，就亥方上取土。丁、壬两年，月建壬、寅，就庚方上取土。戊、癸两年，月建甲寅，就壬方上取土。

日狗，例以其月初一日日建取之，无论二月三月，只要有了丙戌日。假如二月朔日或三月朔日，就朔日顺数至上旬戌字，如朔日是庚辰，顺数至初七日为丙戌，就丙方上取土。如朔日是甲午，顺数至初五日为戊戌，就亥方上取土。余仿此。

时狗，例丙戌日，年年向丙方取之。

其要在丙戌前几日，用罗针格定戌方之后，便将罗针定准四狗土方，插土为记要在林外。如两狗、三狗同方，便插两标、三标为记，以便至期取土，造作泥狗，否则临时张惶，恐有误也。具图于左。

祝文式

维

大清　　　年，岁次　　　月，丙戌日，下民某某敢祈祝于

本县城隍暨本山土地之神，

职风蚩大将军之神，

司雹李大将军之神，

制风雹后羿将军之神。伏惟

尊神，

力届九天，

恩周万汇，

职气机之橐钥，

掌造化之权衡，生杀从心，予夺惟

命。窃念下民某某等，今于　　省　　府　　州　　县　　里　　甲，
地名　　处，培植青槲，生育蚕类，八家藉以资生①，百口因而为命。虽
尊神震怒，无非

天显其威，而彼苍好生，端赖

神降之福。况夫穿肠破肚，亿万蚕之糜烂可悲；金尽囊空，千百家之
饥寒堪悯。用卜今月良日，树立幡竿，谨具香帛果品祭馔不腆
之仪，虔诚上

献。伏冀

捍灾御患，家家登再熟之蚕；

雨顺风调，户户获千金之利。下民等无任恭祝

诚求之至。尚　　飨。

祝土狗文

天有四狗，以守九区；吾有四狗，以守四隅。妖风不作，

冰雹是祛，我蚕再熟，实尔勤劬。

幡竿等物，俟收茧后，恭具香帛酒醴，答谢　神祇毕，以此竿作梁，

---

①　此处"八家"，指八户有家。出自《孟子·滕文公上》："方里而井，井九百
亩，其中为公田。八家皆私百亩，同养公田。"

能避水火，幡布供奉家堂，瘟鬼不敢入室。若邻境迎供，瘟亦立愈。若沿门痢疫，须于寨中或寨外，如法立竿挂幡，瘟神疫鬼，无不远避。何先生云试验已多，当非虚语也。且此幡所全者大，所费无几，为之亦易为，力其敬行之。毋忽。

占蚕及茧之成熟第十八

凡蛾一万，得茧六十万，为大熟，四五十万为中熟，一二十万为歉收。占之之法，《史记·天官书》曰："正月上甲初旬第一甲也，风从东方来，宜蚕。"《晋书·五行志》曰："三月初二日，天阴无日，兼无雨，则茧大熟。"此古法也。今占有数法。凡蚕覆卵之时，此十余天内及拴筐之时，天气晴明，则蚕出多而易长详见覆卵、放蚕、拴筐各条。又卵色微赤如膏粱，散布筐中，则卵有生气，蚕必尽出，或白色、绿色，均为败卵。又蚕出时，有头红者数头，名曰红头蚕，又名为蚕王，大熟之兆。又蚕初出时，自食其壳，只留一蒂，亦主茧熟。每起眠，尽食其所蜕之壳，其丝亦多。又放蚕处鸟雀倍多，其蚕必旺，以鸟趋旺地故也。二三眠时蚕多变黄色，谓之黄金蚕，茧必大熟。青色亦佳，若色淡白而皮薄，斯为下矣。凡蚕三眠，有病吊膊者，则四眠必病发斑，如其数，若三眠无病，则大熟。又有二三蚕共成一茧，或五六蚕共一茧者，俗以为懒蚕，其丝不贵绪多难抽故也，不知此惟大熟时始有之，《齐民要术》谓为同茧蚕。若风雨调和，雹灾不作，则茧之大熟，更不俟占验而知，故祈蚕贵焉。

分棚第十九

分棚者，谓放蛾之时，造作草棚，住人以看守也。棚有大小，假如放蛾一万，需长工七八人守之，短工随时酌雇，若五千则只需三人。余观大棚，每千蛾得茧壳五六万，小棚则往往可得七八万，何也？棚小则蚕少力专，人勤工倍，蚕无依草附木、落地捱饥之害故也。是故橡山宽广，必须分作两棚，毋惜棚费而茧之大收，较分棚之小费，当不啻数倍也。

橡林在平坡，则移枝易而用工少，若山势陡削，及橡树高大或不成林，则移枝难而用工多。

计本息第二十

《周官》以本息安万民。余以万蛾之资本计之，每万蛾需茧种壳三万余千颗，估值银十四五两，每烘万蛾，不过工费银四两。及至放蚕每万蛾所育之蚕，须雇长工八人，自蚕上树以后，四十日见茧，二十日收茧，共需长工四百八十人，每人工费银日七分，约需银三十三两六钱。再加四眠后，催叶十日，收茧十日，雇短工八十人，每日每人需银五分，合银四两。共计每万蛾需本银五十六两六钱，每万蛾应育蚕一百万头，除败卵及鸟食病死饿死者四十万，可得茧壳六十万，每万茧壳估银二两二钱，共可得银一百三十二两，除本银五十六两六钱，可得利银七十五两四钱，此大熟之年也。若中岁亦可得茧壳五十万，值银一百一十两，除本外亦可得银五十三两四钱。吾见农夫终岁勤动，年所入谷，除牛租谷种外，不过值银七八两，自烘种以至收茧，不过半年，凡以六十金放蚕者，便可得利银七十余两，推之二三十两以及十两、八两，皆有数倍之利，可为俯仰之藉，致富之资，吾民又何惮而不为哉？

《橡茧图说》下卷

闽中梅溪刘祖宪仲矩手辑

春放蚕法第二十一

凡一蚕筐，装蛾五百，约出蚕五万头，而蚕之出也，只在寅、卯二时，每日卯辰时，不论蚕出多少，将蚕筐置橡树，取橡枝垂入筐内，已出之蚕，自缘枝而上，谓之拴筐。其未出者，仍收筐回厂，俟明日再拴，大约四日可毕。然必须天晴时为之，如遇雨则不可拴，恐未出之卵，为雨所坏也。若蚕出时，连日不晴，卵壳食尽凡蚕初出，即能自食卵壳，拣取橡枝之嫩者，置筐内外，俾蚕缘食附枝，即取附枝之蚕，移放橡树。

凡橡一株，高五六尺，每次拴筐时，约上蚕万余头，越一日或日余，叶尽则分作十余株，或二十株放之，又叶尽则移放五六十株，又叶尽则移放百余株或二百余株。其必密布于树，不遽作千百树移放者，以放树愈多，则照应愈难，且蚕多则各思争食，其食亦勇而饱。

凡蚕树当风，则作茧必薄，凹风尤忌，如所烘蚕种，疑其火候不匀，则拴筐于山谷藏风之树，俟起眠后，再为移放别处，亦可以少医其病。以春蚕忌风，拴筐时尤为切戒也春蚕五眠则病，至秋则时有之，若四眠后蚕食过饱，往往不退膘而吐丝稀少。或曰，蚕不退膘，由移枝不尽，食过再生橡叶所致，然皆不多见也。

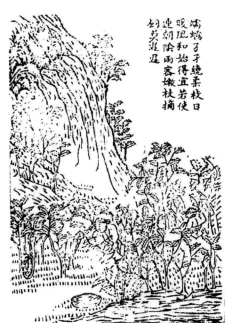

驱鸟驱猴第二十二

　　春林多鸟，而鸟最嗜蚕，当蚕二三眠后，以竹竿或木杈驱之。其要尤在初入山时，即施放爆竹使远去。若既食而甘，则益恋恋难舍，虽去复来。若沿河崖壁及密林之傍，又当防猴之害，凡猴来动辄百十头，残害无数，非以鸟铳骇之不可。至癞虾蟆藏伏石崖，以气嘘蚕，则蚕自落其口，石山往往有之。若山有野猫，则无此物也。凡鸟雀之害蚕，于每日太阳未出及日落时尤多，不可不加意也。凡鸟铳须遵功令，呈官编号，茧熟时呈缴，俟明春再请给发。

移枝第二十三警惰附

　　移枝者，橡叶巳尽，即将他树柔枝，绾于叶尽之树，使蚕自缘食，其无他枝可绾及蚕不能自移者，则用平头铁剪，将附蚕之枝，剪盛筐中，移放别树。大约自拴筐后，移枝六七次，而茧始足。蚕眠时不可移枝，但虑起眠无食，须巡视之。善移枝者手快，橡不大伤，枝大盈寸，亦一剪而落。

蚕饥半日或一夜，尚未大伤，若经一二昼夜则丝减。故移枝专藉工人之力，如每棚放蛾一万，雇工七八人，而蚕多树密，有被鸟雀食者，有被蛇猴及各虫所伤者，有叶尽未及移枝，因饥而坠落者，有天气炎热，乘凉而自下于地者凡蚕遇天热而下树谓之乘凉，有下地能复上树，亦有愚而不能自上者，有剪动其枝，因而坠地者，有移枝不尽，竟致饿死者，有不谙移枝，而捻伤其肚者，均须时时小心照应。至三眠及大眠，更不可缺食三眠时，一昼夜吃叶七片，至大眠催叶，则吃十二片，其声如雨，此时又须添雇短工七八人或十余人，以助其移枝催叶。但雇工愈多，愈难保无懒惰之人，惟有分头照应之一法，可以稽之，如某人照应某处，某几人照应某几处，计橡树之疏密，分拨人数之多寡，各为责成，俾无诿卸。主人又时时巡视，勤者赏之，惰者去之，如此则寻常得茧四五十万者，便可六七十万。故勤惰虽在工人，而雇之者亦当有以固结其心，使无懈怠也须参看春放蚕条。

凡蚕食叶，必缘至树巅，先食嫩叶，叶尽，乃自巅次第而下，谓之下墩。故移枝者多在低枝，而高枝亦以无损移枝贵勤，而主人居心尤宜忠厚。即以近年所见者言之，有甲与乙合伙，蚕甚旺，甲回家付银与乙，令添雇人工，乙干没其银，而蚕遂歉收，附近诸厂俱熟。又有甲租某山，乙欲并之，甲畏其强，自愿收回蚕种银两，乙甚喜，及三眠，蚕俱空肚，尽亏其本，而同时试放者又均大熟。若苗民李时亨、汉民张克孝等，人素谨愿，二年来放蚕获利，均甲于诸厂，大约谨厚者吉，欺诈者凶，所见所闻，百不爽一。今遵义以橡蚕为天虫，又谓之良心虫，信不诬也。附记于此，以为欺诈者戒。

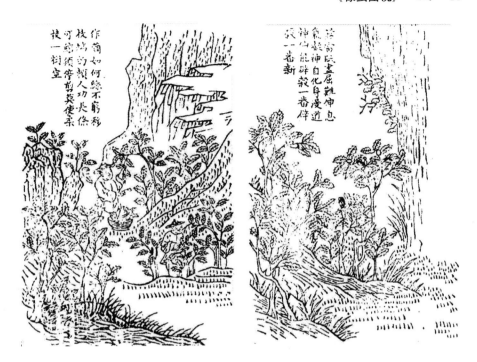

三眠第二十四

　　凡蚕初出，头红，身黑有毛，大如香柱，长约二分，自食卵壳。拴筐后六七日则起眠即头眠也，不食叶四五日凡蚕起眠时值雨多，大约五日不食，晴多则四日不食，蜕去黑皮及毛，色变青黄不等，形稍大矣，此头眠也。又食叶七八日，仍四五日不食，又蜕去青皮或黄皮，形渐大矣，此二眠也。再食叶五六日，不食如前，又蜕去青黄粗皮，形更大矣，此三眠也。又食叶五六日，复三四日不食，又蜕去青黄粗皮，形益大，亦不复大矣，此四眠也，亦谓之大眠。大眠之后，催令饱啖，名为催叶茧之美者，首贵催叶，叶足则茧厚，催至十日或十一日，噤口不食，尽出其尿粪，通身莹彻，谓之退膘。退膘后，先吐乱丝为巢，巢定，乃吐正丝成茧，阅三四日后，浆固自吐浆以胶其壳，可取摘矣。又有五眠者，此山高水冷所致，蚕衰而丝少矣。亦有六眠者，俗谓"落筲粑茧"，成如豆大，俗名姜疙瘩，不成茧矣。

又蚕于初出时，必先自食卵壳，至每眠起时，亦必自食所蜕黑皮，身有八节，每节有黄毛数根，后身左右，各有四大脚，其近头处又有十二小脚，分布左右，每眠时必吐丝自裹其脚，故不虑风吹树摇，至起眠，则蜕壳而出。

蚕病第二十五<small>治法附</small>

蚕病有数症，一曰"斑狗"，由烘种时烘火太盛，至四眠则通身发黑斑或黄斑，出臭黑水而死，久旱亦往往患此，在初眠二眠，则无此病。一曰"油屁股"，即泻痢也，由火大小不匀所致。一曰"水眠子"，由久雨所致雨五六日尚未大伤，若旬日以外则病，或曰配蛾得法，此病亦少，往往于三眠时，或腰或头脚，脱壳不尽，脚挂于树，垂头不食而死，又名曰吊膌。凡三眠时有一吊膌，则四眠必有一斑狗。一曰"空肚"，有二种：一由于折

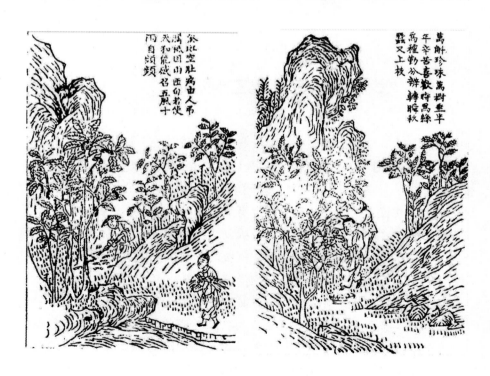

蛾太早，元气不足，至三眠时，噤口不食而死，一由于二、三眠及大眠时，久被饥饿所致。又有触雾气而病者，雾起于水中，法于水边多开土沟，深二三尺，广尺余，沟实干稻草数束，俟雾将起时焚之，以散其阴气，即蚕之已中其毒者，亦得烟气而解，所谓以气制气者是也。但此法今所罕用，或未之知也。又秋时骤雨之后，炎阳暴晒，湿热熏蒸，蚕多疾病，或泻青痢，医之之法，亦无过于此。

收茧收种第二十六

凡收茧必于天气晴明之时，而树上浮丝，方可取用，否则着叶难收矣。若连日不晴，又当急收其茧，收种者视茧之可以为种者收之也，其浮丝亦可取用。凡茧种及茧，均防鼠咬，大熟之年，每茧种壳一万，值银三四两，歉岁则可值七八两或十两秋蚕难育，故茧种亦贵。若寻常作丝之茧，不过二两或二两有余，故茧种必须多备凡春蚕之种，只宜储放秋蚕，春种则均用秋茧，茧蛹之生者为种，在茧初熟时，生死莫辨，兼以阳月必出蛾数个，相传嘉庆年间，小阳月阳气过甚，蛾出过半，是年春种大歉。故藏种者于十月内须加意风晾，而择种买种者，亦均在十月以后。

炕茧第二十七

凡春茧下树时，除择留作种外，即以煤火熏之。熏茧之法，就平土掘一火灶，深尺许，置炉桥，桥上置火火要得中，猛则焦茧，微则蛹不死，距火二尺置篾炕炕宜密，使茧不落，以灶之大小为度，茧之上搭茅如草屋，使火气不泄，直至蛹死为度，否则旬日出蛾，尽成破口茧矣。何思贵先生曰："熏茧时，蛹负痛在茧中跳跃有声，熏者口中宜急念佛号云，南无阿弥陀佛，往生西方极乐世界，或十声百声，蛹死而不知痛，功德最大。"亦广仁心之一术也。

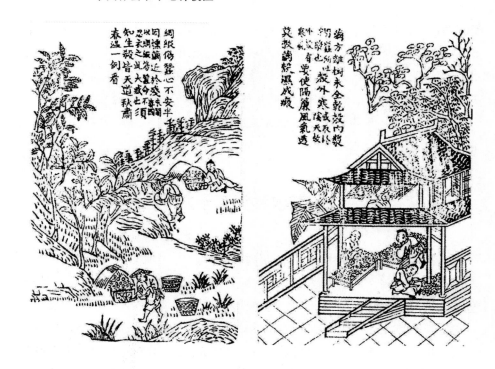

晾种第二十八

凡蚕作茧，必吐浆以糊其内，故新收之茧种，必须晾干之，使蚕蛹无坏。晾种之法，须用晾帘或晾笐，铺于屋上，务要上下通风，毋少障蔽，又时常翻转，使茧种不受霉气，则熏种时其生必多。若晾在楼板上，则下无通气，上有遮压则上无通气，皆能罨坏蚕蛹。故晾房之中，低处必须晾帘，高处必须晾笐，晾帘以竹为之，如竹廉，晾笐以竹如大指者密编之，或以柳枝、荆枝为之亦可，要皆欲其通气而已。十月为阳月，尤宜风晾之，毋使罨积生热，致蛾多出也。

秋放蚕缚枝第二十九

　　夏日炎热，不用熏种，亦不用拴筐。其法，于五月端午前后，将所收春茧，拣其种之美者摇种如前，穿晾竿上竿置宽朗室中，忌见风，不半月蛾出，捉令自配。假如今日午时配者，至次日午时提出，折出雄蛾，去母蛾溺，随以麻线长五寸许，每线头各系一母蛾系两小翅，搭于橡枝，每一枝约搭蛾三四对，使就枝间伏卵，十日蚕出便自食叶，再四日蚕尽出，即如法移枝。第系蛾于树，最宜疏朗透风，否则热气郁蒸，蚕多生病，故秋蚕必择凉处，及山之向阴可以蔽日者为贵。

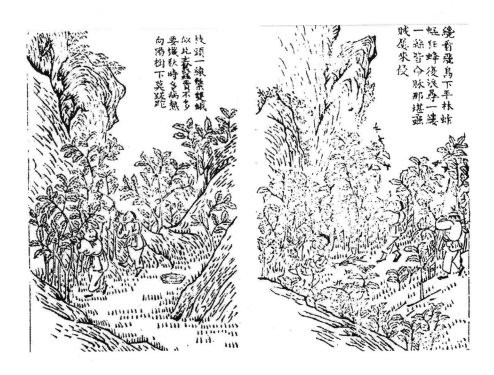

　　又按，秋蚕系蛾后，十日见蚕，又四十日见茧，又十日或半月茧尽熟，最忌露水，须于六月初中旬系蛾，白露前数日，蚕尽成茧才可。若至白露节而方起大眠，则蚕吃露水者多僵死，其已吐茧而未成者，亦为露气

所浸，而不复吐茧矣。

秋种每万茧，值银二两余，较春种贱有一倍或二三倍，人工亦半减于春。惟春只忌雹灾，至秋则忌酷热及暴雨暴日，又最忌露，故凡放春蛾一万者，秋蚕只放三四千，而茧种之贵于凡茧，亦是故也春蚕五眠则病，至秋则时有之。若四眠后，蚕食过饱，往往不退膘，而吐丝稀少。或曰，蚕不退膘，由移枝不尽，食过再生橡叶所致，然皆不多见也。①

驱蚱蜢驱蜂第三十

蚱蜢，一名油麻蚱，一名油唧唧，虫小而声响，嘴利如刀，蚕被刺，即出水而死。又有臭屁虫二种，又名屁巴虫，大者色斑，极臭，形如扁豆，小者色灰黄，其臭稍减，如黄豆大，均能以尖嘴锥蚕立毙。又有马蜂，一名长脚老，蚕被毒针，亦出水而死。其驱鸟、驱猴，及蛇、鼠、癞虾蟆，均与春放蚕同。

凡蚕不旺厂者，尤多蚱蜢及无名诸虫，而橡林阴翳，虫之害蚕者亦益众。

煮茧取丝第三十一

煮茧之法，以大铁锅盛水三桶，入茧子五千枚，置火锅下煤火柴火俱可，煮半时许，时时搅匀之。俟茧壳将软。入荞灰汁一杯，再煮一二刻，以小竹棍如小指大，长一尺，摅其浮丝浮丝，茧壳外之乱丝也，如丝头可抽上棍，则丝可取矣凡茧必有丝头，长七八分，否则其茧尚生，再煮之，若既顺而上棍，则以冷水浸手，提合四五十丝为一绺，穿入拢丝架上之拢子拢丝架，顿在锅上，相去尺许，底用两直木、两横木成井字，横木长三尺二寸五分，宽一寸五分，厚一寸八分，直木长一尺三寸，连簧在内，宽厚尺寸同上。去左横木上首六

---

① 此处小注，与《春放蚕法第二十一》中的小注，二者相同。

寸五分，安直木柱一根，长二尺七寸五分，宽一寸五分，厚一寸二分。又于直柱面去架底五寸，钉丝拢子，丝拢子以铁条为之，一曲一直，直长四寸，曲长二寸四分，即于二寸四分尽处，屈小铁条为圆孔，如小豆子大，使四五十丝，皆入于此孔，而合为一绺。又由拢子而上，缠于天滚子天滚子，用直木一块，长八寸六分，宽厚各一寸，斜贯拢丝架直柱上，首使如枢机，从直柱直下三寸五分安之，又于直木之右，镶前后两横木，各长六寸二分，宽广各一寸，两横木里面，各锯一缝，长四寸五分，宽六分，深六分，即于两缝相去五寸二分中间，安小竹子一根，长五寸，两头各出簧一寸一分，贯两旁孔中，亦如枢机之转，使拢子上抽之丝，至此而益合为一绺。由天滚子而下，搭于摆竿，摆竿之下安车笼车笼，上下用二圆板，厚五分，围圆一尺六寸六分，旁用竹片八根，长七寸八分，连簧在内宽六七分，贯二圆板，如笼子样，又于二圆板中间，各凿一孔，围圆三寸三分，中贯小圆木一根，高三尺二寸，又于上圆板之边，斜出尖圆唇，长一寸二分，宽一寸，唇边凿小孔，安转轮架，架高二寸，连簧在内，架上安摆竿，摆竿以竹为之，长二尺，后系以绳，与前转轮架平，竿缚小环，将天滚子所引之丝穿环中，以摆竿进退之，所以转丝绺，使益圆净也。车笼之右安纺车纺车，围圆九尺六寸，中贯一毂，长一尺六寸，围圆一尺二寸，毂后正中镶铁柄一具，其状一曲一直，直者安架上以转车，曲者以握手，毂前正中镶铁钉一条，长四寸，入木一寸八分，围圆七分，与毂后之铁柄，俱安架上，架高二尺，两头均寰铁为半圆口，以受毂转车。又以粗麻绳一条长一丈，系纺车前毂及车笼，使共相旋转去毂前首八分，周围锯缝一道，宽深各五分，以麻绳通系，锯缝并车笼中间，使索随车转。以上转摆竿，以转丝成绺。又将成绺之丝，套车叶上纺之车叶，以木为之，长一尺四寸，宽一寸六分，厚六分，两面各六叶，下贯车毂，上用一横木，长一尺五寸，厚一寸八分，里平宽一寸，面削三棱，两头各凿一孔，以绺前后两车叶，以卷摆竿上所转之丝，但丝缠车叶，紧密难下，须于六叶之中，活安一叶，其法，用一横木，如五叶，但五叶均有前后二叶，上贯横木，此则于横木之中，只用一叶，宽二寸二分，贯毂中，以木拴之，俟抽丝毕，去拴下叶，以便卸丝。车下安火一炉，烘丝使干，若丝绺渐少，则随取五六茧之丝头，添上拢子，毋使大小不匀，自起抽时至丝尽，锅下均不可断火。大约五千茧可抽丝二十五两，茧佳者可得三十两，工匠二人，一以取丝，一以转车，一日而毕。此煮茧取丝之法也。

　　凡取纬丝比经丝稍大，其功亦稍速，故日取经丝五千者，纬丝则可多取一千。

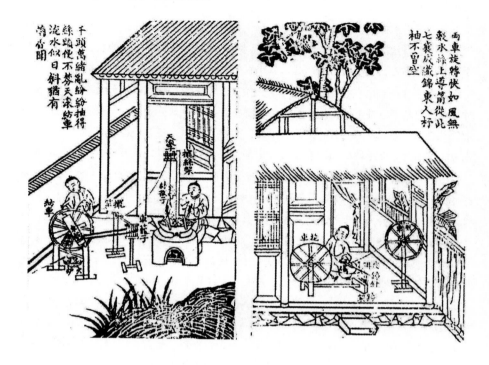

导筒第三十二

　　煮茧毕，即以所抽纺之丝，套在风车上风车，俗名风钩，以篾十二片，分缚两面，竹皮向里，中间各凿一孔，以小竹紧贯其中。又于近枢处，缠篾十数道，两叶中间，各安小竹一根横撑之，长一尺一寸，即于两叶尽处，各系以绳，相去各只八寸，使相附丽。又以一竹签，长一尺四寸六分，贯小竹中，两头各露出一寸八分，安风车架上，架前后两直柱，高二尺六寸，连篾在内，从两直柱直下二尺，贯一横木，长一尺六寸，连篾在内，宽九分，厚六分，架底用二横木，长一尺五寸五分，宽一寸，厚二寸五分，以安直柱。又用二直木，长一尺六寸，连篾在内，以绾两横木，使成方形。又于直柱上首，周围各锯缝一道，深一寸三分，宽五分，以受两头所露之竹签，使如枢机之转。引丝至筒筒，以小竹为之，长八寸，中空如箸大，贯于锌，锌以铁为之，长一尺二寸三分，尾尖如针，贯两皮耳中，又于两皮耳中间，以小圆木二寸二分，紧贯针上，边高中低，锯缝一道，以系线转车。以花车纺之，名曰导筒花车，以导丝至箸者，状如纺绵之车，故曰花车。两面各用木片四根，长二尺九寸，中宽二寸，两头宽一寸三分，缚成十字，即于十字中间，凿一圆孔，围圆二寸七分，中安小圆木为车毂，长一尺，连簧在内，以转车。又于十字四面空处，各缚四竹片如井字，并十字架计之，共成十二车叶。又于两叶相去之间，用小竹六寸，贯以索，以余索缠绕车叶，使相附丽，另用细绳缠车叶小竹上，及镈上之小圆木。又于十字架正中，镶一木柄，长八寸，以使握手转车，盖车转则索转，索转则镈转，而风车之丝亦俱转，而缠绕于箸，视箸上绕丝约有三两，则以别箸绕之。此导箸之法也。花车架底，用一直木，长一尺二寸，连簧在内，宽一寸二分，厚二寸一分，贯入前后脚，前脚长五寸一分，宽二寸，厚一寸二分，后脚高二尺一寸，宽二寸一分，厚一寸二分，自后脚顶直下一寸三分凿孔，以安车毂，车毂即上所谓小圆木长一尺者是也，架底又用一横木，长二尺五寸，连簧在内，宽一寸六分，厚一寸三分，右贯架底直木，左贯镈架，镈架高四寸八分，宽七寸，厚一寸一分，上安二直木，长八寸八分，宽一寸五分，厚五分，两直木相去一寸五分，两直木之上各凿孔贯皮耳，皮耳长七八寸，以三四分厚牛皮为之，去皮耳头二寸，凿圆孔以转镈。凡经丝、纬丝，皆用此法导之，手熟者日可导经丝一斤，纬丝二斤纬丝稍大故也。每导丝一日，可得手工钱四十文。安平女工，如纺棉织屦，日只得钱八文或十文，若取丝织绸，不啻十数倍之利。其余若套茧、络丝、攒丝、络纬，利亦与导丝等。兹即以导丝言之，如贫民一家五人，有二人导丝，足供五人之食，若继以夜工，则日有余积，且放蚕多用人工，织绸又十数易手，业者愈多，则闲民愈少，至因劳而生善心，尤足以美风俗，故兴恒业者，莫善于此。

套茧第三十三 破口茧、血茧、汤茧附

凡蚕蛾咬破之茧壳，谓之破口茧；作茧半成而蚕死，其脓浸茧，谓之血茧；汤锅中取尽水丝之余壳丝好者名曰水丝，谓之汤茧；此三茧之丝，皆不可抽。法当去其败蛹及积秽，均用猪油少许，和水浸湿，蒸透，罨渍数日，或用荞灰水煮熟，渍数日令软，以水洗净，晾干，逐一套在指上，若拳大，旋以手扯其丝，下系缀子•缀子，以铁针下缀铜铁器一小块，要极圆者，以指捻之，旋转不定，不论男妇老幼，或坐或立或行，均可以为线，故为民恒业者，亦莫善于此，使捻成线，仍照下导箸牵丝诸法为之，名曰坠丝。茧绸，其线粗

紧有皱纹者曰"新繁茧"，其以花车纺线为之者曰毛绸，均坚实耐久。此外更有浮丝、烂丝，不可以抽亦不可以套者，则缫洗晾干之，以作丝絮。

以破口茧套如拳大，不煮不溃，干扯成线，以之作绸，极厚实耐久，且有光彩，略如羽毛缎，谓之纺绸。其以经线拴于织者腰上不用辊子及判官头等物，而软织者软织，故绸有皱痕，谓之新繁茧，每日只能织绸九尺或一丈，以经纬二丝，俱涩而难织也。若以水丝为经，扯线为纬，谓之平纱绸，其工较省。凡套湿茧，日可扯干丝二两，合手工钱四十文；套干茧者，一日扯丝八钱，工钱亦如之。

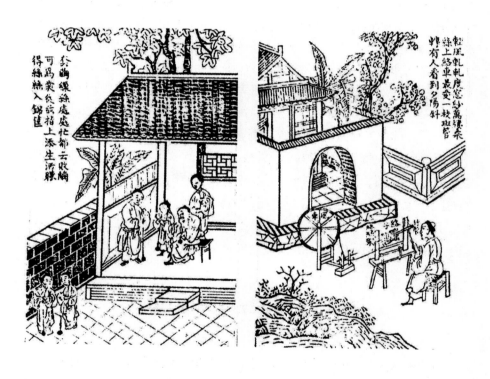

络丝第三十四

络丝者俗谓之攒丝，以所纺之丝，套于风车上风车见上导筒，即于车前与攒丝者相对，安木架一具架用二直柱、二横枋为之，以二横枋穿于板蹬之首，复以绳緷之，使不动，右直柱高一尺六寸，左直柱高一尺二寸，均宽一寸六分，厚一寸。又从左右直柱底直上一寸五分，安下横枋，又二寸，安上横枋，均长一尺二寸，连簧在内，其法，于架中在左右两直柱中间安络子，由直柱方孔中活安之贯络子紧贯之，及左直柱圆孔亦活安之，使竹在孔中，如机之在枢，右直柱方孔，长四寸五分，宽八分，从直柱顶直下一寸凿起，左直柱圆孔围圆一寸八分，深五分，从直柱顶直下二寸凿起，又于右柱顶钉铁钉，系粗绳二尺以苧为之，以绾右首之竹管，使右微高、左微低右首小竹管，须提至方孔中间，以索由后而活绕之，否则系索呆着，不能转矣。使右微高左微低者，以利转也，以转络子，以收卷风车上所套之丝。此络丝之法也。

攒丝第三十五

以二丝三丝即煮茧时所取之丝也，并合为一丝，谓之攒丝。凡为双丝绸

者，经纬皆用之，余则否纬丝欲粗，间亦用之，但欲纬之粗，须于取丝时，多提茧丝，合为一绺。若既取丝而又攒纬，则未免徒费工夫耳。其法，置二络子谓之双丝，或三络子之丝谓之三丝。络子，见络丝。于攒丝架下与取丝之拢丝架同，惟架底横木，长只一尺七寸五分，直木柱长三尺八寸为异耳，即取二三丝，穿入拢子与取丝之拢子同，惟铁条直长四寸，曲长二寸九分为异耳，由拢子上缠于天滚子，并为一绺，以下系于花车镈上又名为纺针之箄天滚子。花车、镈、箄，均见煮茧。攒丝者以手转车，则二三丝自合为一绺，缠绕于导箄，此攒丝之法也。

络纬第三十六

凡所导纬丝，均有竹箄，不可以入梭，其丝横绕箄上，亦不可以为织，故必另用络器络之。其络之之法，以导筒安手丝架中导箄，又谓之箄壳，手丝架底，用木板一片，长五寸，宽二寸，再用竹片二尺余，以火柔之，使上成横梁，旁垂两柱，如灯之提手，又于架板中间，紧贯竹签一条，以安导筒，络者左手提架，将导箄所导之丝，由梁孔中出即上所谓横架也，正中凿小圆孔，以出丝，又以右手引梁孔所出之丝，十字缠绕于纬竿纬针纬竿长八寸，形如笔管，以竹为之，中贯纬针，纬针长一寸二分，以骨为之，下尖上圆，圆处宽厚各六分，即于宽厚处凿孔，穿纬竿正中如十字，络者以丝分绕其上，视丝绕约一两，则先出纬竿，后出纬针纬针既出，则绕丝处皆空，而丝从空处抽出，自井井而不乱，俟度梭时，则以络纬浸湿，实梭槽中，此络纬之法也欲丝之不乱，故以水浸湿之。凡络纬者，左手提架，右手络纬，不论男妇老幼，或坐或立或行，均可为之，手熟者日可络纬一斤。

牵丝第三十七

牵丝之法，择宽平处，先安牵竿一具牵竿二根，以小圆木如碗大者为之，两边各长一丈三尺，两头横木各一，俗名爬头，长三尺五寸，宽厚各二寸五分，形方

如床，爬头上钉木桩二十处，木桩长四寸，围圆二寸七分，将所导丝六十六筲，
或五十四筲，分作两层，挂于筲竿上之筲签筲竿长八尺以小圆竹二根如盏大
者为之，分二根为上下两层，中凿圆孔各三十六，安筲签，筲签以竹为之，长七八寸。
筲竿架旁，用直木柱二根，长一尺二寸，连簧在内，下安于前面之牵竿，上贯筲竿，
两头穿两旁直柱中，各以竹针拴之，筲竿上各安筲签，以贯丝筲。牵者将筲上之
丝，概为抽取丝头，合系于上爬头前一桩，随以右手统握丝筲之丝，从上
爬头前一桩起，直牵挂于下爬头之前一桩，又从下爬头前一桩起，牵挂于
上爬头之前二桩，又从上爬头前二桩起，牵挂于下爬头之前二桩，又从下
爬头前二桩起，牵挂于上爬头之前三桩，丝尽则另易筲，丝断者续之，毋
使混乱。上下二十桩均已次第周挂，随以牵挂第二十桩之丝，左右交挂于
交手之三桩交手，以木为之，长六寸八分，厚各二三寸，镶于牵竿上，旁上钉木桩
三个，木桩大小如牵竿，桩长六七寸，三桩相去各三寸五分，作三纽，安三交辊，
以分丝之上下三纽，即三交互也，交辊，以小竹管为之，长二尺二寸，于牵丝既毕
之后，即安三交辊于三纽之处，以分丝之上下，又谓之阴阳交，后之刷丝系综，扣丝

织丝，皆以此为关键，否则上下错乱，不成梭口，不可织矣。又从上爬头后一桩起，次第牵挂至下爬头之前一桩，是为一交，是为一疋经线。又往复牵挂如上法，为二交，是为二疋经线。如此十交，可成绸十疋，每一交六十六丝，一阴一阳挂之，计一百三十二丝，积至十交，共计一千三百二十丝。此牵丝之法也。

扣丝第三十八

牵丝既毕，则以竹扣和丝置大棹上扣，以竹篾为之，密者编为六百六十齿，或五百四十齿、五百齿，其形如箆，长二尺余，视交手上所卸三纽之丝，以扣刀穿扣齿中，引丝过扣前扣刀，以竹为之，长九寸三分，刀叶上锯缝，长五分，深一分，以刀入扣齿中，旋以交手所纽之丝挂刀缝，刀出则丝随而出，仍贯以交辊，使毋乱，挨次导引不可混乱，若有凌越，则不可织矣，尽六百六十丝，一齿扣上下二丝，六百六十齿，计一千三百二十丝，此扣丝之法也。

凡织毛绸、纺绸及新繁茧之经线，俱比府绸等为粗，其扣齿亦宜稍疏以导之。

刷丝第三十九

扣丝既毕，仍择晴日，将入扣之丝，套在缭丝辊上以木为之，长二尺三寸，围圆二寸七分，其用凡二，一穿上下经丝中，系羊角上，一以索捆于机尾辊子上，以分系上下经丝之末，复于交手三纽处，安三交辊见上牵丝，至织丝时，则安此辊于两综之前，随将交辊及扣，推向羊角之前，又将缭丝辊并丝，紧捆羊角上羊角见下机床，每捆二疋经丝，以竹签十二枝间之竹签长二尺三寸，宽厚一分，使丝紧而不乱者，安细丝于架上架高二尺余，压以巨石，使不动，又将经丝之末，上下分系于缭丝辊织者，从经丝末织起，刷丝既毕，仍于此处扣丝系综，取丝交互作辫子，缠于拖耙以三叉木为之，两叉着地，中一叉作一钩，长二尺余，如五十六丈之经丝，将丝末五十四丈，均交互作辫，缠于拖耙之钩，俟刷丝既毕，卷上羊角，再舒拖耙之丝辫以刷之，压以巨石以二百余斤之石压耙上，便与羊角压石，轻重相埒，使所舒二丈余，或丈余之丝如院宽长，则舒丝二丈余，否则丈余亦可，平直而紧，随推交辊向前，以扣梳之，复用刷把蘸米汤刷把以铁扫帚草根为之，围圆二尺四寸，频刷其上，使丝光滑而硬，易于系综度梭系综度梭见下，晾干，即以干丝卷羊角上，舒放拖耙丝辫，仍如前法梳刷之，刷毕，脱扣由丝末出此扣齿疏，且有浆糊齿碍丝，故必去此扣，再以别扣扣丝，即以缭丝辊分系丝末之上下，毋使混乱，此刷丝之法也。

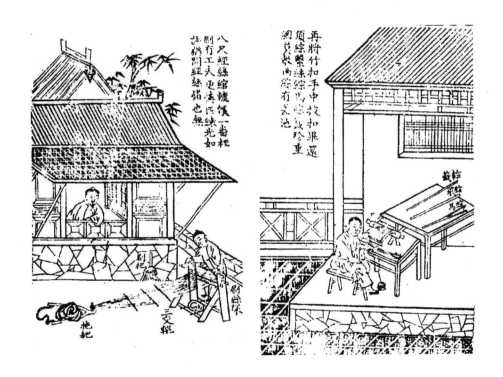

再扣丝系综第四十

刷丝之后，则经丝均上羊角，所剩经丝两头即上所谓经丝末也，不过数尺耳，织者再取竹扣如前法扣之，扣毕，将上下经丝，分系于缭丝棍之上下，毋使错乱此系机尾之辊，详上刷丝，谓之再扣丝。综，古谓之机缕，机有二缕，缕如丝数，所以分系上下二经丝，使开梭口，以受织者详下度梭成绸。其系综之法，于扣前安综马综马，以竹管为之，长二尺二寸，将竹劈开一尺三寸，以小竹签二寸五分，拧其中使开口，以综线从右贯入梭口中过左综线以苎为之，复将综签安综梁上综签，以小竹签为之，宽厚各一分，长一尺四寸五分，综梁上下二根，以系上下二综，以木为之，长一尺四寸五分，宽五分，厚三分半，先将右首上第一经丝，套于上综线，再将上线双绾于综签，又以综签合综梁，捆上线，成综口综马口，宽二寸五分，则综口之宽亦如之，套第一经丝毕，再如法套第二第三四丝如综马口沟不可再系，则将已系之线，左退于后，尽上经三百三十丝，是为前综上线。上线系毕，复以综线穿上线中，反其扣，如前法系下线，使上经丝在两线之中，以便提挈上下，此系前综上下线之法也。前综既毕，又如前法系后综上下二线，又系毕，乃以前综两头，上系于拜人前二签，下系于牛打脚之左右，以至于右踩板，以后综两头，系于拜人后两签，下系于后牛打脚之左右，以至于左踩板拜人、牛打脚、左右踩板及各系绳尺寸，均见下机床，又于前后两综之两绳即上系于拜人之绳，各用小圆竹管长七分，围圆一寸二分，穿绳中前后四绳，共用四管，又以线穿绾两管，使前后综两相依附，不至参差，仍于前后综上线之中，各贯小竹管二枝俗谓之推辊，如箸大，长二尺二寸，前后综上线，均有两口，一口贯一管，故有四管，以便推综进退，凡综线必用米浆濯之，使稍坚纫经丝锋利，如综线无浆，则往往为经丝割断。此系综之法也。

上机度梭成绸第四十一机床并各器附

系纵既毕，以羊角所卷经丝，安置机床前脚顶上，舒放经丝三尺余，以经丝之末，连缭丝辊，紧捆于辊子上，前以发条止羊角，后以竹签贯云梯，催丝平紧，谓之上机。既上机矣，织者端坐机厢，取纬丝，去箭竹，实梭槽中，以篾押之，出丝头于梭底梭底有一孔，取纬丝头安槽中，以口吸之，则丝头由孔而出，先以左足踏右踩板，使前综下而后综上，中开鱼口，织者以右手掷梭过左，推神框一下，又以右足踏左踩板，使后综下而前综上，中开鱼口，织者以左手掷梭过右，又推神框一下，谓之度梭羊角以下各器，俱见下。既度梭，视绸已织数寸，以扶衬衬绸，使绸口平直神框推处为绸口，以受神框之推，如神框轻而丝织不紧，则于撞腿之横木，缚石以助其力，又织数寸，复衬之，成绸尺余，先以剪刀剪去毛头及疙瘩，再以稀浆水刷绸面，以竹刀刮之竹刀，长七八寸，宽三寸，以刮绸面使光润，刀口要平而滑，方不损绸，此时梭口已近挨扣，综梭不可度，则以右足踏发竿，使发条下扯，转羊角一枝，舒丝数寸，仍以发条止羊角，其已织之绸，转辊子以卷之，复以竹签贯辊头孔中及云梯，使经丝平紧易织，后皆仿此扶衬以下各器，均见下。此上机度梭成绸之法也。

凡河南装及府绸今河南贩客，必择最上之绸，每疋重四十两或三十五六两，故遂以河南名之，又名府绸；若线绸重不过二十三四两；毛绸，以血茧、汤茧等为之，为经丝六百六十，面宽一尺四寸。线绸、毛绸，不过五百二十丝，面宽一尺二寸，大约一机，卷经丝十疋或八疋，每疋经丝，长五丈六尺，十疋共计五十六丈，每人二日，可织绸一疋。

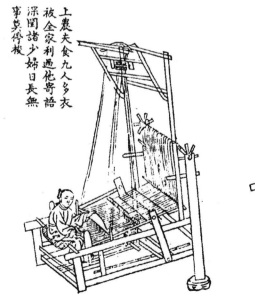

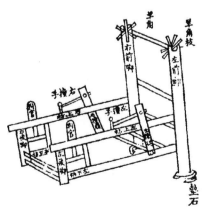

附机床各器

　　机床如床，四脚前二脚，高四尺，宽三尺，厚一寸，后二脚，高一尺六寸五分，宽厚分寸同前脚，前脚垫石四寸，前高后低，机之前为机头，机之后坐人处为机尾，机两边各安上下长枋一块均长四尺七寸五分，宽二寸二分，厚一寸，前穿前脚，后穿后脚前脚受穿处，去地二尺四寸五分，后去地一尺四寸，上下长枋，相去八寸，二前脚中间，各安上下横枋一块均长二尺三寸，连簀在内，宽一寸七分，厚一寸，后脚则只安下横枋一块长宽厚尺寸，亦同上横枋，去地六寸安之，不用上横枋者，以是处为织者所坐故也。又于两前脚顶，各凿半圆孔孔宽一寸二分，深一寸八分，上安羊角一具，羊角，以圆木为之羊角围圆九寸九分，长二尺二寸九分，两头各锯一圆簀，长一寸二分，围圆一寸一分，安半圆孔中，使如枢机之转，凡羊角约卷经丝十疋或八疋，每卷半疋，均以无节竹籤四条如箸大者间之，所以界丝，使无紊乱也，两头去近簀处九分，各用坚木条三片长一尺，宽一寸，厚三分，穿透圆木，成六片，名曰羊角枝以发条拦住羊角枝，则羊角不转而经丝不舒亦不松，所以收紧经丝，使易织也，与机头所捆之发簾发条，及机下之发竿俗名踩竿，均为卷舒经丝，使无松散之用也发簾、发条，均以竹为之，发簾长一尺三寸，宽七分，以粗绳捆于天平右直柱之前，其上首又系粗线一道，前牵之，上捆发条，下系发竿，若踏发竿，则法簾下垂如弓，否则发簾上伸，而法条自上止羊角。发条，长二尺三寸余，宽一寸四分，俗谓之撇条，左首紧捆在羊角下之长枋，右首斜高一寸余，以止羊角枝。踩竿，长三尺八寸余，横放在左机旁之下，后至地，前首与发簾、发条同系一线，若欲舒放经丝，则以脚踏发竿，而发竿下垂，羊角自转，而舒丝数寸，若收脚，则发条上伸，羊角仍止而不转，至发簾下垂之线，中间必有挂碍，用竹管四寸穿之，则线在竹中，上下自流动而不滞。由前脚而后三寸，安天平架一具，天平架左右，各用直方柱一根长四尺，宽一寸八分，厚一寸，下贯机旁上枋，高出羊角二尺六寸五分，中用一横枋长二尺三寸二分，连簀在内，宽一寸，厚八分，去压线条一尺六寸三分安之，以绾左右直柱，直柱面又各斜安斜枋一块长二尺七寸五分，连簀在内，宽一寸二分，厚八分，去机旁上枋二尺二寸，去上横枋一尺七寸安之，与天平架顶平，又于顶上两旁用二直枋长二尺二寸七分，宽一寸五分，厚一寸二分，二横枋长二尺三寸，宽一寸五分，厚一寸二分，均为凿孔，以受直柱及斜枋上出之簨，又于斜枋之里，穿一小横枋长二尺三寸，宽一寸二分，厚八分，安在斜枋中间。此数者，皆所以绾左右直柱及斜枋，使相贯穿维系而不散者。其于左右直柱中去机旁上枋六寸，贯横枋以绾左右直柱横枋长二尺三寸，连簨在内，宽一寸三分，厚一寸二分，又以压羊角上所出之经丝，使平无松散而易织者，则名曰压线条去机旁上枋六寸三分安之，上方下圆，使丝受压而不坏，然天平与机床，犹未能合而为一也，于天平左右直柱及前脚之中各相去三寸五分，各用木签长一尺一寸四分，宽一寸三分，厚八分，作门拴以维系之门拴，头大尾小，头抵前脚，尾抵天平柱后面，用竹签拴之，使相附丽如门之有拴，故曰门拴，而天平架之制备矣。又于天平之顶安横木长二尺八寸，宽一寸八分，厚一寸，两头各厚三四分，衔抱天平横枋，亦以维持天平，使牢固也，下系拜人，拜人前后有四签拜人，以小木为之，直长各六寸，宽一寸五分，厚八分，上贯天平顶之横枋，下垂五寸，两小木相去一尺八寸，又于左右小木之中间，各凿一圆孔，中安小圆棍一根，长一尺九寸，围圆三寸三分，如枢机之转，又于小圆棍相去六寸之间，镶木签二根，木签长八寸五分，宽一寸，厚四分，分贯小圆棍成前后四签，前二签，两头凿孔系前综除系处尚垂线三尺三寸，又将前综两头之线，分系于前面牛打脚之左右牛打脚，横长八寸五分，宽一尺六分，左右两头系综绳，中间凿孔系绳，下垂一尺四寸，以系于左右之二踩板，下系于右踩板，后二签之系后综牛打脚，踩板者亦然踩板，左右有二，俱以直木为之，右踩板，长一尺七寸，宽一寸五分，厚一寸，前用横木四寸，宽一寸五分，厚一寸，又于横木之左头凿孔，以系牛打脚所垂之绳。左踩板制法如右，惟直木则长一尺九寸，前横木则长五寸，缚线之孔则凿于右头，使左右相让，以便上下耳。又于踩板直木后，置横木一块，名曰撞头，长二尺二寸二分，宽一寸二分，厚一尺六分，中作三齿，成两口，以衔两踩板之直木，又於踩板直木及撞头三齿相交之处，俱凿一圆孔，围圆三寸三分，中以小竹长一尺贯之，使灵动圆转而又联络贯串，三齿共横宽六寸五分，每齿长二寸五分，宽一寸五分，厚一寸。织者左足踏右踩板织者以足分左右，踩板以机床之前后分左右，故不同，则拜人前揖而低，右足踏左踩板，则拜人后揖而低，拜人之前，复置横木长二尺九寸，左右各垂绳以下系神框系于神框两头，神框形如半月，以匡扣者神框，以二横木为之，上横木长二尺九寸，中高三寸，两头高一寸六分，形如半月，以护扣上，以便手执，下横木长如上，宽一寸六分，厚五分，平直如尺，以护扣下。扣，以捆篾片为之，六百八十齿，每齿穿经线一交，长一尺六寸八分，宽二寸九分，上下各以一分入神框缝中，扣头各用薄板一块，上下入神框缝中，内护扣，外镶神框之拴，谓之镶机板，两头各用直木一块，直长九寸，宽一寸七分，厚五分，谓之神框拴，贯神框，使神框与扣紧合无缝，以便催紧丝纬，神框之前，横置撞手神框之前，左右各用一直木，长一尺三寸七分，宽一寸五分，厚五分，后贯神框拴，前入撞腿孔中，直置撞腿，其势斜趋于神框，故每掷一梭，推神框一下，而撞腿亦必助之，其势趋下使然也撞腿，长二尺三寸五分，宽二寸五分，厚一寸六分，上头凿孔一道，孔长五寸，宽六分，以衔撞手，下头连用二横木，上一木长二尺三寸，连篝在内，宽一寸，厚一寸五分，下一木长宽同上，厚一寸三分，离撞腿脚三寸三分安起，二木相去二寸九分，横贯二撞腿，使相维系，又于撞腿下头，及机旁下枋相依处，通凿一孔，贯以横木，使相维系，而又如枢机圆转不滞，以助神框，神框之后置辊子，以卷收已织之绸辊子，长二尺五寸，围圆三寸，两头贯入判官头，亦如枢机，辊子两头所安之立木，曰判官头，以转辊子判官头，长一寸二分，宽二寸二分，厚九分，中凿圆孔，较辊子略大，以转辊子，直贯机旁上横枋及小横枋，小横枋长一尺一寸五分，宽一寸七分，厚一寸，后穿后脚，前穿小直枋，小直枋长一尺一寸五分，宽一寸七分，厚一寸，去机尾一尺零五分安之，其覆于辊子卷绸之上者，曰枧槽，所以护绸者枧槽，以棕树木挖空为之，长一尺七寸，围圆一尺二寸，旁锯小口，以衔所卷之绸，使织者前有所靠，而又不伤绸，其右旁曰云梯，所以止辊使不转者，由是经丝平面，前有发条之止羊角，后有云梯之止辊子，其机面受织之处，亦平紧而无松散之弊矣机面受织之处，长二尺七寸五分，发条、羊角枝，见上云梯，长一尺，宽七分，锯孔一道，孔长八寸，宽七分，环在机右旁上横枋，又于孔中横钉铁钉十四条，成十三口，又以竹签一根，长一尺，由辊子右孔，下贯于云梯，以止辊子，及所卷之绸，使无转动，以便于织，辊子孔，宽五分，长七分。又于床尾设坐机厢以竹篾编成，方一尺，中贯小圆木长二尺五寸，置床尾两头，以坐织者。至于扶衬以竹为之，形如小弓，长一尺五寸，如绸之宽广，两梢各镶小铜针一枚，长三分，用以扶衬织过之绸口，使绸面舒展，易于用剪，以剪丝头，用镊子以夹取绸面之疙瘩，使绸软活易织，木鱼梭长七寸八分，中宽一寸二分，各镶铁一道，厚一寸八分，两头尖，梭内有槽，槽空长六寸三分，宽一寸，深一寸一分，以置纬线，底有口，以出丝，水刷以小竹捆乱丝一撮为之，长六寸，以蘸浆水刷绸，交辊见上，即刷丝时所安于交手三纽者，至织时则推此三辊于两综之前，使经丝开口不乱，支机石三交棍穿经丝中，以分经丝上下，其势下趋，往往碍综及神框，故于前一交辊系石以镇之，使无下趋，以便织也，则又为编丝成绸之杂器，而机床之制，于是乎备；织绸之法，亦于是乎详矣。

　　凡织毛绸、纺绸、平纱绸，俱用此机。若新繁茧，则用平机，与此稍异，详套茧条下。

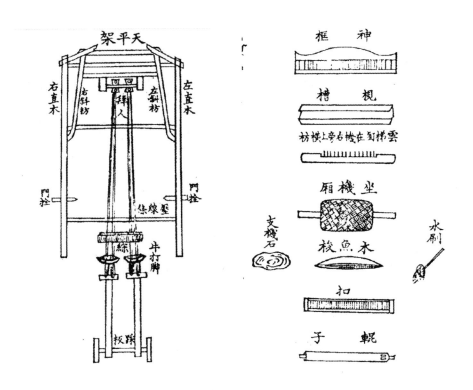

跋

　　贵州之有橡茧，自遵义陈守始也。方今各大宪，以前程中丞鹤樵，及方伯吴荷屋、廉访宋仁圃诸先生之条教，与制宪赵篆楼先生，各捐重资，遍饬州县，教民种育，其事虽因。而他郡之民，目未经见，不知其利，于官之分给橡子，严禁砍伐，则惊而疑之，若以为官之扰己也。及再四晓示谕民毋出茧税，而民始相与从之，然则种橡育蚕事虽因，而功实同于创也。

　　忆余在永从时，见龙图、贯硐各寨多橡树，祇供薪炭，甚惜之，乃令拔贡生刘元招寨长梁凤鸣等至前，告以放蚕织茧之利。对曰："无有能者"。余曰："何不招匠教之?"则曰："此固利民之事，然非苗民所宜。"诘之，则相与顾盼不敢言，反复开导之，乃曰："苗民素俭朴，若招匠入寨，饮酒食肉，赌博奢华，坏苗俗，得不偿失矣。"余与诸寨长约："但招遵义匠一二人，教尔蚕，教尔斫橡、蓄橡，蚕成，又教尔织。匠人不率教，则告于官，逐而易之，何如?"梁凤鸣等首肯，而余即以公事檄调至省，旋即卸事而寝。嗣署丹江、普安、婺川等处，招寨长如永从告梁凤鸣语，俱对如前。

甲申七月莅安平，九月即奉各宪颁发条教五条，谕购橡子劝民种。仁圃先生复以各宪与春海程学使倡和《橡茧十咏》示，且命和之，宪益奉命，惟谨不敢忘。乙酉夏间至县属齐伯房，过橡林间，乐之，问有几，则曰："柔西地方百里，跬步皆山，山所出炭皆橡也。"问："何以不饲蚕?"则有言地寒不宜者，有言叶薄丝少者，有言饲蚕尚不如薪炭者，问苗民，则又如前梁凤鸣语。余出示示之，且婉导之，民始唯唯，迟数月，使侦之，无从事者。又诘之，则皆曰无资本。余恍然曰："是矣!"是无担石粮者，安肯出中人产而谋此永见之利哉? 向者永从诸民，殆亦犹是也。以冰聚蝇，驱之不能，以膻以腥，则不招而自聚矣! 冬月，招遵义茧匠数人来教之，又以贫民李芮等数十人之请，贷茧种银四百六十金，遇雹量免。丙戌五月，茧大熟，民知有利。

余思负茧鬻遵义，非民便，且有茧不织，茧利未尽，恒业亦未广。于是招商开机房，数月无有应者，乃自夏至冬，复贷蚕民蔡万春、李荐、董太和等资本银九百余两，益以各宪助银二百两，樾亭府宪银五十两，设机房三处，集织匠三十余人，以教民导筁织丝。男妇大小有恒业，民喜；绸成得价倍，民又喜。

丁亥四月，雨旸时若，无雹，茧又熟，获数倍利，民益喜，曰："是安得我辈尽传种育法。"余又忖曰："种橡育蚕，抽丝织茧，凡数十法，知橡者未必知蚕，知橡与蚕又未必知抽知织，今以平阳初学之民，使之尽知，未能也，以百万之众，使机工茧客遍为教导，虽积日累月，舌敝唇焦，亦未能也。"于是推广前宪条教及十咏之意，复以八九年间之所见所闻，询诸匠人，备得其法，因仿楼璹《耕织图》，纂成《橡茧图说》，自辨橡种橡以至上机成绸，厘为四十一说，说各一图，图有诗以咏歌之、感发之，仍校授梓人而印刷之，俾阅者各自为师，吾民之富，其亦可以朝夕尉予望乎！然是书之作，亦欲使各大宪及陈守之德，永永遍及于民而已。创云乎哉！因云乎哉！时

道光七年丁亥五月知安顺府安平县事刘祖宪谨记。

附 录

《刘祖宪传》

刘祖宪，字为宪，一字守斋，号仲矩，邑人，清乾隆甲寅举人。幼警敏，日读书盈寸，背诵不遗一字，候官谢位东先生，湛深经术，尝言：闽清小邑，前有陈祥道，今乃有刘守斋。其推服如此。居家以孝友称，嘉庆丁丑大挑，分发贵州，历署永从、龙里、婺川、普安等县及丹江通判，补安平县知县。

安平地瘠而冲，民艰于治生，祖宪教以种橡养蚕之法，导以集匠织丝之利，作《橡茧图说》四十一条，各系以诗，明白显易，俾知所遵循而乐于从事，蚕利大兴，民赖之。县故有治平书院，弦诵久虚，为捐廉重修，延师讲学，亲第甲乙，自乙酉至壬辰科，获隽者九人，抡元者二人，文风大振。又设立义仓三十九处，义塾三十六所，农桑、学校，政无不举。

其署婺川也，县多假命狱，岁以三四百计，奸胥蠹役，诈财株连，致成拒捕。祖宪立为剖决，使无所用其伪，刁风遂息。及去任，百姓争持豚酒馈送，有泣下者。时总督云贵赵慎畛初上车，参劾不职二十八员，保举者仅三人，而祖宪得首，擢折已缮而慎畛卒，遂中止。继任总督阮元题调普定，拟卓荐，以母忧归。后就督学陈用光西席，有夤缘求达者，慨然曰："吾若为此，早为之矣。"卒年五十七，祀名宦乡贤。

资料来源：民国《闽清县志》卷六《列传》，民国十年铅印本。

刘祖宪：《湖坝村大橡树记》

邑东南湖坝有大橡树，圆围三丈余，高千百尺，阴横数亩，其栉风沐雨，傲雪凌霜，不求知于人，而人亦无过而问之者，不知几何岁，其所生

之子，年以十数万计，粉可充食，斗可染皂，种之于山，则可以饲蚕作茧，衣食万民，而委弃于荒烟蔓草中者，又不知几何年。

道光四年甲申九月，余奉各大宪命，捐给民间橡子，教民种橡育蚕，并备邻封支领，捐买橡子五十余石，多言为湖坝大橡所出，然未之见也。乙酉，以劝捐义谷至湖坝耆民梁师陶家，诣树下，见其树苍苍，其叶如车盖，枝如游龙，霜皮溜雨如鳞甲，栩栩欲动，乡人以神栖其上，作龛于树间供之。问为何年所种，梁师陶等曰不知也，相传民等高、曾时，即见此树，其子亦久委弃，今传种一邑，为众橡母，是亦如众人之母与？余笑而颔之，因思《山海经》载，九邱之木，百仞无枝。《元中记》言，终南梓树，大数百围，西京五柞，覆荫数十亩，南荒如何树，高五十丈，三百岁作华，九百岁作实，此大树之见于记载者也。吾乡侯邑淮安有樟树，枝大数围，乾隆间有锯其一枝，而匠人暴死。丹江牛皮箐有大树，广十余抱。余故友修文令、李于垣为余言，其邻有大树，干大如屋，此大树之见于近今者也，而皆以不材终其天年。兹树可食可染，则有益于人者也，而其子孙之蕃生，又将遍于六乡，达于邻封，资为衣食者，且不啻万万户也，岂九邱诸木之所可同日语哉！

余喜其树之有用，不以老见弃于人世，且喜余之得遇此树，而此树亦竟乐为余用也。因记此，以告后之食其利者。

资料来源：咸丰《安顺府志》卷四十九《艺文志六·记三》，咸丰元年刻本。

《放养山蚕法》

整理说明

　　《放养山蚕法》不分卷，清代常恩撰。常恩字沛霖，长白人，道光二十六年（1846 年）任贵州安顺府知府，数月后调任黎平府知府，直至道光二十九年（1949 年）再次调任安顺府知府。常恩在黎平知府任上，目睹当地物产贫乏，民众生活穷困，试图通过发展柞蚕业改变这一状况，于是动员民众从事此项事业，并于离任黎平知府的当年（即道光二十九年，1849 年）撰写此书，以供指导生产之用："旁搜旧说，加以新采，著为《放养山蚕法》，语取明白简易，刊布民间，俾得家喻户晓，谅无不欣然从事"，对此书的功用寄望颇高。

　　《放养山蚕法》有同治三年（1864 年）黎郡重刊本。此次点校底本，为光绪己酉（1885 年）春刻本。

《放养山蚕法》

【清】常恩 撰

序

　　丙午之冬，余奉命出守安顺，莅任数月，移摄黎平。黎郡居黔之东南隅，距省治八百余里，界连楚粤，汉夷杂处，余深以禁暴安良，弗克胜任为惧。期年来，留心体察民情，颇觉驯伏，惟地与邻省犬牙相错，奸宄时出没其间，而境内赤贫无藉者亦往往阑入，案发被获，鞫讯之下，每恻然伤之。吾民具有知识，岂甘以身试法而不惜乎哉？盖有所不得已也。此邦素称殷实，岂至今凋敝而不可复振乎哉？盖谋生养而未得其道也。每值公余，进绅士之晓畅公正者而备询焉，并据现在切实情形而细揣焉。信乎安民非除害不可，而除害非兴利不可，然欲除厉害，尤非兴大利不可。黎郡山多田少，物产本不甚饶，向恃杉木、茶油，通商便俗，今则斧斤日甚，四望悉童山矣。行部遍历屯寨，每见栎树成林，民苗徒以供薪炭之用，良可惜也。余商诸绅士，方欲以山蚕之法教民，而郡进士胡君长新，谓上年曾约同人自遵义买种试放，颇获成效，第憾一时未能通行。余曰："此大利也，小民乌能尽知？申明条教，实守土责耳。"爰为剀切示谕，劝民种栎养蚕，又虑乡僻囿于见闻，茫然莫解，乃旁搜旧说，加以新采，著为《放养山蚕法》，语取明白简易，刊布民间，俾得家喻户晓，谅无不欣然从事。余非敢自谓尽心于民也，特以救瘠苦之区，使各安其业而乐其生，庶几衣食之源既裕，奸邪之念不萌，即有诱之为非者，亦不至为所惑，于以享太平之福，吾民不重有幸耶？是法也仿于遵义前守陈公，遵义毗连川蜀，地硗确而民杂聚，由开此利故，自乾隆初富庶至今。尚冀为吾民者实力奉行，须知为尔等身家起见，从此互相劝勉，勿得自图便安，将大害去而大利兴，是尤守土者之所深幸也。

道光二十九年二月上浣

长白常恩沛霖氏撰。

条目

蚕种	摇种
烘种	出蛾
配对	蛾卵
上树	剪移
守护	初眠
二眠	三眠
大眠	下茧
炕茧	秋蚕
缫丝	织绸
茧壳	汤茧
种栎	蚕山
蚕树	薅林
器具	蚕神

《放养山蚕法》

长白　常恩沛霖氏 采辑

蚕种

山蚕春秋两收，秋蚕成茧时，当择大且厚者，留作来年春种。须用指上试之，觉其茧较重，复向耳边摇之，听其声音稍活者方佳。凡茧圆而大者，多出雌蛾，瘦而长者，多出雄蛾。留种时，务各留一半，庶将来配对，雌雄适均而无抛弃。但收种时须散布竹帘上，切勿堆砌过厚，使不能透风，恐蛹郁坏。若冬腊两月，天气太寒，又当置之複室，或室中置微火，免蛹冻死。

查遵义蚕种，来自山东历城，相沿放养，已百余年，近因山瘦林枯，秋蚕多无成者，即成亦系黑蛹，留种多不堪用。故彼此六七月内，必往山东河南等处买种，冬尽春初方归，劳费甚钜。闻黎郡城南四十里黑洞屯地方，于道光乙巳、丙午年间，曾从遵义买种前来试放，秋蚕即获有收，且成种皆属红蛹。缘黎平荒山新辟，林茂叶肥，养蚕更易成熟。由是观之，足见此地之蚕利当兴也。

摇种

收秋茧时，已将种粗为择出，至十月再摇而择之，十一二月又摇而择之，共三次。听其声之圆润有肉头者，可为种；声坚硬如石子者，名为响茧，但可缫丝。又蛹在茧内，其地步宽绰者佳，其地步不甚宽绰者，名为停蛹，不可为种。

烘种

烘种为蚕事第一要紧关头，烘之善否，即蚕之成败系之。先将择定茧种，用粗麻线穿成串数[①]，切勿穿其有糸处，盖有糸者头，无糸者脚，蛾之出，必啮糸间作孔，若穿其糸，蛾无由出，皆死茧中。烘房必裱糊其缝隙，勿使透风，即将穿成之种，挂于烘房所悬平竿上，如种多者，分数层蝉联而挂，轮递移动，使受火匀称。

火用栎树柴，他木烘之必病蚕。蛾将出，茧内必有响声，先出之蛾，谓之报信。自立春前后数日开火，以至春分见有信蛾之日，皆用暗火微微薰之，不可昼夜稍间。火重则蚕受热，后必病斑；火轻则蚕受寒，后必病缢；火熄则空肚而僵。每日子午前后，分阴分阳，须用明火催之，不可太猛，猛则日间出蛾，谓之反阳。又用柴多少，须视天气之寒暖为节，天暖而用柴过多，则蛾必速出，生卵太早，栎叶未发，卵皆出蚕，无以为食，必多饿毙。

出蛾

蛾之出，在未申后，子时前，为得其正，约半月可以出毕。初出时，其翅甚小，伏于茧上，愈煽愈大[②]，不一时即圆翅，俟其水气干而翅老，即捉入筐内。夜间捉之尤宜急速，恐其扑灯自毙也。

配对

蛾之雌雄，以眉与腹为定。眉细者雌，眉粗者雄，雌者腹大而长，雄者腹小而短。先将雌雄提入筐内，听其自相配偶，见有配就之蛾，即另提一筐，令其站稳，其余或雌雄不均，无可配者弃之。配之前，必将雄蛾之尾，轻轻搦去汁浆，否则难为媾；配之后，必将雌蛾之尾，轻轻搦去汁浆，否则难为产。

---

① 此处"串数"一词，似应为"数串"，存疑。
② 此处"煽"，作"扇"字似更恰当。

蛾卵

蛾之配，以周一日之时为度，对时则折去雄蛾，将雌蛾去汁浆后，即置入筐内。筐用黄荆条编成，此系布卵之筐，必须新制，旧者不可用。每筐第一次置蛾二百五十，俟布卵毕，尽出之。第二次又置蛾二百五十，俟布卵毕，又出之，共成五百之数，名为饱筐。其卵既布于筐，仍附入烘房内，毋令受冷，若天气温，可暂辍火。卵约十五日而蚕出，筐约十日而出尽。

上树

蚕出卵，即能食叶，务将出蚕之筐，送至栎林，择栎树相联者，以三四株结成一片，将蚕筐并筐盖，分系丛枝密叶间，蚕即群相奔赴，自食其叶，谓之靠筐。倘不便靠筐者，则摘一二嫩栎枝置筐中，引之使上，即以此枝架栎树杈间，蚕亦能缘枝赴树。蚕之出卵，必于天曙时，过午即止，至夜间仍将盖合筐，收入棚内，用微火薰之，以免受冻，天暖不薰亦可，次早仍照前送入栎林。若天将雨，或用竹席，或用油纸覆筐，不可使未出蚕之卵受雨，若受雨，后出蚕必病。

剪移

蚕食叶尽，皆附空枝，即剪其所附之枝，架于别株树材间，蚕自能缘树食叶，有坠地者，拾而上之。其枝干大者不可剪，剪则伤树，必捉蚕置筐内以移之。筐内不可载多，多则蚕挤压受损，捉蚕出其不意，随手即下，若惊之或捉稍缓，则抱枝牢固，虽中断为二，亦不下也。捉者留心。

守护

蚕在树间，畏鸟雀食，养蚕之人，必四面逻守，或鸣竹柝，或放火铳，鸟雀聚集甚多者，更用黏竿黏之。若癞虾蟆，则能吸蚕之在卑枝者，为害虽小亦当防。至于秋蚕，则鸟害之外，更畏山蚱蜢形似蚱蜢而大，色微赤黑，俗名纺纱婆，马蜂山蜂之大者，枇杷虫似蜣螂而微长，张翼则能飞，尤当力为驱除。守护勤，蚕乃不致受害。

初眠

蚕出卵时，如蝼蚁状，遍体皆黑，食叶约七日，即倚树不食而若睡，是为初眠。眠后，蜕去黑壳而起，名为退衣。凡蚕出卵时，旋必食其壳之半，每眠起时，亦必食其蜕之半，不令食则蚕弱茧薄。蚕每眠约一日，阴雨则二日，眠时必自吐丝绊其后脚于叶，为蜕时用力地也，若偶伤其丝，则不能蜕而死，眠时慎无剪移。

二眠

退衣后，其形稍大，变成褐色。又食叶约七日而二眠。

三眠

二眠后，蜕去褐色而起，变成青黄二色，脊上渐有金点，其点以少者为佳，无者更好。其形渐壮，食叶更甚，又约七日而三眠。

大眠

三眠后，其色不改，其形愈壮。又食叶约七日而大眠，一名四眠。此次起眠后，其色仍前，其体极壮，至日食七八叶不等，约十日而壮臕①，臕足不食叶，渐小如二眠后时，谓之退臕。自行去溺去粪，通体光润，满腹皆丝，各在枝上，以丝牵引栎叶数片，自裹如瓮，谓之爬瓮，然后于中周回往复，任丝作茧。

下茧

蚕初成茧，必自泻白浆浆其茧，其壳尚软，令其在栎叶间固结二三日，俟壳硬始收之。若湿摘之，其茧必坏，亦不可久留树上，被阴雨浸坏。摘茧时，蚕有未爬瓮而尚食叶者，则当移之他树，不移恐摘茧碍食。若初爬瓮而惊之，其蚕必四散吐丝，不能成茧矣。摘茧后，筐载归厂，即将爬瓮时自裹之叶剥去，务顺其糸，茧糸为上，剥必自上而下，逆则伤

---

① 此处"臕"字，通"膘"。

茧。至若茧不封口，当口有黑迹而湿者，曰油头；口封而黑湿浸出者，曰血茧；薄而不坚者，曰二皮。此三者俱系坏茧，剥茧时务须择去，不可与美茧并存。

炕茧

春蚕收茧后，择其茧可为秋种者，另存一处，其余缫丝之茧，如旬日内即能煮而缫之，其丝更光润柔滑，若旬日内不及尽缫，旬日外蛾即出矣，急以炕而藏之为妥。炕茧之法，择平地掘一土坑，或方或长，不拘体式，先用竹竿数根，纵横架于坑上，铺以竹帘，累茧其上，再以箕席覆其茧，下用大火炕之。茧一经受火，则湿气外散，谓之出汗，即将茧四面翻拨，使受火均匀，俟其汗干，取而摇之，其声坚硬如石子，则水气干而轻，蛹内僵矣，收而藏之，以待缫丝。但炕火不可太过，亦不可不及，火太过则蛹内焦，丝燥而损；火不及则蛹内烂，取丝色暗。掌火者宜斟酌炕之。

秋蚕

秋蚕出自春蚕，春蚕成，于端阳节前后收毕，天方暑，种不用烘，急择之穿成串，悬而凉之，蛾约二十日而毕出。其雌雄配媾，亦如春蚕，既媾折配，弃去雄蛾，仍搦去雌蛾尾后汁浆，以麻缕四寸，将雌蛾大翅内之小翅，缚住一翅，缕之两头，各系一雌，挂之衣子地火芽间①，其卵即布于树而蚕自出，七月底结茧，中秋前即可收竣。凡放蚕，春蚕嘴软脚硬，宜稠散树上，叶方嫩，利速食，便剪移，易肥蚕也；秋蚕嘴硬脚软，宜稀散树间，时正热，俾缓食，省剪移，免劳蚕也。养蚕者知之。

缫丝

缫丝之法，以大名盛清水盛音成，候其沸，加入莜灰汁莜音乔调匀，乃

---

①　此处"衣子地"，即蚕坡别名，一般指柞蚕上树后五六日内之蚕坡林地，可参见《樗茧谱》中《蚕祥》一节。"火芽"，指柞树或槲树种后二三年被伐去后，再次生长的嫩芽，也称"头芽"，适宜蚁蚕食用，可参见《樗茧谱》中《蚕树》一节。

置茧于中，约煮半时，将茧翻转，再煮一二刻，视其茧软，壳外浮丝松散，则茧熟可缫矣。试之如不熟，再加灰汁略煮。司缫者执短小竹棍，谓之缴竿，先缴其浮丝成绺音柳，分作数提，仍存锅内。锅上置木架一，名曰锅马，其上有丝笼上声，又其上有天辊音衮，时以缴竿缴其茧，和其丝，引绪上从丝笼绕出天辊外，复向右下萦于缫车，旁以一人亟转车收之。灶内不可断火，若丝不顺，火稍加重，水热则丝易抽。丝之粗细，视提丝缕之多寡，茧之绪曰喂头喂音畏，缫者随尽随续，毋绝喂，则丝匀。去车底五寸置一炭盆，火不可猛，使丝旋干。每日一人可缫茧三四千，初时茧多顺绪，取丝较细为经丝经去声，至后半日，茧绪多乱，取丝稍粗为纬丝纬去声。又春蚕之丝，縠密精致，取丝可经多纬少，秋丝性稍脆音翠，取丝则纬多经少。放秋蚕多为春种计，若取丝，总以春蚕为佳。

织绸

织绸之法，先用一车，次第以经丝、纬丝张其上，列于左旁，右置一车如纺棉式，将丝各导成经筒纬筒，经筒之丝，则用牵架贯筒，牵缩于架上，足其篾数篾音扣，复贯入竹篾牵之，以茅刷梳之，蘸面浆浆之蘸音赞，始上机，纬筒之丝则以小竹架植筵贯筒筵音廷，右执一小杆，中钳牛角尖钳音黔，颠倒收其丝，导成槽运，以贯梭，然后织，其法与他织同。

查遵义所织，有府绸、水绸之别。府绸之丝，缫时车缓，取丝略粗，而织绸厚实，其品上也；水绸之丝，缫时车急，取丝极细，而织绸单薄，品为下，而名目独多：其双经单纬者曰双丝，单经双纬者曰大双丝，单经单纬者曰大单丝，若小单丝更疏而窄，亦曰神绸。府绸其质坚韧音刃，先用猪胰揉之胰音夷，使其绸柔滑，而后加染，彰五色焉。

茧壳

出蛾之茧，丝被啮不可缫，用荍灰水煮之，复向锅内蒸透，翻去其蛹，套如拳状，以水洗净，晒干，再用猪油少许，和水煮之，晾干，套于短竿上，左手执之，右用铅团镇于签底以坠丝，手搓签令旋而坠，丝即络绎抽出，其坠益下，则提而收入，丝紧细而匀净者，织绸如新繁所产，名为繁茧，又名鸡皮茧。若不用油煮，但以水浸湿，即取坠丝，其丝较粗而松，且多额节，可织为粗茧绸，一名毛绸。

汤茧

缫丝不尽之余壳，半多破口，曰汤茧，置于篓中，用热水浸透罨软罨音遏，翻去其蛹，套如拳状，以水洗净，晒干，或用猪油煮过，扯干丝，织鸡皮茧，或用水浸湿，扯水丝，织粗茧绸，皆可。至若油头茧，可缫丝者则缫之，如不可缫，与汤茧同用。更有缫时所提之浮丝，及诸败茧之烂者，不可扯丝，但翻去其蛹，以水久浸，洗净晾干，用钉板抓散，网以为被絮，甚暖而耐久。

种栎

九、十月之间，栎树子老自落，拾其坚好者，掘潮润处为坑，聚而窖之，若不窖之潮润处，恐子干且生虫。窖子时，涂以猪血，可免山鼠窃食，且他日叶美宜蚕，再用杉木细枝刺极密者，盖于土上，更免鼠患。至来年二月皆生芽，乃出而种之，将土锄匀，纵横成行，行必相距二三尺，毋太密，密则枝条不茂；毋太疏，疏则旷土可惜，深约七八寸，各种栎子三四颗，覆以松土，春雨及时，两旬而芽即出土，迟则一月。雨水节至清明前，皆宜种，节候万不可迟。又有本年窖栎，次年不即种，越一年而秧长至尺余者，则分其秧，亦于雨水节后，如栽杂树法栽之。盖种栎子，长至三年尽伐之，令其再发新枝，又两年然后叶肥壮，可饲蚕，若栽栎秧，较种栎子更易成树。凡种栎，泥土为上，挟沙次之，红沙火石地为下，沙石之地，其树叶瘦，不能肥蚕，且叶尽时蚕或四下，值日烈地热，必多受损。

蚕山

山必相其阴阳，蚕性恶湿喜燥，饲蚕宜向阳处，阴处祇可作茧，惟秋蚕宜山之阴者，为可避秋阳之烈，凡当西晒之山，秋蚕最忌。蚕尤畏雾，雾著蚕，甚者死，不甚亦病斑，不能作茧。山有空穴，每多雾，至晴欲雨、雨欲晴时，雾最甚，故有烟瘴之处，断不可蚕。

蚕树

栎树在黔省上游曰青橷，在下游曰麻栎，皮薄、叶长、底面皆青者，味甘，可饲蚕，皮厚、叶短、面青、底白者，味苦，饲蚕不旺，二者子皆圆；白栎则子长而细，皮光不皴裂，叶短，亦可饲蚕，总以叶厚大而青者为良，否则力薄。新种之树，或三年或五年，树成乃饲蚕，饲后将此树暂歇一季，谓之歇树，不歇树则叶不茂，蚕亦不肥。树高勿过一丈，过高则难剪移与摘茧，树近十年则已老，即伐之，可为薪炭，留其根，俟来年再发。初发一年者曰火芽，一名头芽，饲子蚕宜，至二年曰二芽，三年曰三芽，皆可饲壮蚕，再老又伐之，一种可十余伐也。以无用之叶，饲有用之蚕，而薪炭之利仍在，种栎一事，可谓一年之劳，百年之利。

薜林薜音蒿

育蚕之林，其荆棘杂木，必须去尽。杂木中，桐油、白杨、乌桕三种桕音九，尤不可留：白杨、乌桕之叶，蚕食必死，桐油树则蚕经其干，上其叶者即毙，故烘蚕种之至，亦不可用桐油然灯①。惟枫叶无损于蚕，可不必去。树下之草，勿芟夷太尽，天气炎热，蚕多自树而下，盘旋草上避热，热气渐退，蚕自缘干而上，有不能上者则拾而上之，若树根无草，地土过热，蚕坠地即僵。又蚕在树上，倘遇暴雨冲落，蚕抱草根，可免冲没，有草不但可避热，兼可避雨。至若未头眠之子蚕，上树五六日，曰"衣子林"，树下之草又必锄尽，子蚕附树，力不健，恐风震叶摇，蚕易坠地，草不锄尽，不易拾蚕。

器具

蚕事用者，曰蚕筐布卵之用，曰蚕刷以扫出筐之子蚕，曰蚕筅以移子蚕，曰蚕剪以剪枝移蚕，曰薜刀即镰刀，薜林用之，曰排套，曰机竿，曰黏竿皆以捕鸟，曰火铳，曰响槁，曰沙撮，曰礐霹②礐音料，皆以惊鸟，曰茧筅挑茧

---

① 此处原文为"然"，疑为异体通假，应为"燃"字。
② 该词中首字似为异体字，存疑。

所用。

丝事用者，曰缫车，曰竹磨去声，曰锅马，曰丝笼，曰缴竿，曰铁锅，曰莜灰皆缫丝所用，曰手车，曰风车，曰繀架繀音翠，曰繀心即牛角尖，曰车莛皆导丝所用。

织事用者，曰茅刷，曰刷架，曰拖扒，曰羊角，曰牵架，曰牵杆，曰牵扒皆牵经所用，曰机床，曰天平，曰坐板，曰踊板，曰竹篦，曰线纵，曰篦夹，曰辊心，曰梭，曰拟尺拟音别，曰幅寸，曰铜剪，曰铜镊，曰铜针，曰铜钩皆织绸所用。

蚕神

祀先蚕，重报本也。西陵圣母、苑窳夫人窳音宇，蚕家皆祀之。黔省蚕利，始自遵义知府陈公，考《遵义府志》，公讳玉璧，字韫璞，山东历城人，由荫生补光禄寺署正，出同知江西赣州。乾隆三年来守遵义，日夕思所以利民，事无大小具举，民歌乐之，郡多槲树，以不中屋材，薪炭之外，无所于取，公循行见之曰："此青莱间树也，吾得以富吾民矣。"四年冬，遣人归历城售山蚕种，兼以蚕师来，至沅湘间，蛹出，不克就。公志益力，六年冬，复遣归售种，且以织师来，期岁前到，蛹得不出。明年，布子于郡治侧西小邱上，春茧大获，遂遍谕乡里，教以放养缫织之法，令转相教告，授以种，给以工作之资，经纬之具，民争趋若取异宝。八年秋，会报民间所获茧至八百万，自是郡善养蚕，迄今百年，遵绸之名，与吴绫蜀锦争价，遵义视全黔为独饶，公之力也。道光十八年，题祀名宦祠以上《遵义府志》。

查遵义蚕神庙内，原有陈公专祠，每岁六月望日，逢公诞期，遵民业绸者，群相祭赛，育蚕之厂，必设位祀陈公。《礼》云："有功德于民，则祀之。"陈公为民兴利，功在百世，宜乎食其德者，尸祝勿忘也。

——《放养山蚕法》终——

《教种山蚕谱》

整理说明

　　《教种山蚕谱》，清代国璋撰。国璋，镇江（京口）镶白旗蒙古人，十六岁时以幕僚入蜀，二十一岁任四川隆昌知县，后历任华阳、宜宾、内江、江北、江津等县知县，并于光绪七年——八年（1881—1882）、光绪九年——十一年（1883—1885）、光绪二十一年——二十三年（1895—1897）三次任巴县知县，并著有《峡江图考》等著作。

　　据光绪《叙州府志》卷二十七《职官》（王麟祥修，邱晋成纂，光绪二十一年刻本）：国璋，"京口镶白旗蒙古人，由军功十六年任。"在《教种山蚕谱》的序中，国璋自称"知宜宾县事京江国璋"，因此不少的农书、蚕书将其姓名识别为"江国璋"，是为错误。至于任职宜宾知县的日期，他自称"予自光绪十七年补授斯邑"，与地方志记载稍有出入。直至光绪二十年《叙州府志》修纂时，国璋仍然在担任宜宾知县，直到光绪二十一年调任巴县知县。因此，国璋的仕途主要在四川省内，对四川省内的各种情形颇为熟悉。

　　国璋在宜宾知县任上，对推广山蚕放养事业颇为上心。光绪《叙州府志》卷二十一《物产·虫类》载：

　　　　山蚕，《遵义府志》蚕之树名青槲，其茧即曰青槲茧。近宜宾县
　　　　知县京江国璋，自贵州购山蚕种二万，遣蚕师数人，于吊黄楼一带，
　　　　择山有青槲树者，教乡民以放蚕法法详《教种山蚕谱》，并酌量予值。乡民

多来观法，茧成取丝，计得茧近三十万，取丝织绸，光亮细致。

在《叙州府志》的编纂过程中，国璋是主要的参与者，该地方志的协修名单中，第一位即为"知府衔候补直隶州知州宜宾县知县　国璋"，并名列"督采"名单之中。因此，上文的记载，应当有粉饰夸大之处，但总体而言尚属事实。

《教种山蚕谱》一书，是国璋为了进一步推广柞蚕产业，参照郑珍的《樗茧谱》，于光绪二十年（1894 年）完成的一篇内容通俗的著作，在《教种山蚕十一则》之后，附有《樗茧谱》原文。因《樗茧谱》已有郑辟疆点校本，此处不再重复，仅录有《教种山蚕十一则》，请读者明察。

此处点校底本为光绪二十年（1894 年）宜宾官署刻本。

《教种山蚕谱》

【清】 国璋 撰

序

宜宾为叙州府附郭首邑，滨临大江，民物浩穰，其地土不得谓之瘠薄也。然予自光绪十七年补授斯邑，察知闾里生计拮据者多，推求其故，则以生齿日繁，民间食用所需无不较前昂贵，地方除农田外，绝无物产可以阜通取赢，因公赴乡延见父老，询以物土之宜，率皆茫然莫对，心窃尤之。巡历所至，见四乡山场多有种青㭴树者，因忆及贵州遵义府，初本瘠区，乾隆时郡守陈公教民养放山蚕，由是遵义蚕绸盛行于世，民擅其利，转成富饶，事距近百数十年矣。因集城局士绅，告以予意，众皆欣然。予又念小民可与乐成，难与谋始，事既非其所习，倘使目前费铢两之赀，以待来年获倍称之息，亦将疑信参半，裹足不前，计惟举创始之艰难烦费，官独任之，一经得见成效，人人知有涂辙可循，获利如操左券，则民争趋之，不烦教督而自劝矣。局中诸人深以此议为然，相与同心协力，予一面出示晓谕民间，一面捐廉筹款，于十九年冬，遣人赴遵义雇觅蚕师四人，购蚕种二万来此，在郡城北岸吊黄楼一带择山有青㭴树者，酌量予值，就树放蚕，中有不领值者，则口许之。附近乡民多来观法，自立春后烘种起，至四月杪成茧取丝，计得茧近三十万。惜四月上旬，因蚕多树少，移蚕就树多有损伤，否则五十万茧可坐致也。取丝织绸，光亮细致，竟与湖绸相仿佛。现留蚕师二人住此间，传授养蚕取茧诸法，留蚕种六万于局中，预备乡民领取。宜民果能争相仿效，于农田外开此利源，衣食足而后礼义兴，风俗亦且蒸蒸日上矣。遵义郑子尹徵君著有《樗茧谱》①，于养蚕取茧诸法，条举件系，可为师承，第文词古奥，笔墨雅近《考工记》，虽得独山莫子偲徵君为之注释②，究难尽人通晓。爰取其书，付局中就原本推明衍绎，杂以方言，冀可通俗，校刊付梓，俾宜民家有其书，《樗茧谱》亦附刻于后，以志不忘。复考谱首"志惠"条内，知陈公倡办綦难，不若余为此之易，则以售种远近不同，非人力所能强也。至一切虽有蚕师主持，而局中诸人，因地制宜，口讲指画，其勤劳有足多者。自今以后，其有谓此举为土之所不宜、俗之所不习，并诿为力之所不赡者，当亦幡然易虑，不至腾异说以相阻挠。是则宜民千百年乐利所基，而区区之心，尤所惓念莫释者也。

光绪二十年夏六月

知宜宾县事京江国璋序。

教种山蚕十一则

选树

黔省名曰槲树，亦曰橡树，川中总名曰青㭎。其种有二：一枝干色黑，其叶味甜，宜于养蚕，须五六尺高以下者，勿砍其脚叶，春初萌芽发生，以便子蚕破衣，易于上树；一枝干上微有白斑，名曰虎皮青㭎，其叶味苦，不宜养蚕，为其成茧薄、缫丝少故也。其种植相地之法，泥为上，挟沙次之，红沙火石地为下，沙石者所树，叶细且瘦，且叶尽时蚕或四下，值日烈地热，更易坏也。须密布，勿疏远，勿种他杂树，最忌打油桐

---

① 郑珍（1806—1864），清学者、诗人，字子尹，号柴翁，遵义人。道光举人，官荔波县学训导，与同省莫友芝齐名，并称"郑莫"。研经精礼学，通首韵训诂，尤善治《说文解字》，有《巢经巢集》等文集，《清史稿》卷四八二有传。

② 莫友芝（1811—1871），字子偲，号郘亭，晚号眲叟，贵州独山人，道光十一年（1831）举人。一生仕途不顺，未做过官，晚年客曾国藩幕甚久。宋诗派的代表作家之一，与郑珍齐名，著有《郘亭诗钞》等诗文集。

子树，有者务除去之。

择种

种以大而厚，黄而赤，用指衡之而重，摇之而活，耳听之而不悉窣作声者为良。但大之中必尖圆相半，而后可尖者为雄，圆者为雌，茧有两端，有系者头，无系者脚，自其脚视之，大可辨也。选定后，以麻线穿其脚后，切勿伤蛹，四个一层，层层重叠，约五六尺长，挨顺排匀，挂于高朗处，不致郁闷。如有空阔地方，摊以竹帘亦可。节届冬寒，装入篾筐，收于密室，以免冻坏。其有声者为响茧，只可缫丝，不可留种。

烘种

烘种为蚕事第一关头，最宜加意。其烘之之法，于立春节后，选一吉日，供奉西陵圣母牌位，扫除净室，毋令透风，如遇窗隙墙缝，裱糊严密，量室内八九尺高，横平竿如楼枕然，上铺篾席，中留方孔，其下环列茧串，离地一尺余高，当地中置青榈柴，然微火，视频节气之冷热，如冷则火宜加，热则火宜减，四十余日，昼夜轮班经佑①，不可间断，如冷热失宜，蚕多病班病缢，班者将结茧时周身现黑点而死，蚕蛹受热，用火太微故也。所烘之柴，祇宜青榈，最忌桐子树，如烧柴之户，其烘室须与厨房隔远，免受他杂木杂草烟气。

蛾配

蛾配者，烘出之蚕蛾，雌雄相配也。蚕茧上烘，历雨水节后，必有报信蛾出，此不能做种，待惊蛰后陆续出者，方能配对。多于每日亥、未时，啮系间作孔而出，须防扑灯自毙，用生黄荆条编作平底圆筐，六尺围绕圆，中径二尺，外糊皮纸，上编合口圆盖，以雌雄蛾置于筐内。雄者眉粗而短，雌者眉细而长，雄者腹瘦，雌者腹肥，令其自合。上扣其盖，少刻听之，中或有拍拍作声者，此为狂夫，必除去之，不除必乱群合。如今日午刻置筐中，于明日午刻必折其对，否则将雌蛾胀死。折对时，用两指

---

① "经佑"，四川方言，意为"照料"，一般指照料老人或病人，非常精心之意。

将雌蛾肚微搦，以去其溺，溺或黄色、黑色不等，不去则难产。如岁生之雄少，一雄可配两雌，须间日一配；然后配之雌，其蛋多不育，即育蚕亦多瘠，父气不足故也。

下蛋

折对后，将雌蛾另置一筐，约计二百五十个，掩其盖，俟三日毕产，复置亦如之。一筐之蛾，极于五百，一蛾之蛋，极于一百，其蛋堆积粘于筐内，色黑，微扁，如老萝卜子，然入筐十日而蛋尽，下蛋十五日而蚕出，其筐必用生荆条者，以受其生气也，产毕雌蛾自枯死，其雄者亦以鳏死。将蛋筐置于烘室篾楼上，时领热气，至春分后陆续出矣。

上树

春分后，子蚕破衣而出，于开山时，将篾席平铺树下，斜放蛋筐，摘树上嫩枒，倚于筐沿内边，俟子蚕蜿蜒而上，将嫩枒夹于树稍，须稳勿令堕地。初出，头红而身黑，有香签粗，越七日坐头眠，变青黄色，前后四眠易，一眠自食其脱去之壳，值眠时，切勿动之。平时周历巡视，叶尽则剪移他树，毋使断缺，四眠后再十日，则结茧矣。此十日中，每蚕一日夜尽五叶，更宜加意饲养。

剪移

用铁剪，与家用者不同，叶子短而宽，取其锋利轻快。轻轻剪下，盛于黄荆筐内，挨顺放去，宁多往复，慎毋积压，以致伤蚕。如树挨近，不必剪下，则用草束之，以交其枝柯间。或蚕有附空枝落空地者，宜捉置有叶处，须猛捉之，使其不妨，如稍惊之，则后脚固抱，必致扯断。斯时也，须防禽鸟，将曙及薄晚，吓之以枪，击之以擎霹，惊之以响篙。擎霹者，以棕丝搓之，长六尺六寸，两端各三尺，如纯然，头制扣，中余六寸，编成四寸宽，筑泥沙，以头扣中指，凭高就势，丢尾击之，则鸟惊去可半。曰惟蛇升木，野猪拔树，癞虾蟆吸卑枝，大马蜂咂肉汁，鸡犬随在搏噬，见则宜力驱之。

结茧

蚕自上树，约四十日而茧成，须次第候其硬，摘之。盖茧成后，蚕自泻白浆浆其茧，必三日浆始干，若不候其干，湿摘之，则其茧必坏。用箩筐载归，晒干裹叶，顺其系自上而下剥之，如逆剥则伤茧，缘结茧时各牵叶三皮，自裹作瓮，于中周回往复，吐丝作茧。其有大而厚特不封口，口有黑迹而湿，是曰油头，或口封而汁汁湿①，是曰血茧，二者必择出，如不择出，则坏好茧。其薄而不坚者曰"二皮"，因蚕食不足，及作茧时为人偶搦故也。

晾茧

茧或数十万，一时不能概取，须编竹帘晾之。就地势，尽竹之长，每根花八皮，用麻绳排编三四路，置木架平铺之，布茧其中，约两寸多厚，方透风不潮热。如当时不取，则留响茧，其法以烈火炕之，须四围拦密，用篾席覆茧上，中留一孔，以干谷草掩之发汗，茧色始佳。方是时也，蛹受火逼，索索若骤雨，候经时无声，撤去死茧，另易生茧。炕毕盛于篼，售则摆于市。

缫丝

此茧与桑茧微异，其性硬，须下碱②，每锅两千个，每千下二两，先于锅中调匀，俟其沸极，入数茧试煮之，以水攙为度。然后两千个全下，用缴竿先去其浮丝，挨灶右尺远安车架，架前高二尺五寸，后高三尺三寸，长三尺九寸，中安车，车六方，方宽一尺六寸，中径三尺一寸，车心宽一尺二寸，穿以铁管，曲其柄，系四尺之纯，下连竹竿，长七尺，竿头打眼，以竹钉钉于地，架头立小旋盘，用皮带平系车心头，旋盘上斜安竹片，片上栽竹钉，以管丝路，灶上安车架，架上置二天辊，俗名裕子辊，下置二铁弓环，俗名螺蛳，就茧舞跃汤面，去其緪，引其绪，和其丝，上

---

① 此处"汁汁湿"一词，文句似有不通，存疑。下文《山蚕图说》中亦有此语。

② 此处"碱"字，原文为异体字，根据文意确定。

贯弓环，引入辊缝，牵出辊外，下萦于车右，足踏竹竿，竿发运纯，纯动运柄，柄运车，缓急相应，随尽随续，毋绝喂则丝匀。天寒置微火于车底烘之，天热不烘，缫毕脱之纠之，晾于空阔处，诸凡得法，与桑丝不相上下者也。

汤茧

一茧之丝为忽，五忽为糸，十忽为丝。茧之忽头在内，缫者探其头，引之绎，绎而外。上茧无余壳，中下茧皆有，此之谓缫余衣，若不善缫者，虽上茧亦有余衣。又油、血、破口之类，不中缫，不引绪，不可手络者，名曰汤茧。翻去其蛹，水洗净，晒干，和而筑之，以铁齿梳梳之，网以为絮，逐处行销，绝无抛弃。

——点校者按：此处以下即为《樗茧谱》一书全文。——

《推广种橡树育山蚕说·植楮法附》

整理说明

　　《推广种橡树育山蚕说》不分卷，清代曹广权撰。曹广权（1858—1935 年），字东寅，号南园老人，长沙人。清光绪十九年（1893 年）举人，善书法。清光绪二十六年（1900 年），调任淇县知县，光绪二十七年（1901 年）调任开封府禹州知州，光绪三十一年（1905 年）解任离禹，东渡日本。在禹州知州任上，曹广权主持开辟了义成渠和东南渠，光绪三十年存禹州创办钧窑瓷业公司；并将其在禹任职时测绘的《禹州地图》带到日本制成铜版彩色印刷，时为禹州最早之彩色铅印地图。曹广权尤其重视发展农桑，曾派人从南方引进蚕桑良种，并总结植桑经验，写出《推广种橡树育山蚕说》（植楮法附）等著作，并创办禹州蚕桑学堂等机构。曹广权从日本归国后，升任四品京堂，任礼部参议，典礼学院士。宣统三年（1911 年）之后，曹广权辞官隐居。

　　《推广种橡树育山蚕说》一书，成书于光绪三十年（1904 年）二月，其主要内容基本是从他处转抄而来，内容较为简单。此书中所载的种橡、饲蚕法，与山东、贵州等处有所不同，颇具河南地方特点。本书的《序》及《植楮法》同时载于车云修，王棽林纂：《禹县志》卷七《物产志》，民国二十年（1931 年）刊本。又，近代日本学者日本小野孙三郎著，日本鸟居赫雄译《害虫图说》一书，末后亦附有《推广种橡树育山蚕说》一书全文，又名《养山蚕法六条》。民国时期，河南省农牧厅曾复印一书，题名为《鲁山县山蚕饲育法》，实际与《推广种橡树育山蚕说》相同。以上各书，均可与此处点校本参见。

此处点校本的底本，为光绪甲辰（1904 年）木刻本。

《推广种橡树育山蚕说·植楮法附》

【清】 曹广权　撰

序

　　古语有之："十年树木"，农学家言："种树利最速，而蚕桑之利尤厚。"豫处中土，湖桑不易得，今大府已自湖州购运，颁发各州县，禹人分得七百株，将来转相接种，可以化为千万株矣。其分桑饲蚕诸法，备详于《农政全书》及近日《农学丛书》《栽桑问答》《蚕桑刍言》各种，可以考求而得其大凡矣。客岁冬有自鲁山来者，为访其地育山蚕法，稍得其详。其法以橡叶饲蚕，为自来农书所不载，而其缫丝之利，实为豫南土货出产一大宗。今年春分，已自鲁山购取橡秧，于城东小学堂、城内工艺学堂隙地栽植，实行试验，并拟于秋间多购橡子，分发各乡。兹特先将访问鲁山种橡法五条、育蚕法六条，刊布传说，俾各乡里士民识文字者，互相劝告，凡有山地之户，可自往鲁山购收橡子、蚕种，如法试办，逐渐推行。盖橡树易于种植，不如栽桑之难，择土既不必肥沃，又无须勤浇深壅，惟纯石无土之处不宜布种，其余山岭、冈坡、砂砾、紫赤各土，五谷杂粮不能丰熟之地，皆可广种橡子。但使护养得法，剪刈合宜，五年之后，便能育饲山蚕，且无接枝、压条、探叶种种细法，村庄勤朴之人，皆可为之。又初种三四年，中仍可兼艺菽麦等类，不失田家素常之利，可谓有益无损。至于育山蚕之法，亦比育养家蚕工粗事易，不过烘蛾、布子、初饲蚁蚕，稍费心力，及至上坡食叶以后，只须勤察眠起，谨防伤害，时日既足，即可收茧缫丝，亦是尽人能为之事。闻鲁山蚕户，每育蚕子三筐，约需食橡叶九千余兜，出茧约六万枚，一人即可照料，惟当蚕眠复起、移场就叶之时，加雇一二人经理，平时无须多人。若出茧即售，以六万枚计，上等约可售钱百一二十串，中下等亦可售钱七八十串，如自行缫丝，上茧每千枚约可出净丝十一二两，以六万茧计，约得净丝四十余斤，售钱一百四五十串，中下茧缫丝稍少，亦可售钱百余串，秋蚕出茧半于春蚕，茧丝亦劣，售钱约得春蚕三分之一，总计一岁之入，除去一切用费，获厚利者甚多。现今鲁山丝绸，由张家口出口，销行俄国，岁值巨万。禹境近山之地，土不瘠于鲁邑，偏行开荒种橡，出丝必盛。州西北顺店镇，向购邻县之丝，织造绫帕，运销南省，亦间自鲁山贩丝制绸，何如自育山蚕，坐收丝绸利益？闻鲁山橡树，初亦只供薪炭之用，无人种以饲蚕，后因官为提倡，由四川购来蚕种试行育养，遂群相效法，竟成美利，至今有将成株老树，伐刈蓄条，饲蚕取利者。禹壤隙地甚多，西北一带皆童山，亟望联社会、禁樵牧，于湖桑不宜之地，专意种橡，庶吾山内之民，皆食蚕利，以免向隅之叹，岂非快事乎！

光绪甲辰二月
知禹州事长沙曹广权识。

种橡法五条

辨树

橡树，即栎木也。生山谷中，枝条坚韧，宜供薪爨，烧炭即为栎炭，若不刈伐，树身高可二三丈，叶似栗叶而大，开黄花。其实谓之橡子，如小圆栗形，若碾细淘净苦味，作粉，可为荒年之食。其壳谓之橡斗，可染皂，其树必高大成柯，始能结实，天旱结子必稀。鲁山近因蚕利大兴，种橡之户日众，新株皆养成矮兜，老林亦多经刈伐，惟山沟坠子生秧，自成大树，结实为种，以是橡实渐少，一斗值钱七八百文或一千文。兹将橡株、橡实各形，绘刊于左，如境内及邻境亦有此树，便可如法种植。

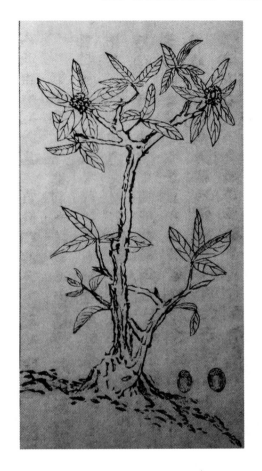

栎木种类颇多，有黑栎、赤栎、白栎、青栎、槲栎等名，皆可饲蚕，鲁山常植之橡即黑栎也。其赤白二种，与黑栎无甚差别，惟叶稍薄小，子有赤白色之不同耳。青栎即青冈树，枝叶条干皆类橡栎，但色颇青，亦结实，售买橡子内多杂有此种，其木质最坚密，可作车毂。槲栎，一曰槲树，叶较栎阔大，如椭圆式，结斗亦与栎略同，其叶饲蚕，能使茧大而厚，然乱丝极多，不如食青黑栎叶之佳也。

治地

凡种橡之地，如本系熟地，亦须全行耙松，作成畦径，每畦相间六尺，地瘠者相间五尺，畦中开沟作小塅，约略互相参错，或使成直行亦可。肥地每亩约种橡株五百兜，瘠地或种至六七百兜不等，若新辟荒坡，则必于春间深犁翻转，经过伏日，使草根枯绝，至秋间始锄耙作畦。

种子

八九月橡子成熟，当时即宜播种，先期治畦开堨，每堨种子五六颗，或七八颗，沃地愈宜多种，取其易于繁密，能早饲蚕。种子布入堨中，须将碎土封盖，拍令充实，二十余日即可出芽。本年能长高尺许，从初种至三四年内，必须兼种五谷杂粮，藉滋培养，并免牲畜践踏，杂草蔓延等害。又子未生芽，狐及松鼠最喜盗食，亦宜加意防守。再种子不能过时，迟则生秧不佳，若至次年春间，即已不能播种，只可移秧，然移秧灌溉颇难。又初移之年，生长不茂，不若即地种子，事省而效速也。

刈条

种子生条，至第三年即须剪刈。于冬末春初未发叶时，用镰将旧条刈去，只留下截，离地约五六寸，至发芽时，每株即发三四条。第四年，再将新条刈伐，亦仍留五六寸，每株即可发十余条。五年再伐，更可得五六十条，若肥地所种，此时已成丛薄，即可饲蚕。惟新长之树，初饲一年后，须间一年再饲，以蓄树力。至瘠地所种，繁密稍迟，必须刈伐至七八年，始足以供蚕食。又橡株既成丛饲蚕，仍须照常刈伐，或每年一刈，或间一年二年再刈，是另有分坡之法。

橡株未经刈伐之图

分坡

育蚕自生蚁作茧，择地温凉，饲叶老嫩，随时不同，种橡之坡，遂亦因为区别，橡株新旧高矮，亦即各有适宜，当辨别酌量，递年更换。鲁山向例，分蚁场、二眠场、三眠场、大眠场、二八场、茧场六项名目，初登蚁场之蚕，身小力弱，风摇易坠，又春日天气较凉，宜择背风向日温暖之处，其叶宜早发嫩枝，用前一年二三眠等场之树，留而不伐，改作蚁场，最为相宜。蚕登二、三眠场，天气已渐温和，其地随处皆可，蚕登大眠场，食叶最多，场地宜大，天时已当炎热，必得显敞多风之地。至二八场，蚕食叶已少，惟亦须向风透气之所。以上四场之树，均须新经刈伐，所长枝条始为合用，若非欲改作蚁场，每年必照常芟刈。至茧场仅为作茧而设，树枝须密，高矮约与人齐，以二年不伐之树，最为合度，故寻常皆以前年蚁场橡株，再留一次，递改茧场，俟既作茧场后，仍行伐去，为二三眠等场之用。

六场所占地段，以大眠为广，约计六亩之地，蚁场、茧场约各占半亩，大眠场约占二亩，其余三场，各约占地一亩，共须种橡三千余兜，可养蚁子一筐。此亦约计大概，蚁筐出蚕，多寡不一，蚕户分场，每稍备宽地，以免临时缺叶，有乏食伤茧之患蚕少食叶一日，结茧即薄小。此须随宜审度，不能拘泥。

育山蚕法六条

传种

山蚕大如家蚕，作茧时身长二寸余，粗如大指，其茧亦大，形如小鸡卵。凡择茧种，于收新茧时，择其硕大沈实者，分别雌雄两头尖小如青果形者为雄茧，长圆如鸡卵形者为雌茧。偶对取之，留为种茧，悬挂清凉透风之处，最忌热气薰蒸，或使蚕蛾自出。待至下年正月下旬，预备暖室，窗牖户隙，皆须闭塞，用苇箔格架壁间，将种茧移至箔上，平铺一层，不可堆叠，屋中燃烧橡柴火一炉橡木火足无烟，最佳，煤火烟薰，切不可用。酌审热力，逐渐加大，热极甚时，虽寒冻之螺蠃，入户或不能披衣，如此七八日，蚕蛾破茧自出，即行止火，将空茧拾开，蚕蛾自相配合，随时取其成配者，移置荆筐中。荆筐形圆有盖，口径三尺，深一尺，底盖均宜平正，蚕蛾盛满筐后，即行盖住，盖顶及筐侧，亦均可着蛾，惟须用线拴系，每筐约可盛二三百对，择宜安置，屋中不宜加热，五六日蛾即布子，酷似萝葡子形，二三日布尽，将蛾摘出，子自粘满一筐。

鲁山人凡自育蚕者，即取筐烘蚁，若专业烘蛾者，即取蛾子筐，赴市镇销售与育蚕之户，名曰"蚕筐会"。烘蛾事极须精勤，偶不得法，便多损坏，或出子不能成蚁，故鲁山蚕户，多不烘蛾，皆只买筐烘蚁，每筐贵时或值七八串至十余串，贱时或二三串。凡欲移蚕种饲育者，自以买筐为宜。

育蚁

清明前后，橡条均已萌发之时，取蚕子荆筐，如烘蛾法，架置屋中，急将窗户闭塞，渐笼火加热，大略与烘蛾同，惟热度须减，烘七八日即可出蚁。又一面择山野近水之处，塞甕作圩，圩边留水深一指许，中用泥沙填实成畦，折茧场蚁场橡树尺许长嫩枝，每二三十根结为一束，分团密插畦中，每团四周围绕，中留一荆筐之地，橡条得泥水之润，日益舒长，预为饲养蚁蚕之用。待蚕筐蚁子出齐，即可移至团中，设法使圩侧积水，流动成响，蚁蚕既惧响声，又受泥土冷湿之气，即自缘筐而上，集于嫩叶。有不尽者，持筐取上，轻缓拍出，务使皆著树枝，是谓下河。约五六日，伺察嫩叶将近食完，蚁亦稍长，便可移场上树。

移场

　　圩中蚁蚕可上树上，用大布单一幅，将蚁集橡束，概行拔置其上，移入蚁场，取各束分置树桠，蚕自行上树，是谓上坡。上坡后，食叶七八日或十余日，嘴渐肿大不食，即为初眠。一二日，见其眠起，蜕去黑衣，则将树枝剪拆，带蚕移入二眠场，过七八日，或十余日，蚕又二眠，亦一二日眠起三眠四眠皆如之，复移入三眠场，既三眠又起，再移入大眠场。蚕至三眠，身已长寸许，移场时可拾置筐中，或并叶摘下，不必剪枝。惟拾蚕须捉其头，捏其股，则自向下落，若不得法，每掇为两截，切宜慎之。蚕入大眠场，食叶日多，长亦极速，至四眠起后，再移入二八场，十分中约有早蚕二分，已先作茧，其余八分，仍旧食叶，惟日渐减少，至头皆亮白，身亦发明，是为齐欲作茧之候，概行移入茧场，三四日茧即作完，收取入室，拣其留种者别藏之，余皆蒸杀其蛹，曝干存贮，以待缲丝。

　　通计自烘蚁至作茧，约经四十余日，节候由清明以至芒种，此数十日中，若用力加勤，则获利必厚，前所列移场各法，亦系大致如此。蚕之眠起壮老，本难齐一，不能专以齐一之法育之。若时时巡视，见橡枝叶或将尽，则为之移株，蚕或先眠早起，则为之移场，不使饥馁受伤，则成茧必多，闻有一筐得三万茧者。一勤一惰，迥有悬殊①，此自关乎人力，非法所能具也。

---

　　① "迥"字，原文作"逈"，有误；此处径改。

防害

蚕子烘蚁之时，窗壁罅隙，务须密加蔽塞，添烧柴火，亦必均匀得法，若有隙风透入，烟气薰蒸，则子必生病，生蚁不多。及蚕既登场，全赖风雨调匀，天时顺适，若狂风骤至，燥土飞集橡叶，则蚕食之黄瘦，沙尘和雨，污染枝条，则食之腹泻，皆易损伤。又暴雨淋注，蚕不及避藏叶底，亦时为害。他如天气湿热，蚕受蒸逼，必自行堕落①，所损亦多；旱年橡叶少润，蚕亦每每生病。

以上诸害，显而易见，鲁山蚕户，皆委之天时，不思设法防救，或至所育山蚕，大半不能成茧。其他隐微之病，则竟无人知之。若得精细之人，勤加实验，别求良法，利益之广，当日有再进。再山坡鸟雀蛇鼠、虾蟆、虫蚁之类，皆为蚕害，育蚕者必住坡守之，各备鸟枪、皮鞭，随时驱击捕捉。

制丝

缫山茧丝车，式与寻常缫车大致相同，蚕户皆不自制，别有专匠为之，兹不备述。惟制丝之法，育蚕者必详细讲求，若用力不精，虽有良茧，亦不得缫取佳丝，且必损少重量。今择其要术，约有三端：

第一、用水。用水不适，则丝色滞黯，不可不慎。井水、河水、溪水，皆含盐性碱性及酸涩之质，大有害于丝之光泽，以用二三里远长流泉水，最为适宜。若求极净，尚须注入池中，曝以阳光两三日，则沙土各物，自沈水底，始成纯净之水。又夏日水中易生微虫，必用细布隔沥，更为全美。若无泉水之地，则以河水为上，井水、溪水则宜慎择，且必须如法注澄隔沥，始能合用。又煮已出种蛾之空茧，则水内反须加碱，不可不知。

第二、煮茧。先用十印锅，入水足锅量之八分，加水使稍沸，投入干茧千枚，大茧或八百枚，以竹箸或秫杆徐徐搅拌，见锅中沸腾，再加水，使渗湿茧皮，宜斟酌热度，毋过不及。见茧已濡透，丝头有弹起之势，则

---

① 原文如此，似应作"坠落"。

为适度，即可灭火缫制。

第三、缫丝。先将缫车安设合法，待茧濡湿合度时，用蜀秫箒轻摩茧面，以探丝头，惟用箒不可粗率，或擦破茧皮，则多出屑丝，且减丝量。每丝头探出，随以左手撮之，右手再探，如此数次，视锅中之茧，头绪尽出，即将乱丝全绕手上俗谓之挽手丝。俟绪已曳长，截去乱丝，惟留丝头尺余，随用罩笠，将茧捞出十分之七八，浸入冷水盆内，以备续丝之用，其锅中余茧二三分，先行缫之。左手撮绪，右手续丝，通过缫器之扶子缫车上天平架、玻璃钩、摆脚等器，鲁山人统谓之扶子达于丝籰，缫续将尽，再取盆内茧绪，陆续添之。锅中煮汁，宜时时挹去，加以清汤，则丝色光亮，但亦不必尽易，惟使清浊得宜为要。

若如法慎制，每良茧千枚，可得良丝十二三两，乱丝一两余，若恶茧及缫制不得法，尚或不及此数。总之蚕茧无论良恶，欲得极净之丝，必宜去尽乱绪，若祇贪图丝多，不加挽截，则必不成良品，售价取赢，反不如少取净丝之为愈也。

秋蚕

秋蚕，即二蚕，与春蚕同种。于芒种收茧时，取新茧置暖室中，使日晒之，至六月蛾即出茧，其择雌雄配偶，与春蚕同，蛾出布子，亦以荆筐盛放，晒之使自出蚁。时当炎热，故蛾蚁皆不用火烘，自能化育，蚁出仍须下河，始能移树，其瓮水束橡等事，皆如春蚕之法。惟夏秋之间，热气蒸袭，且时有大风疾雨，虫鸟亦多于春时，皆为蚕害，人力稍或失勤，损伤恒至大半，获利不丰。

近鲁山人因此皆不多育秋蚕，然秋后橡株盛长，枝叶畅茂，仅以为薪，亦有遗利也。

植楮法

楮即榖树，土人谓之构树。其叶近茎处有缺，如曲云形，采皮制纸，为日用必需之物。豫土多产楮树，禹州亦间有之，无人树植，州境杨河、庄头两村，造纸坊四十余所，营销彰德、卫辉、陈、汝、济南、徐、泗等处，所用楮皮，皆自南召、鲁山等县贩卖来禹，若于境内自行植楮，以供纸坊之用，可收溢利。日本人初濑川健增所撰《植楮法》，简浅易明，特为传刊广布，凡山内土地，不便种橡之处，皆可如法种楮，刈条取皮，既可营销本境纸坊，并于濑水乡村推广纸业，倘再设法改良，别成佳制，则其利更溥矣。

种类第一

楮种数最多，约举之曰黑表、曰男班、曰白表、曰青表、曰鲶尾、曰缀垣、曰麻叶、曰圆叶、曰月高。就中以男班、黑表为上。

相土第二

种楮不必沃土，若沙碛瘠薄之土，但耕耘精密，培养周至，亦能繁茂。惟阴湿之地不宜耳，向阳及新垦地最宜。

培植第三

清明后，掘多根楮树，取其小根粗如笔管者，切取之约长六七寸，植之苗圃。根埋土中，土面露出五分许，每离三寸植一本，覆土后以足蹈实之，浇以粪汁而被以藁。至五月芽发始去藁，拔除杂草，再浇浓粪或尿水，耕耘如法，翌春移植焉。移植之法，穿方一尺、深一尺五寸之穴，灌以肥粪，而后植之。种子亦可生秧，不如植根之佳。

刈采第四

移植后三年，行初刈。于冬至前，以利镰刈割，地面留残株五寸许，刈口宜向南，俾受日光而背寒风，刈后，以厩肥及他粪料厚覆焉。雪后地干，用火烧枯草及尘芥落叶，于残株间，以除害虫，且肥土膏。次年复生，逾一岁再刈，以后岁一刈焉。

收获第五

土地一亩半，可刈楮一千五百二十斤，剥取生皮五百二十斤，制干皮

二百六十斤，精制得一百三十斤，以之制纸得六十五斤此条所列各数，原书
用日本权度计算，今按中国度量改合。访问土人制纸者，其取皮得纸之数，与此略同。
惟须分别楮皮良恶，南召楮良，每干皮百斤值钱五千余，制纸五十余斤；鲁山楮劣，
每干皮百斤值钱四千余，制纸四十余斤。制出上等纸，每斤约售钱二百文。

效用第六

楮叶可代茶饮，亦能作蔬菜充食膳，枯株埋湿地，浇米泔水，生菌可
食。楮刈口所出之液，以作字，色如黄金剥皮取缕，可绩为布。

《山蚕图说》

整理说明

　　《山蚕图说》不分卷，清末夏与赓撰。夏与赓约出生于同治四年（1865 年）前后，生平事迹并不详尽，据相关记载称："夏与赓，现代书法家，贵州黔南人，曾做郫县知县，擅长书法，出入在王、赵之间。"（赵禄祥主编：《中国美术家大辞典》，北京出版社 2007 年版，第 1526 页）

　　根据相关史料的考证，可梳理其生平如下：

　　光绪十九年（1893 年）任典史，次年转府经历，光绪二十五年，"发往江南道监督御史缺"，可谓仕途不顺。直到光绪二十六年（1900 年），夏与赓才代理涪州知州，据民国时期王鉴清修、施纪云纂《涪陵县续修涪州志》卷九《秩官志·文职》载，光绪二十七年即去职，为时很短，不足一年时间。

　　但这次代理知州的工作，对夏与赓之后的仕途影响甚大，闽浙总督锡良曾举荐称"夏与赓，年四十岁，贵州遵义县人，由增贡生报捐典史，指分四川试用，光绪十九年九月到省，加捐府经歷，复加捐知县，仍指四川试用。二十四年十一月二十三日引见，奉旨着照例发往……夏与赓年力富强，留心政治，以之更补，请署……合江县知县缺，实堪胜任，与例亦符"；于是，就在光绪三十年（1904 年），夏与赓转任四川合江（符阳）知县，直到光绪三十三年（1907 年）之前，长期担任合江知县一职。

　　在合江知县任上，夏与赓为当地的经济发展做了大量的工作，如引进新棉种、推广蚕桑业等，其中也包括了与柞蚕产业相关的工作。据民国十四年（1925年）《合江县志》卷二《食货》载："当光绪末叶，知县夏与赓提倡遵义府绸，利用栎叶，聘人教饲山蚕，设局缫织，委王文献董其事。文献即家设厂，成绩颇著。区人渐知其利，习饲仿织，日益以多。自辛亥鼎革，斯业中辍。"夏与赓在合江知县任上时间颇长，这也是《山蚕图说》得以完成的历史机缘。

最晚宣统元年（1909年）之前，夏与赓调任四川省郫县知县。据民国三十七年版《郫县志》（李之青修、戴朝纪纂）记载，夏与赓在郫县知县任上虽然时间不长，但对当地的文化事业做出了相当大的贡献，如重修司马光故居、子云坟等文化遗迹。

宣统二年一宣统三年（1910—1911），夏与赓又转任大宁知县。据《巫溪县志》（按：民国三年，公元1914年，大宁县因与山西省大宁县同名，遂改名巫溪县）载，1911年辛亥革命中，大宁县各法团拥戴知县夏与赓宣布"反正"。宣统三年（1911年）十月初八，结束清王朝在大宁的统治。民国元年（1912年）一月至三月，夏与赓任大宁县地方司令官（又称督军）；三月至四月，任大宁县知事，四月二十三日卸任。

《山蚕图说》一书，系对《教养山蚕谱》一书改编而来，基本没做太大改动，但增加了与养蚕、缫丝相关的应用器具等大量的图画，共计十九幅，便利读者迅速了解柞蚕产业的工艺流程。书末还附的白话告示，内容是夏与赓在合江县知县任上，劝谕当地民众发展柞蚕产业。夏与赓故乡在遵义，是清代柞蚕产业在贵州的核心地区，因此，他着力于该产业在四川省内的推广，可谓顺理成章！

《山蚕图说》的版本，有光绪丙午（1906年）合江农务局刻本，光绪间合江劝工局刻本等，此处点校依据的底本，即为合江农务局刻本。

《山蚕图说》

【清】夏与赓　撰

《劝放山蚕图说》序

《后汉·光武纪》曰："野蚕成茧，被于山阜。"是山蚕之利，汉代已昭，乃迄今数千百年，仅河南、山东两省举办于前，黔南遵义一府仿行于后，其他则阙然无闻，岂因树畜成法未经刊布，致美利囿于广域？毋抑民间狃于创始之难，虽通其法而犹惮于实行？斯诚守土吏所当董率而激劝之也。予以甲辰季冬来宰符阳，太息邑民生计之艰，亟思设法以拯之，越明年春，轻骑赴乡，因得就询民间疾苦而研究其物土之宜。又纵观于山麓岭角，则宜蚕之橡树蔚然弥望，乡民呼之为青棡树者是也，乃不以之饲蚕，而尽析为薪，遂使葱茏佳植，仅供一爨，自然之利于焉坐失，奈之何民不穷且盗也！予甚惜之，爰将山蚕利益演说白话，揭谕城乡，犹惧实效未彰，虽家置一喙，仍将怠葸迟疑，目为具文，因于是秋介捐廉银百两，并筹集公款四百金，储作经费，一面遣人赴黔，雇聘蚕师，购买蚕种，在县试办，以为民倡，适值奉檄设立农务局，当即札委邑绅，归并办理，未几而蚕师到县，勘定橡山十余处，均宜放蚕，随将一切器具，陆续置备，五万蚕种，旋亦购到。本年春，又由黔雇来工匠十余人，烘种放蚕，分为七厂，邑民素性勤敏，震于斯举，耳目一新，于时赴山学习者，不下二十余人，予亦不时巡行各厂，亲身督劝，虽盛暑积潦，蹑险陟危，未敢稍辞劳劬，诚惧上情不属，而下情亦因之涣散也。幸一转瞬间，茧已告成，约计百万有奇，缫丝织绸，可获二百疋之谱。夫本年蚕种仅只五万，甫逾两月，即获茧百万之多，以视喂养家蚕尤力省而效速。窃信利益之匪虚，而劝诱扩充之，愈不容已也。第放养山蚕之法，有大异于家蚕者，苟不如法，必致徒劳无益，予遵义人也，虽未尝从事于斯，然世居于乡，见闻较确。适读国子达大令所著《教种山蚕谱》①，内载育蚕十一则，衷以己意吻合，实多爱为摘要刊传，并将应用器具绘图，增说以明之，俾观者了然于胸，举而措之，无往不利，斯民殷富之基，将于是乎在。惟愿我同志蒿目时艰，采择推行，利济苍生，则是说是图，或稍有裨补云尔。

光绪丙午孟秋之月
遵义夏与赓序。

选树

　　黔省名曰槲树，亦曰橡树，又曰青㭎，川中总称青㭎树。其种有三：一枝干色黑，其叶味甜，宜于养蚕，然须五六尺高以下者，勿砍其脚叶，春初萌芽发生，以便子蚕破衣，易于上树；一枝干微有白斑者，名曰虎皮青㭎，其叶味苦，不宜放蚕，为其成茧薄丝少故也；又其叶赤色者，其味辛，蚕不喜食，食亦不肥大，总以厚大而青老者为佳，否则力薄。其茧名青㭎茧，又名橡茧。种植之地，泥为上，挟沙次之，红沙火石地为下，沙石者树叶细且瘦，叶尽时蚕或四下，值烈日地热，更易坏也，故须密布勿疏远。春蚕宜向阳，其蚕美大，秋蚕宜阴，可避秋阳之烈。勿栽他种杂树，酷忌桐油，经其树上，其叶者蚕必死，烘室燃桐油者及误以其木烘者，后生之蚕死。山有桐，务除去之，家有桐，务谨慎之。又食白杨者死，食他杂木致病。

选茧

　　留种以大而厚、黄而赤，用指衡之而重，摇之而活，听之而不悉率作

---

① 此处《教种山蚕谱》，著者为国璋（前节已经申明），此处之"达大令"不知所指何人，存疑。

声者为良。但大之中必尖圆各半，尖者为雄，圆者为雌，茧有两端，有系者头，无系者脚，自其脚视之，大可辨也。选定后，以麻线穿其脚，勿伤蛹，四个为一层，层层重叠，约五六尺长，挨顺排匀，挂于高朗处，不致郁结，如有空阔地方，摊以竹帘，亦可节届冬寒，藏于篾筐，收于密室，以免冻坏，其有声者为响茧，只可缫丝，不可留种。

烘种

烘种为蚕事第一要紧，最宜加意。烘之之法，于立春节后，选一吉日，供奉西陵圣母牌位，扫除净室，勿令透风，窗隙墙缝，裱糊严密，量室内八九尺高，横平竿如楼枕然，上铺篾席，中留方孔，其下环列茧串，离地一尺余高，当地中置青椆柴，微火，视节气之冷暖定火色之大小，如冷则火宜加，热则火减，四十余日，昼夜经营，不可间断，若冷热失宜，蚕多病斑、病缢，斑病者将结茧时，周身现黑点而死，蚕蛹受热，用火太过故也，所烘之柴祇宜青椆，最忌桐子树，如烧柴之户，烘室须与厨房隔远，免受杂木杂草烟气。春蚕二月始，五月毕，清明后十日上树，夏至毕茧，迟则茧不封口。秋蚕五月始，八月毕，夏至前后上树，白露毕茧，迟则茧不封口。春蚕自上树至毕茧，约七十五日，秋蚕自上树至毕茧约七十日。

配种

配种者，将烘出之蚕蛾，雌雄相配也。蚕茧上烘，历雨水节后，必有报信蛾出，此不能做种，待惊蛰后陆续出者，方能配对。多于每日亥、未时，啮系间作孔而出，须防扑灯自毙，用生黄荆条编作平底圆筐，六尺围绕圆，中径二尺，外糊皮纸，上编合口圆盖，以雌雄蛾置于筐内。雄者眉粗而短，雌者眉细而长，雄者腹瘦，雌者腹肥，令其自合。上扣其盖，少顷听之，或有拍拍作声者，此为狂夫，必除去之，不除必乱群合。如今日午刻置筐中，于对时必折其对①，否则将雌蛾胀死，毋使过不及。未觏时，用两指将雄蛾微搦之，以去其溺，不去则碍精路，觏如勿觏，然亦有无溺

---

① "折对"，也有柞蚕书称为"拆对"，可互相参见。

之雄，尾瘦不湿，不烦去也。折对时，必去雌之溺，或黄黑色不等，不去则难产。若岁生之雄少，一雄可配两雌，须间日一配；然后配之雌，其蛋多不育，即育蚕亦多瘠，父气不足故也。

下蛋

折对后，将雌蛾另置一筐，约计二百五十个，掩其盖，俟三日毕产，复置亦如之。一筐之蛾，极于五百，一蛾之蛋，极于一百，其蛋堆积粘于筐内，色黑，微扁，如老萝卜子，然入筐十日而蛋尽，下蛋十五日而蚕出，其筐必用生荆条者，以受其生气也，产毕雌蛾自枯死，其雄者亦以鳏死。将蛋筐置于烘室篾楼上，时领热气，至春分后陆续出矣。

上树

春分后，子蚕破衣而出，于开山时，将篾席平铺树下，斜放蛋筐，摘树上嫩枒，倚于筐沿内边，俟子蚕蜿蜒而上，将嫩枒夹于树稍，须稳勿令堕地。如子蚕有散走筐席间者，扫以蚕刷，撮以笋箨，仍置槲枝与自上者同架之树。初出，头红而身黑，有香签粗，越七日坐头眠，变青黄色，前后四眠易，一眠自食其脱去之壳，值眠时，切勿动之。平时周历巡视，叶尽则剪移他树，毋使断缺，四眠后再十日，则结茧矣。此十日中，每蚕一日夜尽五叶，更宜加意饲养。

剪移

剪移者，蚕食叶尽，皆附空枝，尽捉而移，则不胜烦，且恐伤蚕，故剪枝载移。法用铁剪，与家用者不同，叶子短而宽，取其锋利轻快。轻轻剪下，盛于黄荆条筐内，挨顺放去，宁多往复，慎毋积压，以致伤蚕。如树挨近，不必剪下，则用草束之，以交其枝柯间。或蚕有附空枝落空地者，及附大枝或草干者，不可剪，宜捉置有叶处，须猛捉之，使其不妨，如捉迟稍惊，则后脚固抱，必致扯断，故曰其攫也如虎，舍筐如鼠。斯时也，须防禽鸟，将曙及薄晚，吓之以枪，击之以擎霹，惊之以响篙。擎霹者，以棕丝搓之，长六尺六寸，两端各三尺，如绳然，头制扣，中余六寸，编成四寸宽，篼以泥沙，以头扣中指，凭高就势，丢尾击之，则鸟惊去可半。曰惟蛇升木，野猪拔树，癞虾蟆吸卑枝，大马蜂呷肉汁，鸡犬随在搏噬，见则宜力驱之。

收茧

蚕自上树，约四十日而茧成，须次第候其硬，摘之。盖茧成后，蚕自泻白浆浆其茧，必三日浆始干，若不候其干，湿摘之，则其茧必坏。用箩筐载归，晒干裹叶，顺其系自上而下剥之，如逆剥则伤茧，缘结茧时各牵叶三皮，自裹作瓮，于中周回往复，吐丝作茧。其有大而厚特不封口，口有黑迹而湿，是曰油头，或口封而汁汁湿，是曰血茧，二者蛹皆馁为败水所浸，不择出则坏好茧。其薄而不坚者曰二皮，因蚕食不足，及作茧时为人偶搦故也。

蚕祥

子蚕上树五六日，中有香如兰者，谓之蚕花香，此上祥也，后必大熟。眠后有一二红黑头者，或青黄色间有深碧色者，头峥双角，小于常蚕，亦上祥也。凡蚕在树叶未尽，必不往食他树，惟此蚕朝东见之，暮或西见，但同林虽间一二里亦能往来，而不见其往来之迹，土人谓之神蚕，稍惊之，似有希希声。

晾茧

茧或数十百万，一时不能概取，须编竹帘晾之。就地势，尽竹之长，每根花八皮，用麻绳排编三四路，置木架平铺之，布茧其上，约两寸多厚，方透风不潮热。如当时不取，则留响茧，其法以烈火炕之，须四围拦密，用簸席覆茧上，中留一孔，以干谷草掩之发汗，茧色始佳。方是时也，蛹受火逼，索索若骤雨，候经时无声，撤去死茧，另易生茧。炕毕盛于笕，或售于市。

缫丝

此茧与桑茧微异，其性硬，须下碱，每锅两千个，每千下二两，先于锅中调匀，俟其沸极，入数茧试煮之，以水撺为度，然后两千个全下，用

缴竿先去其浮丝，挨灶右尺远安车架，架前高二尺五寸，后高三尺三寸，
长三尺九寸，中安车，车六方，方宽一尺六寸，中径三尺一寸，车心宽一
尺二寸，穿以铁管，曲其柄，系四尺之绳，下连竹竿，长七尺，竿头打
眼，以竹钉钉于地，架头立小旋盘，用皮带平系车心头，旋盘上斜安竹
片，片上栽竹钉，以管丝路。灶上安车架，架上置二天辊，俗名裕子辊，下
置二铁弓环，俗名螺蛳，就茧舞跃汤面，去其緪，引其绪，和其丝，上贯弓
环，引入辊缝，牵出辊外，下萦于车右，足踏竹竿，竿发运绳，绳动运柄，
柄运车，缓急相应，随尽随续，毋绝喂则丝匀。天寒置微火于车底烘之，天
热不烘，缴毕脱之纠之，晾于空阔处。诸凡得法，与桑丝不相上下者也。

汤茧

一茧之丝为忽，五忽为糸，十忽为丝。茧之忽头在内，缴者探其头，
引之绎，绎而外。上茧无余壳，中下茧皆有，分厚薄耳，此之谓缴余衣，
若不善缴者，虽上茧亦有余衣。又油、血、破口之类，其丝皆断，不中
缴，不引绪，不可手络者，名曰汤茧。翻去其蛹，水洗净，晒干，和而筑
之，以铁齿梳梳之，网以为絮，逐处行销，绝无抛弃。

图说①

背篮，所以盛蚕种也，以篾为之，周围上下皆有小眼，如半茧大，使之透风，故俗名稀眼。背运负蚕种，极为轻便。

筐　甑

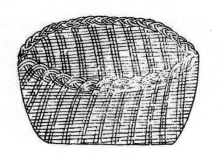

蚕筐，以生黄荆条为之，取其性涩，蚕蛋易于粘固也。筐口径二三尺，底面一尺，盖高七八寸许，惟编筐必须密中带疏，使透风通气，可以缓蛋之育。筐必用新条必用生，使蛋受生气，乃易于生长，若以旧筐布蛋，不但不粘，尤且一子不出。

蚕刷，以扫出筐之子蚕。剪茅穗四五十茎为一束，束其杆长七寸，过大则伤蚕，过长则碍用。

蚕刀，似镰而长，大倍之，接以木柄。凡遇青楢林中生有野草、荆棘、杂树，均用此刀铲除之，以免蚕食生病。

蚕篅，与家用者不同，叶短而宽，取其灵便，篅枝移蚕，非此不可。

响筶音可，一名响篙，一名响稿。以五尺长之竹竿，用刀裂其一头，

刷蠶

刀蠶

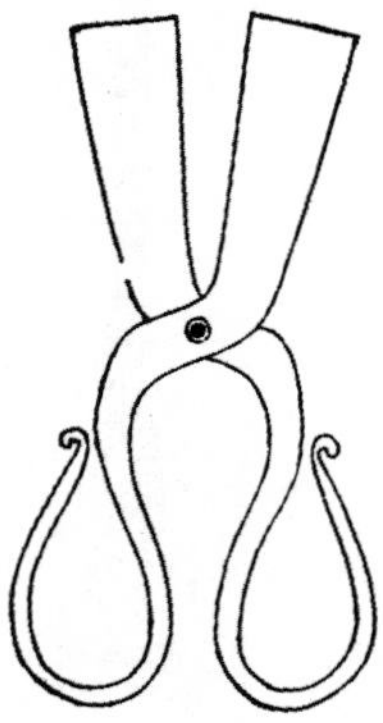

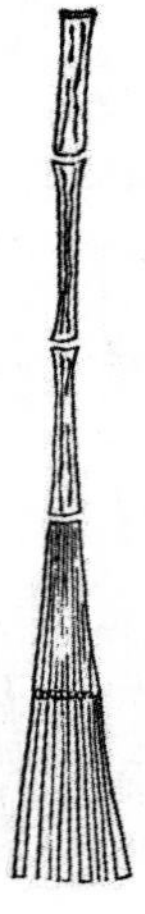

析为八篾、十篾不等，长约三尺，一头勿伤。执而振之，相击而鸣，藉以惊鸟。

沙撮，以四五尺长之竹竿为之，破其一头五六寸长，析而不断，如响

稿状，用篾丝横编之，略如箕而小。子蚕上树四五六日，执其柄以撮沙土，向空抛撒，以惊鸟飞，沙土均细，堕不伤蚕。至二眠后，则须用**擎霹**为宜。

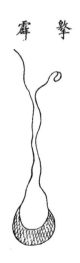

擎霹音料辟，以棕为之，长约五尺，两头搓之为绳，中段编之若网，网宽三寸，长五寸，盛石其中，以绳一头作一小套，套于右手中指，然后以大指食指搦其一头，向空擎之，石即飞去，声如骤雹，鸟闻之即惊飞，遇之则击毙。其必以一头套于中指者，以石去而**擎霹**仍在手也，但须蚕至二

眠后始可用之，以前仍以用沙撮为宜。

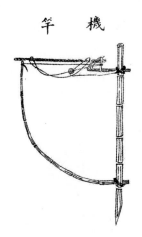

竿　機

机竿，亦名发竿，所以套食蚕之鸟也。其法，以五六尺长竹竿，竖于近蚕之处，又以一细竿，长短相若，一头系长绳，一头缚于竖竿下节，然后截枝为钩，长约尺许，缚其柄，竖竿上节，即将细竿之绳，牵系于缚钩之处。又以一楔子长二三寸，竹木均可，量绳距细竿一尺五六寸远，横系之随将楔子直亘于树钩间，另以一木竿长一尺五六，以一头置于钩上，楔子轻轻倚之，即为机矣。一头平放于细竿上，盖以树叶，使鸟不测至是，则细竿曲如弓形，绳如弦紧而近竖竿之绳则松而下垂，即将垂绳拾起，结一大活套，搭于钩前木竿上，即毕事矣。鸟栖高枝，欲下食蚕，必先左右顾，以机为枝，踏之机堕，楔子发竿疾回，引绳套鸟足，结无脱者。亦有不用竹竿，就林内相宜树枝，随处设之亦可。

套　排

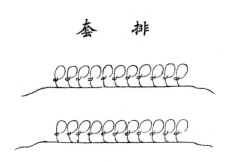

排套

茧笼

茧笼，以篾为之，广三尺，阔二尺，高四尺。其编法不宜过密，周围上下必微稀小缝，以通风气，将茧盛满，则合其口，或负或担，听人自便。

马锅

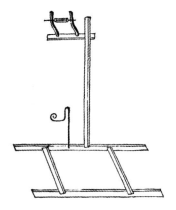

锅马，以木为之，缲丝时置于锅上，茧入锅中，司缲之人即和其丝，牵入弓环，又由环中将丝引上天辊音滚，丝即从辊缝绕出，下萦于车。

車 繰

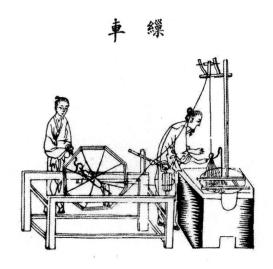

缫车，六幅，径四尺，必活二幅，方能脱丝。茧入锅中，司缲者执缴竿，先缴其茧，去其緬后，和其丝，引其绪，贯入锅马上之弓环中，又由环中牵上天辊，辊机极圆转灵活，丝即从辊缝绕出辊外，下萦于车。

車 絲

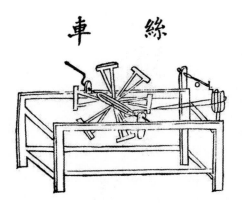

丝车，即缲车也。缲丝时，置于灶右一尺，车六幅，径四尺，必活二幅以脱丝。

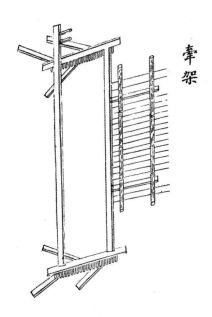

牵架，以木为之，两端横木排列丝柱，用行架牵丝，绾于柱中，以足箴数而止，所以牵丝就绪，而便织造也。

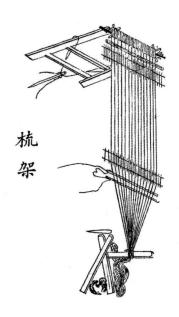

　　梳架，俟牵经毕后，将丝贯入筬音扣中，置于架上，以茅刷梳之，并蘸音赞米汁以光之，用微火以烘之，然后上机，即与他织无异矣。

刷　茅

　　刷，以茅之老根为之，取其劲而不柔，滑而不刺，以竹为柄，腰束之，下径长四寸。丝上梳架，必用此刷梳之，方可上机组织。

機　織

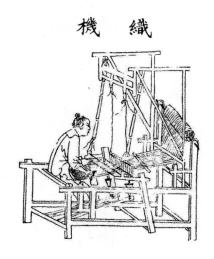

织机，与常机相等，一切均系成法，故不复赘。

附刊白话告示

为剀切晓谕事。

本县去年未到任时，在川东听人说，合江穷民极多，以为此话未必实在。及到任后，因公随时下乡，见有些百姓，吃得极淡薄，穿得极破滥，大大小小，都在啼饥号寒，令人伤心惨目。说是穷民极多这句话，本县亲自看见，真不虚了，再三替你们想，你们受饥饿，固属可怜可悯，但你们自己不谋生计，未免坐受困穷。本县抚你们，不是说些仁义话便算了，要想替你们做一件大有生活、大有利益的事，使你们一家老老幼幼，都吃不完、穿不完，纔对得起你们，那样是大有生活、大有利益的事，就是现在制台、藩台告示，说要举办蚕桑便是。蚕桑要举办的道理，大宪告示说得十分透彻，但恐乡间百姓，不能明白，本县讲你们听。

桑叶喂蚕，只要四十天，就成功了，就可以卖成钱了，其事不烦，其用不费，其获利极厚，其栽桑养蚕缲丝诸法，个个可学而能，不要把这件事看难了。况桑之利益，除喂蚕而外，可喂猪羊，其实可以酿酒，其枝可以为薪，其皮可以造纸，其木可以制器皿，其余如桑寄生、桑白皮等类，皆可做药。蚕的利益，除缲丝而外，其不能缲丝的茧子，可作湖绵、做袄子穿，比棉花还要轻巧些，弹湖棉的床被来盖，比棉花还要经久些，即蚕渣蚕砂僵蚕，可充药品，亦可肥田。下细想来，蚕桑的用处极多，无一弃物，惜你们未讲求，惜你们忽略了。本县现在城设一农务局，开办先从蚕桑下手，曾派人去买桑秧数万株，分发四乡，你们赶紧来领去栽，趁此隆冬时候，正宜栽桑，但栽桑有一个绝好法子，你们须依照。栽桑不宜太密，须隔七八尺栽一株，栽桑的地土，不论肥瘠，只要地土深厚，挖得一尺五六寸深，二三尺宽，窖以水粪，掩以碎土，然后取桑来栽。栽时桑的根子，务要安置得舒畅，不宜稍有拳曲，面上用土筑紧，栽一株可望活一株，不须天天浇灌，自然日长成林。这栽桑的法也算是最容易的事，比种鸦片烟就简便多了，你们只管把桑先栽起，后来请个养蚕缲丝的良师来教你们，你们学到手，处处种桑，年年养蚕，有钱的愈有钱，无钱的亦有钱，你们何至受穷，儿女何至受冷受饿？特患你们安于游惰，囿于浅近，不听地方官开导，不把这件事留心，坐失自然的美利，实属可惜可叹。

圣谕书上说："重农桑以足衣食"，这一条颁行日久，你们都是闻见的了。古人有一句诗，纔了蚕桑又插田，足见蚕桑与耕田并重，事到而今，你们总要实力兴办纔好。还有山蚕一说，本县因见合邑青㭎树极多，此树就是本县家乡遵义喂蚕之树，遵义府绸，每年行销各省，获利甚厚，你们想必知道的。当初遵义之人，同你们一样，只知青㭎树可作柴炭，并不知青㭎树可以喂蚕，自从乾隆七年，有一位陈太守到任，知道这青㭎用处，便派人往河南买山蚕种子来放①，一面教百姓照学。从此遵义人纔晓得此树好处，村村种树，处处放蚕，遵义遂变成一富饶地方。如今本县也愿你们依照办理，添此一种利源，现时已在遵义聘了蚕师到此，一面又派人在遵义添请工匠十余人来县，就在各乡看定之青㭎坡试放，成茧之后，再聘人来缫丝织绸。就令这里的人照学，将来劝工局内，亦须制造府绸一项，特恐这里在办，尔等远处，未必周知，特此做成白话告示。你们富者有山林、有赀本，应该学习，贫者无赀本无职业，更该学习。放蚕之法，极其容易，随学便可随放，况买种就在綦江一带，尤为近便。至于山蚕好处，从出蛾之日起，七十日就可见利。养蚕之时，只消把蚕子放在树上，随时命人照料，便能成茧，岂不比取桑喂蚕，更为简便？且蚕子既成，叶子食尽，树子根株原在，仍然可以变钱，若不愿卖，明年发出新叶，又可喂蚕。有此格外现成利益，弃之不取，岂不可惜？你们有子弟，有山林，须及时考求，留心学习，本县之意，总要你们本地的人，个个都晓得养放的法子，随后如法办理，得心应手，概不假手于人，即可自行养放，父传其子，兄传其弟，推之宗族乡党，人人皆知山蚕利益、养放的便易，他处聘来蚕师，即可遣归，用省经费。果能争相仿办，于你们合江地方，增此利源，你们不但不受困穷，且可致富。本县说要替你们做一件大有生活、大有利益的事，使你们一家老老幼幼，都吃不完、穿不完，就是这养家蚕、

---

①　据方志中记载，陈玉璧在遵义等地推广的柞蚕茧种购自山东，而非来自河南，此处应为讹变所致。

放山蚕的事。

想你们的户口一年比一年多，用费一年比一年大，一遇偏灾水旱，就喊不得了，饥寒所迫，流为盗贼。这一等人，皆由平素不谋生计，始至于此，若务本业，纵遇凶荒，家有储积，何尝有这些耽虑？本县爱民如子，到任以来，所办的事，于你们都大有益，三四年后，你们纔晓得好处，一切款项，都由公正的绅士经手，本县毫无自私自利的心，稍有天良、稍有见识的人，谅必知道。现在时势，与从前不同，现在办事，与寻常不同，前任未能办的事，众人所愿办的事，本县晓得利害，说办就办，不取巧、不躲懒，一定要办，无非望你们好。蚕桑是你们自家的基业，获利是你们自己受用，本县苦口开导，愿你们晓得这个事，不是哄你们的，不是害你们的，为你们开其风气，为你们引其利源，大家举办，大家婉劝，务使境内多一桑株，即民间多一养家的利益，多一青棡，即民间多一放山蚕的利益，不数年间，推行普徧，地无余利，人有余财，为你们计，身家可养，为川省计，财赋可增，为远大计，岁出丝茧，贩运出外，可以挽我中国固有的利权，上利国，下利己，一举数善，何乐不为？你们先将这道理体会明白，俟本县再定出详细章程，以成此美举焉。

特谕。

《柞蚕杂志》

整理说明

　　《柞蚕杂志》不分卷，清代增韫撰。增韫，字子固，蒙古镶黄旗人，满清最后一任浙江巡抚。附生出身，光绪三十一年（1905 年）任奉天府尹，旋署湖北按察使，调直隶按察使，历官直隶布政使等。1908 年擢浙江巡抚。宣统三年（1911 年）武昌起义，11 月 4 日，新军敢死队攻入巡抚衙门，逮捕增韫。因他与督汤寿潜有交情，汤做都督后，释放了他。后再未担任过实职。袁世凯称帝前，网罗了一批清朝遗老到北京担任参政院参政，增韫也在其中。袁垮台后，增韫回到东北，当过哈尔滨佛教会会长，组织过慈善会，后来在哈尔滨终老。

　　增韫于光绪二十年（1904 年）之前曾在奉天安东（今辽宁省丹东市）为官，曾提倡柞蚕放养；后调任直隶，因当地有柞林生长，遂亦在此地提倡放养柞蚕。本书即是为宣传推广柞蚕放养工作而编撰。本书依据当时流行的一些柞蚕书，经过精简压缩而成，其内容主要是基于奉天的情形，书末附的通俗的《柞蚕问答》和劝谕告示。

　　《柞蚕杂志》初版刊行情况不详，后有浙江官书局、江苏官书局、农工研究会等刻本。本点校底本为 1906 年浙江官书局刊印本。

《柞蚕杂志》

【清】增韫 撰

弁 言

尝谓圣门论政曰："因民之利而利之"，盖所谓因者，因时之所需、因地之所产、因人之所知，如是而已矣。直隶近年举办新政，皆须借资民力，元气未复，亟宜另辟利源。曩在奉天，亲见种橡养蚕之利，极力提倡，十余年来已收成效。本省近山各州县，亦有此种，惜民不知养蚕，仅作染色烧炭之用，殊属可惜。因采集种树养蚕之法，名曰《柞蚕杂志》，又演为问答，名曰《柞蚕问答》，并道光间贵州按察宋公劝民告示，及养蚕事宜五条，后附此次白话告示。别刊成本，发给各州县，总期人尽通晓，俾知所法。至于未尽事宜，则必须实验，以渐改良，原不必胶执成见也。前民利用，虽不敢居，然当民穷财尽之时，即土产所固有，而教其所不知，于至圣因利之说，庶几无悖焉耳。

光绪三十二年 月 日

直隶布政使增韫序

《柞蚕杂志》

柞《诗·小雅》"间关车之牵兮"篇："陟彼高冈，析其柞薪"。又《采菽篇》：

"维柞之枝，其叶蓬蓬。"

柞有三种，其叶光泽，尖而长者，名尖柞，枝叶与栗子树等。所放之蚕，其茧小而坚实。

一名青㭾柳，其叶尾窄头宽，较尖柞叶大可两倍，厚薄同。所放之蚕，其茧大而匀。

一名槲棵，又名槲树，其叶怒生，较青㭾柳叶尚大一倍，色浓厚而质坚硬。所放之蚕，其茧较青㭾柳，茧尚大一二分不等，色微赭。

此三种树木，统名柞木，其叶皆宜养放野蚕。

青㭾、槲棵之叶，俗名檷椤叶，附梗最固，大半枯而不脱。至新叶将发，旧叶始落，俗名不落非是，即春种春落，秋种秋落亦非是。东省漫山遍野，悉生此树，落子茁根，皆在秋后，固知俗说秋叶不落之误。

按，柞树丛生，木最坚重，然多拥肿拳曲，如樗栎之属，千百中无一直者，虽不中他材，而独宜放蚕。

放蚕须择其低者，不惟其叶浓嫩，亦易挪移攀拆，其树如大，须由三四尺高以上截去，使之另发叶最畅茂，用之放蚕，人少仰攀之苦，亦免虫蚁伤害。

此种树截去两三次之后，即须全行伐去，使与地平，其另生者，名曰芽棵，旺更倍昔，春初伐去，秋间即可放蚕，并无耽误旷废之虞。

此树亦有生虫之时，然容易寻觅虫子，多在枝稍盘环，若箍剪而焚之，即不为害。

有树之山，一经放蚕，易至薄瘠，不第蚕粪俗名蚕沙性寒之故，盖一经杀虫驱鸟，迁移屡经，人迹践踏，根下浮土，一遇暴雨冲刷，随水而下，致有路根叶薄之患，如放三四年后，总宜闲过一两年，以养地力。

柞树落子即生，最易种植，惟其根不固，本亦单弱，当年不过七八寸，次年不过尺，三年不过尺五。然欲使速长，须于春初，以宽薄快镰，贴地伐之，令其精气无处发泄，则先向下茁根，夏间怒生，当年即长尺余。如此三年，则一发一丛，皆高三四尺，本年秋间即可放蚕，再过二三年后，枝干已粗，应择其直者，只留一本，已足供养蚕之用。

此三种树，除养蚕之外，尚有四大利①：

其实房生，名曰橡子，橡子之壳为橡椀，可以染青，南省绸缎，其青色者，虽敝垢而色不落，即用橡椀所染。

其粉可食。晋《庾衮传》："与邑人入山拾橡"。唐杜甫流离回谷，拾橡而食，皆食其粉也。然须用水漂去苦涩，磨成细粉，再用水漂净即可食。

其干可令生木耳。树过老即不中放蚕。当树身粗如人臂。即全行斫伐，俟另长条，方合放蚕之用。至伐下之树本，锯作二三尺余长，以一本矗立地上，其上再横架一木，然后两边挨次斜铺之，如屋椽式，使其去地甚近，当春夏秋三季阴雨蒸郁之时，便生黑木耳，用处甚多。青楜柳于生耳尤宜，如见银耳，即木气已尽，便须剔出，陆续可摘三年之木耳，再行以之烧炭，较他种树木尤为耐火奉天青楜生耳后，即不中烧炭，或亦地气使然。

其皮可熬树胶。现今泰西各国树胶，为用尤夥，中国人呼为象皮，其实乃橡树之皮，煎熬而成②。当再求制造此种橡皮之法，仿照办理，以期地无弃利。

近人又有制造橡椀之法。此物染青，为用极广，然质体笨重，远运维艰，若将其碾碎，用水煮透，去其渣滓，取其精华，熬炼成膏，用时以水化开，略加黑矾，即可成色，则运售远方，可获厚利。

野蚕。后汉《光武纪》："野蚕成茧，被于山阜。"

野蚕之茧，有灰白二种，其白者较上，然最易变幻，不能选择单放。

秋间选蚕场之最兴旺者，每一人，即由其处购买茧种四五千枚，以荆筐担归，以免动摇。盖以蚕初变蛹，最为脆嫩，一有微伤出水，其蛹即死。

---

① 此处的"四大利"部分，原文不分段，为便于阅读此处分为四段。

② 此处所称"橡树之皮"熬成橡胶，与事实不符，橡胶树与橡树不同，需要区别二者。

茧种如经秋雨淋湿，急宜曝干，此后置不寒不燠处。清明后，即将茧种，用细绳穿底成串，或三百，或五百，随人自便，挂置向阳当风处，五六日后，即可出蛾。

蚕蛾之出，皆在晚六点钟至八点钟，以翼之长短，辨蛾之牝牡，须分两笼置之，以免配对不时、出蚕不齐之病。

野蚕做茧之日不齐，出蛾亦不齐，顶好者二三日即可出竣，次者即五六日不等。每日晚于出竣时，即以牝牡为之配合，由晚八点钟起，至次日早六点钟止，代为分解，旁晚其卵即已生净。

公蛾一个，可以配母蛾两度，如有公蛾翅翼完全者，仍宜留作次日之用，倘次日母蛾出多，如无公蛾配合，是将母蛾一并辜负。

春季天寒，将蚕子生于纸上，秋季天暖，将蛾子拴之树杪按茧出蛾子，生蚕早晚，皆由人便，置避风寒冷处，即暂不出，惟不宜太久，恐迟节候，致蚕不旺。

蛾生子之次日，其子由微黄，变而浅黑，三四日后即出蚕，其不变浅黑者，即殰矣俗名寡蛋。

蚕生之初，先食其壳，以净尽者为佳。

东省天寒，树发每晚。先将树枝折插水中，使之生芽，将小蚕用鸡翎埽置芽上，蚕即因而食之，俟树发后，再移置树上。

秋季，用细草系蚕蛾腰间，拴于粗不盈指之树枝，其蛾即将子绕生枝上，其子既竭，其蛾亦死。

然既拴妥之后，仍须不时查看，恐有飞来野蛾再配，以致母蛾不能生子。

配蛾之时，尤宜加慎，老嫩均不相宜。

春秋小蚕初上树时，最为紧要，此时蚕小体弱，虫蚁最易衔食，亟宜保護。

野蚕与家蚕等三眠后，即便绣茧，除眠时不动不食外，其余则昼夜食叶，只不令其困乏饥馁，则收获可计日而得。

蚕场春宜山背，秋宜向阳及窝风处，秋季蚕初食叶时，即山背亦可，惟绣茧时非背风不可，盖以风吹叶动，其茧不易成也。

窝茧之树，其叶要密，并审其蚕之多少，恐其叶少蚕多，绣同工之茧也。

按同工茧，蛹多颠倒，不但不能出蛾，亦不易桄丝，贩者多剔之，以其丝系两头，多缠绕不解。

蚕尾后之足，抱枝甚紧，非猝不及防，或猛风暴雨冰雹，不能摇落。挪移时，须由尾上倒捉之即脱，不然虽断不脱也。

蚕之受病，皆由劳饿。或树叶稍远，就而食之，未免劳乏多歇而不食；或叶已食尽，不为移树，其蚕多黄黑而死俗名曰"变老虎"，以其有黄黑文也。

茧种宜二三年一换水土，由此移彼，互相购买，愈换愈盛，至近亦须四五十里，水土不同，蚕始易旺。勿以为历年繁盛，年久不换，致受覆没之害。

野蚕畏麝，一经熏袭，辄竟日不食。

鸦鹊之嘴甚利，虽已绣茧，亦能啄而食之，故绣茧后，仍须看守。

《柞蚕问答》

前编所采集者，大率系奉省情形，虽词意极其浅近，犹恐乡里老农，未尽通晓。兹将前意，演为问答如左。

问：柞树形色子叶何似？共分几种？

答：有三种。一种名为尖柞，叶似栗子树，一种为青橺柳，叶子头大尾小，一种为槲树，叶子比前两种尤大，奉天呼为不落树。

问：宜何时下种？

答：立春后开冻可种，秋雨多时下种亦好，均于次年春后发芽。

问：树出之后如何？

答：一年只长尺余，总须人工培植，三年之后，生长已高，可以打尖，令其多生旁枝，放蚕始便。

问：将长成之树，移植他处，是否可行？

答：临近之地，容或有之，亦只可移小树。若移栽远处，多不能活，就使能活，亦不如种子之便。

问：树既分数种，宜以何种为先？

答：一山宜兼种数种。

问：何以故？

答：因一年之中，分春秋两季放蚕，春蚕喜食不落，秋蚕喜食尖柞，故兼有方妥。

问：春秋二季之蚕，何以分食两种？

答：因不落叶较尖柞发芽略早且嫩，故宜春蚕，尖柞叶比不落能耐寒，故宜秋蚕，然不落放秋蚕亦可。

问：春秋之蚕，宜于何时上山？何时下山？

答：春蚕宜春分上山，小满下山。秋蚕宜夏至前上山，秋分下山。

问：春蚕出时，若植树芽尚小，不足食用，宜用何法？

答：若蚕出无食，可以无论何种，将嫩枝折下，泡水发芽，令蚕生枝上。旬日之后，再放在山树亦可。

问：秋蚕如何生法？

答：彼时树叶正茂，当出茧蛾之后，即按雌雄分对，拴于树上，使其生卵在枝叶之间。蚕出之后，然后将小蚕匀在各树，按树之大小，必使多寡相均。

问：放蚕在树，及看守山场，其要何在？

答：将小蚕均在各树之时，断不可将山放满，不留余地，需一山之树，只放半山。看守之人，尤宜时时经理，若此树食尽，即移置彼树，此其最要。

问：放过数年，其树已大，仍可放养否？

答：树大则其叶枯老，不宜放养，放四五年后，必将树头伐去，另使抽芽，方能适用。每四五年，即须斫伐一次，愈伐愈盛，愈宜放养。

问：小树不能放蚕，新伐之树能否放蚕？

答：新伐之树，与初生不同，因其根基已固，故秋后伐下树头，明春即可放蚕，毫无妨碍。

问：蚕子如何办法？

答：购子需购茧种。

问：茧种亦有优劣否？

答：须选肥重之茧方妥，如茧种有病，则出蚕之后，无病之蚕，亦往往沾染受病，故茧种必宜详察。

问：茧种之价若何？

答：好茧价贵之年，每千个需银一两至一两二三钱之谱。

问：一茧可以出子若干？

答：每一母蛾约出百子，以千茧得五百母蛾而论，可得子五十千个。

问：一人每年可以放茧种若干？

答：每人约放茧种四千个之谱。

问：一人所放之种，占地若干？

答：茂盛之山场，约占三十亩之谱。

问：四千茧种，能得茧若干？

答：丰收之年，每人约摘茧五六十千个，减收不等。

问：每人所摘之茧，可以出丝若干？

答：每千个好茧，可桃好丝十两之谱[①]，次者不等，故一人所得之丝，约数五六百两。

问：一人每日能桃丝若干？

答：每人每日手快者，能桃丝一千茧。

问：近年丝价若何？

答：顶好者，每百斤可得价银三百两至四百两，次者贰百余两不等。

问：此丝之资质如何？

答：其色微黄，东省人用织粗绸，因其色不甚白，且不能如家蚕之丝之细润。

问：丝之资质，有法改良否？

答：其质虽逊于家蚕之丝，然用洋咸浸洗，色即变白。风闻此丝销路之广，多系日本购买，东洋所织洋绸，即挽用此等山蚕之丝，一入伊之工厂，所桃之丝，与家蚕无甚差别。如能调查其法，次第改良，亦必大有进步矣。

问：山蚕与平地比较，其出产多寡如何？

答：以奉天而论，平地三十亩，所产之粮，可得银七十余两。山茧三

---

① 此处"桃"字，与"矿"音近，含义也相似，均为缫丝之意。

十亩，所产之丝，至次者亦可得银百两。是平地所产粮食，不及山蚕十分之八。

增韫《劝谕种柞养蚕告示》

直隶布政使司布政使增，为光绪三十二年
劝谕种柞养蚕，特出白话告示事。现在
宫保，屡奉
朝廷旨意，举办新政，学堂巡警，都是有益百姓的事，是以都要百姓出钱，还要替你们想出个生财的法子，你们更好啰。我从前在奉天作安东县官时，见本地有柞树、槲树、橡树，可以养放野蚕，可惜本地人不知道，曾经极力劝导他们，教他们种树养蚕，如今有十来年。昨见《大公报》上，说安东县同那金、复、海、盖一带，野蚕所出的丝茧，每年要值六七百万银子，这些利益，都是那块地方的人得了，可见实系厚利。因查我们直隶也有这树，这树共三种，一种名叫桃柞子树，同栗子树似的，一种叫槲栎树，叶子大些，有一尺长，一种名叫青楢柳，叶子比槲栎小。这三种树结的果子，都叫橡子，大半在山场地方生长，因为好地，人都种粮食，谁肯种树？其实平地也可养成园子的，如今邢台、内邱等县，及近山各州县，多有这树。可惜本地人，只知拾那橡椀，卖去染色，或是砍去烧炭，不晓得养蚕。我今告诉你们，养蚕每年可养二季，春天树要发叶的时候，把纸上的蚕子，放在透风和暖处，他就出蚕，再把蚕放在树上，秋天将蚕蛾拴在树枝上，配合下子，都在树上，三天就可以出蚕。无论春秋，蚕就在树上食叶，树上结茧，只要人看守，不要叫鸟鹊虫蚁伤害他，每季不到两月，就可以摘茧卖钱。山东、河南、贵州、四川、陕西都有，就是野蚕丝织的。查各处未种柞树的时候，也都不知野蚕的利益，即如贵州遵义府，是乾隆年间一个姓陈的知府兴起的，陕西宁羌，是雍正年间一个姓刘的知州兴起的①。如今直隶，是没人教导你们，你们不知道这样大利，

---

① 指宁羌知州刘棨，可参见道光《宁羌州志·物产志》中的记载。

我是从安东县眼见这事的好处，故此不惮烦，细细告诉你们。现在我叫人到奉天，及出产的地方，买来橡种、蚕子，发交各厅州县，百姓们有山场的，速赴本地方官衙门，请领试种，不准向你们要钱。凡有这几种树的地方，速赴本地方官衙门，请领蚕子，也不要钱。你们如法放养，摘下茧来，官商均可承买，照时作价，不准抑勒你们。你们不要愁无销路，如果树多蚕旺，还要在那里设厂，教你们学缫丝织绸。至种树养蚕的详细法子，现已刻出书来，发给各县，散与你们。再教劝学员，演说给你们不识字人听，可以照着样办。我想此事，与你们甚是有益，愿你们听我的话，试办办看，日后纔晓得好处呢。毋违特示。

附记

查种树必俟数年，方可放蚕，深恐不易保护，现已通饬各属，责成巡警保护，并以为地方官之功过。如遇新旧交替，须将已种成数，具文申报备查。但能保护三年，则根株已固，自可年盛一年矣。

附：道光五年贵州按察使宋如林《劝种橡养蚕示》及《养蚕事宜》五条

《劝种橡养蚕示》

照得本司等莅任以来，访察黔省地固瘠薄，民多拮据。推原其故，由于素不讲求养生之道，则地利不能尽收，而民情又耽安逸，无怪乎日给不暇者多矣。查遵义府属，自乾隆年间前府陈守来守是郡，知有橡树，即青楖树，可以饲蚕，有蚕即可取丝，有丝即可织绸，随觅橡子，教民树艺，并教以养蚕取丝之法，故至今日，遵义蚕绸，盛行于世，利甚溥也。他处间有种植青楖树，惟取以烧炭，并不养蚕，且树亦无多，若将不宜五谷之山地，一律种橡养蚕，则民间男妇，皆有恒业，其中获利，不独遵义府矣。查种育之法。其树有二，一名青楖，叶薄，一名槲栎，叶厚，其子俱房生，实如小枣。植法于秋末冬初收子，不令近火，冬月将子窖于土内，常浇水滋润，逢春发芽。无论地之肥瘠，均可种植，三年即可养蚕。春季叶经蚕食，次年仍养春蚕，或养秋蚕亦可，须隔一季，四五年后，可伐其本，新芽丛发，又可养蚕。其春秋二季养蚕及取丝之法，各有不同，一得其法，殊不为难，端在地方官首为之劝谕也。此时种树饲蚕，大率皆知，更非从前陈守之创始者可比。惟收买橡子，必须价本，如令民间自备资斧，远处收觅，亦势有所难。兹本司筹办经费，委员前赴遵义、定番一带，采买橡子，收贮在省，各府厅州县，酌量多寡，赴省领回，散之民间，劝谕居民，无论山头地角，广为种植，二三年后，即可成树，俟至可以养蚕之日，由地方官查明申报，仍由省收买蚕茧，散之民间，令其蓄养于树。凡收买橡子、蚕茧，无须民间资本，不过自食其力而已。至种橡、育蚕之法，现在刊刻条欵，先发各府厅州县，随同橡子，分给民间，及将来散给蚕茧，均交各学教官，率同乡约地保分散，丝毫不经胥吏之手，以期实惠及民。自成茧之日，务宜缫丝，售卖盖售丝之利，倍于售茧也。为此谕仰阖省军民人等知悉，尔等于耕作之外，更宜力尽蚕丝，俟橡子及条欵，发到该管衙门，即向教官及乡地处请领，如法照办，凡书役人等，不许经手，以副本司筹裕民食之至意。

《养蚕事宜》五条

一、春季养蚕之法。于来年小阳月旬后①，拣其茧之重实有蛹者，以篾篓盛之。迨次年立春后，纸糊密室，将茧篓置于中央，以柴火微烘，昼夜无间，渐略增火，至春分前后，觉蛹稍动，用线穿茧成串，搭于四围竿上，仍以火烘，量其地之寒燠，寒则微火，缓为出蛾，燠则甚火，急为出蛾，随拾入筐，雌雄配合，眉觕者雄，眉细者雌，次日摘取雄蛾另贮，数日自僵，止提雌蛾，微以手捏去溺，否则不卵，置筐中微火暖之，始能生子，在筐犹不断火，或借阳光，旬余蚕出，大如针，以青橡嫩叶，置筐内外，其蚕自上枝叶，即将枝上蚕置树上，先食嫩叶，五六日初眠，不食叶，二三日脱去黑壳，色分青黄，又五六日二眠，继三眠、四眠后，食叶旬日，噤口退膘，吐丝成茧，阅三日浆固，连叶摘下，去叶缫丝，如不即抽丝，越十余日，遂变蛹出蛾，不堪抽丝，如留备抽丝，以火熏之，即不

---

① "小阳月"，中国农历十月的别称。

成蛹。每遇蚕眠时，不可剪移，俟起眠后叶尽，用剪连枝剪移他树。蚕一入山，须人看御禽鸟，其蚕筐以黄荆嫩条为之用盖，其余竹木所为，则不能粘子，次年定须新制。

一、秋季养蚕之法。于端午节前后，收入春茧时，将茧穿串晾于竿上，不使罨坏。旬余成蛹出蛾，拾入簸篓，雌雄配对，次日午后，只将母蛾去溺，以四寸长线，两头各系一蛾，搭于青㭎树上，叶尽剪易，秋蚕宜少撒树巅，由嫩食老。秋天林中多油蚱蜢，宜夜间伺声以捕。

一、取丝之法。以大锅盛冷水，每二三千茧，煮半时，翻转又煮三四刻，再翻，俟茧将软，用莜草灰所淋之汁，量茧多寡，酌倾入锅，再煮一二刻，视其生熟，试如不熟，再加灰汁略煮，以短竹棍搅其浮丝成绺，分作数提，仍存锅内，不可断火，若丝不顺，稍加以火，水热则丝易抽。丝之粗细，视提丝缕之多寡，由丝笼上车，旁以大车桄之，取剩余壳，名曰汤茧。及破口茧不堪取丝者，另作纺线，坠丝水中所抽，名曰水丝，织绸绵软，再合成线织，为合线绸，尤为结实，所提浮丝，亦可洗净作絮。

一、茧质轻薄，不堪缫丝者，名血茧，暨出蛾之壳并汤茧，均用猪油少许，和水浸湿蒸透，以水洗净晾干，扯丝织绸，仿佛新繁所产，故名繁茧。又法以莜灰水煮后，罨软套如拳，扯丝坠线，织为毛绸，其需用器具，如抽家丝法。

一、收种橡子之法。凡青㭎、槲栎二树，至九月间子熟自落。检收时，必须挖窖深埋，毋使见风日，若散置房屋，则阅日生虫，尽成空壳，入土不生。其种植之法，与种山粮异，遵义等处，俱用大铁锹，长二尺许，于瘦土中，用椎系入土三四寸，少着粪土，随置橡子一二颗，以土盖之，春即发生，其工甚省而易成。

浙江官书局刊

内阁侍读潘　鸿

江苏通判姚丙杰同校

《柞蚕汇志》

整理说明

  《柞蚕汇志》不分卷，清代董元亮撰。元亮字季友，福建闽县人，生卒年月不详，据1938年强云门、徐北汀、邵章等作《凉秋送别图》，题跋中有"世愚弟季友董元亮时年七十有八"，是其约出生于1860年。董元亮曾出仕东北，光绪末年浙江巡抚增韫任命其为浙江劝业道，时在1908—1911年间。在浙江劝业道任内，董元亮颇有开发产业之举，包括秉承浙江巡抚增韫的意思，推广柞蚕放养事业。

  《柞蚕汇志》即是董元亮在浙江劝业道任职期间，为试行柞蚕业而编撰的一部著作。内容包括柞树培植法十六则，春蚕、秋蚕饲养法各九则，护茧法四则，缫丝法六则。此书应完成于宣统元年（1909年），浙江巡抚增韫为此书作序；宣统二年（1910年）由浙江官纸局印行，同年又有商务印书馆的铅印本。在浙江劝业道任内，董元亮又撰有《浙江省劝业公所第一届成绩报告书》一卷（宣统二年上海商务印书馆铅印本）、《艺麻辑要》一卷（宣统二年浙江劝业公所铅印本）等书。

  此处《柞蚕汇志》点校本，底本为1909年浙江官书局排印本。

《柞蚕汇志》

【清】董元亮 撰

增 序

　　余曩官东省，导民以种柞育蚕之法，行之而效，暨迁直藩，复广其法于顺德、正定等处，行之而亦效，一时各省讲实业者，闻风兴起，远取成法，归而试之，又各有效。前此数千余年蕴生翳荟于崎岖山谷间，徒为樵夫牧竖所摧折，曾无过而问者，今乃一省倡之，各省和之，爱护深至利赖无穷，此岂物之有幸，有不幸欤？盖大利之兴，固必至其时而后可也。戊申秋，奉命抚浙，浙中桑蚕甲天下，岁入恒数千万，其所为书，种类极伙，精且备矣。顾衣被其利，号称富厚者，仅浙西三府及绍之数邑耳，近以墨守旧法，少少不如昔，而浙水以东，山岭绵亘不绝，林木茂美，其中多柞，土人摧之为薪，无复知育蚕用者。大利所在，弃而弗顾，居其上者，又不为倡导，而外人复乘间抵隙，百出其计，以吸我利源，民生至此，几何不穷且盗也？董君季友，与余同官东省者也，研求实业，勤恤民隐，爰请于朝，檄之来浙，畀以劝业之任，天子可其奏。季友到官，掎摭利病，庶政具举，乃以余向所为《柞蚕杂志》，设场试验于严之建德，成效昭然。比又拟聚众法，搜采群说，辑《柞蚕汇志》一书，将刊示各属，以为先河之导，可谓能尽其职者矣。呜呼！世变岌岌，不可终日，民生愁苦，益无聊赖，惟振兴实业，或可回元气于几希，而大者非数年或十数年不克奏效，又必待巨资而后举，当此物力凋敝之时，其何能支？若柞蚕者，固民间原有之利，随地而可取，俯拾而即是，其程功也速，其收效也巨，又可家喻而户晓也，大利之兴，其在兹乎？至培树饲蚕诸法，具载《志》中，不复覼缕，惟历举往事，以诏来者，俾浙之民人，可与虑始，行将由一邑以推诸全省，由一端以推诸无穷，此又余与季友之责所宜交相为勉者也。

宣统纪元嘉平月

抚浙使者增韫撰。

董序

闻之《吕览》："始生之者，天也；养成之者，人也。"[1] 养之者冀其生也，成之者遂其生也，是天人之合也，天生之而无人以养成之，则物之为物，不过一天产之自然品，亦无以神其用而彰厥功。《禹贡》九州岛所产，既详纪金石草木之属，而复详纁组丝枲之文，以见天之生物，必藉人以成之者，其大较也。粤稽浙省为古扬州之域，界牛、女之区，濒海滨而处温带，蚕桑之利宜莫与京[2]，而墨守旧法，近亦稍杀矣。

增大中丞于是重刊《柞蚕杂志》，以饷浙民，而浙民之喁喁向风，陈乞蚕种者，相属于道，遂乃筹资遣员，远赴安东选种。考工归，试养于严之建德，而成效大著，民之相率聚观者，罔不歆羡鼓舞，以为天之生物，其成于人者，利固如是其溥也。

中丞喜民之可以因利而利也，爰命裒集诸家之说，证以实地经验之法，抉精祛复，缕析条分，名之曰《柞蚕汇志》，明不欲窃人之美而以实验为自得也。或曰："是书也，可以辟浙民自有之利，但为之尽物性，以成天之所生而已。"书云乎哉！

宣统纪元岁次己酉冬十一月

试署浙江劝业道董元亮撰。

---

① 此句出自《吕氏春秋·本生》。

② 此处"莫与京"，即指蚕桑获利亦不如柞蚕之大，有夸张之意。

《柞蚕汇志》

柞树培植法

预备山场

养育柞蚕，必先预备山场。或择山之本多柞树者，平其地亩，删其草莱，使蛇虺无可匿藏，以去柞蚕之害，步履悉臻平坦，以便柞蚕之工。有此山场，复有此项柞树，饲养野蚕，成功较易矣。

栽培柞树

设或所有山场，本不产柞，则当购买柞苗，排匀种植，或霜降前后，挖土作坑，入橡子四五枚，以土掩之，来春抽发嫩枝，须防牛羊践食，保护宜周，初生枝干丛杂，留其正干，删其旁枝，俟树体长成，再留分枝，较易繁盛。

柞树种类

《诗》："陟彼高冈，析其柞薪。"① 薪之取柞，由来已旧，盖当时犹未知有柞蚕也。至《后汉·光武纪》，始有"野蚕成茧，被于山阜"之文，此为柞蚕见于经史之权舆。而柞树种类，显有区别，然可以饲养野蚕则一也。因取其类图之于左。

右柞，于枝桠处每生子栗，是为牝柞，子所落处，茁生新苗，长即成

---

① 此句出自《诗经·小雅·车辖》。

树。北地子大，南地子略小，实同种耳。

　　右柞，于枝桠处每生刺栗，是为雄柞，子落处不茁新苗，与上一种，乃柞树中同类而分雌雄者。

　　《诗》曰："中原有菽，庶民采之。"① 《采菽》篇曰："维柞之枝，其叶蓬蓬。"古之中原，即今之河南地也。河南养育柞蚕，风气盛行，今所出之茧绸等类，皆柞蚕产也。在北地曰柞，南地曰白栎，干与栗同，叶亦相类，有坚韧之性质，随处皆有之，南地但伐作柴薪，殊可惜也。

──────────

① 引文出自《诗·小雅·小宛》。

右即南地之麻栗，树高数丈，大者作门料，小者伐作薪，所产不及柞树之多，北地曰橡、曰槲，较青㭎柳叶大约一倍，色浓厚而质坚硬，与青㭎柳同，名为不落叶，以其经霜不易落叶，故名不落，冬时亦仍凋谢，迟至交春，新叶渐生，旧叶亦落，非果不落叶也。

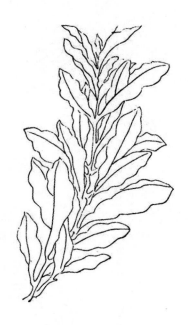

右北地曰青㭎柳，南地曰青㭎栗，其叶嫩而密，较尖柞叶大，而厚薄同。所放之蚕，其茧大而匀。

右柞即柘，所谓"桑柘日斜春社散，家家扶得醉人归"是也①。叶之柔软性与桑同，亦有撷其叶以饲家蚕，补桑叶之不足，俗呼曰"圆柞"，又号樗栎。干有棘，冬不凋，饲蚕为丝，成弦以调琴瑟，清响远胜凡丝。

右种名曰尖柞，性质、枝干、颜色均与圆柞同，惟叶下阔上锐耳。所放之蚕，其茧小而坚实。

右为花柘，亦尖柞类也。性质、枝干、颜色与圆柞同，但叶不过大。

———————————

① 此两句诗出自唐代诗人王驾《社日》（载于《全唐诗》卷六九〇）："鹅湖山下稻粱肥，豚栅鸡栖半掩扉。桑柘影斜春社散，家家扶得醉人归。"

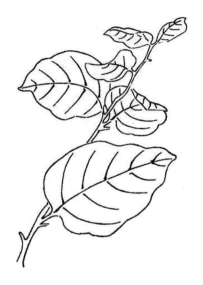

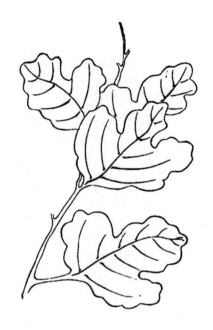

　　以上八种，种虽不同，均可为饲养野蚕之品。惟高寻丈之树，即不利于养蚕，须截其树，只留三四尺，使其旁另发新枝，以便饲养。若新茁三四年之柞树，枝叶浓嫩畅茂，高不过三四尺，既少仰攀之苦，亦便移蚕之工，七八年后，树渐寻丈，亦当截短，使之旁发新枝，取其茂嫩。截去二三次后，即须全行伐去，使与地平，其由根另生者名曰芽棵，茂盛倍昔，春初伐去，秋间即可放蚕，并无耽误旷废之虞。

删除虫害

　　各柞皆有生虫之患，其虫与桑虫相似，背黑色，有白点，头有角如八字形，缘树而飞，小满后啮破树皮，遗子其中，子形如蛆，钻穴而入，及冬粗如指而树空矣。此虫每月十五前头向上，十五后头向下，天将明时，必出头饮露，须于上半月清晨，寻枝干有流黄水处，用小刀剔出其子，如子已成虫，穴外必有蛀屑，浅者剔出，深者以百部水①、桐油灌之，其虫

————————

　　① 此处"百部水"，指以中药百部草（*Stemona japonica*，亦称婆妇草，药虱药）加水煎煮、过滤后形成的液体，以供防虫灭虫之用。

自毙。又有名蚲蛓者，色绿，背有毛，秋吐白汁如浆，凝聚如雀卵，作蛹其中，及春化为蛾，生子复化为虫，粘于树枝甚牢固。又有名螗螂，秋生卵着树枝上如茧，及春化为小螗螂，能食蚕。蚲蛓、螗螂之子，恒遗于树枝，可剪去而焚之，以绝其种。

培养地力

有柞之山，一经放蚕，地土即易瘠薄。盖蚕粪即名蚕沙，其性寒凉，复经人迹践踏，遇多雨水，寒性入地，地土又经践踏，而实树根即不易长。或放蚕三四年间，过一二年以养地力，或松土而加以相当之肥料，方无瘠薄之虑。

助柞生长

雌柞落子即生，最易种植，惟根本不固，当年不过尺许，三年不过尺咫。欲其速长，须于春初铲尽杂草，使地之精气，悉萃柞根，则孟夏木长之时，生机勃发，当年即长尺余，三年即高三四尺，秋间即可放蚕，再过二三年，枝干已粗且长，择其直者，只留一本，已足供放蚕之用，过此以后，则当为截本留根，使另长新枝时矣。

各柞宜备

上图柞树八种，一山之中悉宜俱备，或一处栽种，或按亩分种，如牝柞、雄柞、尖柞、白栎等树，所放之蚕，茧小而坚；如青棡柳，虽有大小二种，所放之蚕，均茧大而匀；槲树色浓质坚，亦有大小二种，所放之蚕，其茧尤大。但春蚕喜食青棡、槲树，秋蚕喜食尖柞，各柞俱备，乃能尽物之性，收效自宏。

柞树功用

柞叶饲蚕而外，柞树之功用尚有数端，可以生利。一曰橡粉，晋《庾衮传》："与邑人入山拾橡"①，唐杜甫流离同谷，拾橡而食，均橡粉也。取

① 庾衮事迹，参见《晋书》卷八八《庾衮传》。

粉之法，将橡子去壳，水浸，与水同磨，去其苦涩，以清水漂之，漉以布袋，晒干成粉，即可充食。大凡各种草根，皆可以此法作粉，郎饥草粉亦同此法①，不独山芋、百合等粉然也。一曰染料，取橡碗碾碎，用水煮透，去其渣滓，取其精华，熬炼成膏，用水化开，略加皂矾，即可染青，且便于贩运远方，可获厚利。

春蚕饲育法

配蛾

清明节后，将茧种用绳穿底成串，多少随人自便，挂置向阳当风处，五六日后即可出蛾。以翼之长短，辨蛾之雌雄，分置两笼，俟蛾出竣，即以牝牡为之配合，大约以六时为准，过时则须人代为分解，盖不及时，则子多孵，过时则雌蛾或胀而死。分解后，将雌蚕提出，以两指搦去其溺，春季天寒，可用微火烘之，并令产子纸上，大约公蛾一可配母蛾二，如公蛾翅翼完全者，可留为次日配蛾之用。

出蚁

蚕蛾产子后，将蚕子移入温室，置筐中数日，其子由微黄渐变成浅黑色，三四日后，即出小蚕，是名曰蚁。其不变浅黑色者，其子即孵，不能成蚕，俗所谓寡蛋者是也。蚕生之初，必先自食其壳，能食净尽者为佳。

饲叶

蚕子既出，此时天气向和，各种柞树已渐发芽，不落树叶发芽尤早，故于饲养春蚕最为合宜，可取嫩叶置于筐内，其蚕自能上叶就食，即将叶、蚕移置树上，如法保护。如偶因天寒，柞未萌芽而蚕已出，可将柞树嫩枝折下，泡水发芽，用鸡翎将小蚕扫置芽上，亦能就食，旬日之后，再

---

① 此处"郎饥草"，不知为何种植物。另有"过饥草"之名，不知二者是否相同，存疑。

放树上。

眠起

　　蚕上树后，先食嫩叶，七八日后初眠，头向上，不食叶，经二三日始起，脱去黑壳，色分青黄，食叶五六日即二眠，亦经二三日始起，继此三眠、四眠，状与一二眠同。惟春蚕天气日暖一日，蚕眠亦日早一日，四眠后，食叶旬日，噤口退臁，吐丝成茧。自暖子以至成茧，所经时日，与桑蚕略同，总计不及两月也。

移蚕

　　野蚕与家蚕同，除眠时不食不动外，其余则昼夜食叶，不使蚕受饥饿，然后可望丰收，若一经失食，蚕身即现黄黑纹，经日而毙。故当此树之叶食尽，必须将蚕移置他树，春蚕喜移枝，愈移则愈易生长。其移枝之法，蚕幼时可连枝剪去，移置有叶之树，惟每遇蚕眠时，不可剪移，俟眠起后叶尽，用剪刀连枝剪置他树，方保无患。若但移蚕而不移枝，须知蚕尾部之足，抱枝甚紧，用手促时，必由尾上倒提之，方易脱离，否则虽断不脱也。而尤宜预备者，蚕将眠时，须留心察视其附近柞叶之多寡，足敷蚕之食料与否，盖蚕眠时，虽不动不食，起眠之后，食叶必多，设附近无叶，则无从得食，若去树较远，则就食多劳，蚕身受病，皆由于此，不可不先事预筹也。

保护

　　野蚕性质，比家蚕为强，寻常风雨，颇能自卫，惟蚕幼时，须加意保护。或遇烈风、暴雨、冰雹，宜先时设法遮掩，并巡视山场，见蚕之落地者，捉之上树，死伤者埋之他处，此人工之不可缺者。而又宜防鸟类，盖鸟类多喜食蚕，防护不周，必受其害，防鸟之法，可于树本系长竹竿，缘以布旗，使随风飘舞，则鸟类自不敢近，天将明时，鸟类出巢，尤宜格外留意，可摇铃以惊散之。又鸟类嘴利，即蚕已成茧，亦能啄而食之，故成茧后，仍须看守。更有蛇类，亦喜食蚕，近由劝业公所派员，前赴建德县胡宅村试养柞蚕，山多杂草，颇受其害。防蛇之法，惟有将山中杂草，概行芟除，不独蚕场洁净，使蛇无藏身之处，则保护较易为力。若夫多蚁之山，不适养蚕，然可以人力歼除之，除蚁之法，可于蚕未上树之前，置羊骨于树下，蚁闻膻就食，乃以洋油火歼之，如此数次，蚁自可尽，俟油气悉散，再行放蚕。至各种虫类之足为蚕害者，已于培柞篇详言驱除之法，然日间固当随时防护，夜间亦须篝火巡视，不可忽略。山中之麝，尤为野蚕所畏，一经熏袭，辄竟日不食，更宜加意驱逐。

宜忌

野蚕之与家蚕同，宜燥而忌湿，伤湿则病，宜洁而忌秽，遇秽则痿。凡蚕场中潮湿之气、不洁之物，除之宜净，即蚕工之衣服，亦须更换使洁。而蚕所最忌者，辛香酸辣之气，故桐油、白杨、萝卜等物，皆不宜入蚕室，而其气味之重者更无论矣。如烘室中有燃桐油，或误以桐木烘者所出之蚕，多不旺，蚕触萝卜叶即死，食白杨叶亦致病，皆不可不慎。

上山

春蚕始上山时，天气尚寒多热少，故放蚕宜在山之阳，以取暖气。至成茧时，如天气觉热，又须移置山阴，使勿受不适宜之温度。此全在养育者之默体天时耳。

巡视

春蚕进场后，每日至少须巡视二次，布蚕太密者疏之，有蚕堕地者升之，分配相宜，死亡自少，且无两蚕共茧之弊、丝量减少之患。若山场离家过远，往返为劳，必当于场中略盖篷厂，轮流住宿，则巡视较易，一切蚕害均可防之，免巡视不周，成功废于半途也。

秋蚕饲育法

出蛾

小暑节后，将茧用细绳穿底成串，挂透风处。惟此时天气渐热，勿使蚕茧见日，致受温度过高，反易成病。俟茧将出蛾，先备长绳，横系室中，随出随时捉置绳上，蛾自抓住，惟不可使见灯火，以防飞扑。

育子

配蛾之法，一如春蚕。惟此时柞叶茂盛，不必如春寒时之育子于纸，可折柞枝挂清凉处，用细绳拴已配过之母蛾于上，令散子·枝叶间。或径拴蛾于山场柞树浓阴之处，缘枝散子，十余日后，子自变蚁，即能缘附就食。

饲叶

蚁蚕先食嫩叶，嫩叶渐尽，蚕亦渐大，必须于蚕幼时，按树之大小、叶之多寡，匀置其间，所放之蚕，足敷所食之叶，方无叶尽不继之患。

眠起

秋蚕眠起次数，及眠起时之变态，与春蚕同。惟秋蚕自出蚁后，约三四日即头眠，头眠起后约四五日或五六日始二眠，二眠起后约六七日或七八日始三眠，三眠起后约八九日或九十日始四眠，盖秋蚕天气日寒一日，蚕眠亦日晚一日，与春蚕正相反也。

移蚕

叶尽移蚕之法，与春蚕同。惟放蚕须比春蚕略疏，大约一树，须可供蚕十五日之食，以秋蚕不喜移树，屡移则难于生长。又时值暑气未退，设阳亢过甚，天久不雨，宜以水浇树根，兼洒其叶，使树得水而滋润，叶得水而清凉也。

保护

保护之法，亦与春蚕同。惟蜂、蚁、螳螂、蚱蜢之属，秋时尤多，蚕之受害亦较春时为甚。可用镰、铲刈尽杂草，使之无所依附，自不至飞缘于树。除蚁之法，已详于春蚕篇中，兹不赘。

宜忌

蚕之宜忌，实由性成，无论春蚕、秋蚕，无不相同，观于春蚕之宜忌，即可以知秋蚕之宜忌矣。

上山

秋蚕上山时，阳光正烈，先时宜放蚕于山之阴，以避热气，至作茧时，暑气若退，则宜更移于山阳，以受温气。与春蚕之先向阳，后向阴者相反，然其理则同也。

巡视

秋蚕多懒，天气渐寒，堕地即不能缘枝而上，必须人工捉置树间，故秋蚕巡视，较春蚕宜勤，狂风暴雨之后，当急赴山场察看，以免过时蚕饿受病。

护茧法

购种

蚕初变蛹，质极柔弱，一有微伤，出水即死，故此时最宜留意。浙省向来习惯，祇知饲养家蚕，不知柞蚕之利，现在试养之初，不得不借种于异地。购买茧种，须用荆筐担归，不使摇动，方不至受病。

留种

若欲自留种，当知春种出于秋茧，择种者宜于秋蚕时，留心察看蚕之佳者，另树饲养，蚕熟时诸茧皆下，将此茧仍留于树，并留人看守，俟冬令雨雪时，乃连枝折下，挂诸清凉室中。最忌烟火熏蒸，一经伤热，则种必不育。如养蚕时不及留种，则于下茧后，择茧之坚实者收储之。至若秋种，则出于春茧，秋蚕留种之法，与春蚕略异，春蚕下茧后，择其茧之佳者，摊于苇箔，置清凉室中。摊茧之法，宜疏不宜密，尤宜随时察看，其有油烂及臭气者剔出之，盖春蚕成茧，欲作秋种之际，已交夏令，暑气正盛，茧与茧相蒸，一经传染，种必受病，故与秋留春种，大不同也。

藏种

蚕已成蛹，如遇潮湿、臭秽，必至受病，出子决不佳，故当置于干燥清洁之处、不燠不寒之地，盖过寒则蛹僵，不能出蛾，过燠则蚕期未到，蛾已先出，皆非所宜。若藏茧太多，势不能不用篓装置，而篓之中心与四围温度不同，必中暖而外寒，故于严寒之际，宜随时变易位置，使受温皆同，则出子可期一律。

移种

茧种宜一二年一换水土，由此与彼，互相移易，愈换愈盛，至近亦须四五十里，水土不同，蚕乃易旺。勿以为历年繁盛，恃而无恐，致有全年歉收之患。

缫丝法

剥茧烘茧

抽丝必先剥茧，茧头有系，须顺其系而剥之。又茧之表面，必包有浮丝，其色微黄而质不坚致，必须剥尽，方得良丝。如茧多，一时不及剥取，可用烘茧法将蚕蛹烘干，以防成蛾后穿孔而出，致丝断而不能抽绎。

炼茧涤茧

取茧置大釜中，注以水，煮一时许，俟茧将软，酌量茧之多寡，用蒎草灰汁或洋碱水，倾入釜中，以短木铲频频翻弄，视渍透为度，是名炼茧。炼茧后，将丝移置筐中，涤其釜，更注清水，连筐置水中煮之，此时火力须以渐而加，使水沸上升，透入筐中，然后减其火力，使水不沸，则茧中灰汁、碱气，洗涤净尽，其丝乃有光泽，大略与桑蚕缫、炼各法无甚异也。

上车抽丝

涤茧既净，斯时火候匀足，即可上车抽丝。其法，以手先捉去粗丝，以清丝头穿入桩上丝眼，又由丝眼引上响绪，上下交互，再由响绪送入丝钩，由丝钩搭上车轴，下有踏脚板，将横条套于轴端，用脚踏之，车自旋转，丝便环绕于轴上。

添丝搭头

丝之粗细不等，有合四茧、八茧为一绪者，谓之细丝，有合十二茧、十六茧为一绪者，谓之粗丝。但无论粗细，总须一色到底，其有茧薄而丝先尽，或间有中断者，须另以清丝搭入，方免粗细不匀之弊。

烘丝晒丝

新抽之丝，必俟干燥，方可收藏，或用火力烘之，或以日光晒之。惟不可使灰尘飞扬，尤不可使火出烟，致损丝色。若用晒法，则一遇阴雨，仍复还潮，不如用烘法为宜。

总结功用

其不能抽丝者，如薄茧、油茧、破头茧，及不上丝眼之水茧是也，然皆可供打线、纺线之用。打线之法，将茧煮热，去其蛹，洗尽，用尺长之竿，层套于上，另用铜籖下镇铅坠，上扭为螺纹，尖有小钩，中贯芦管，以左手执绵叉，右手大指及食指抽绵，捻而为线，浙人谓之为打绵线。凡家蚕不能抽丝之茧，均用此法。至纺线之法，与打绵略同，惟成线后用脚踏纺车纺之，较打线为速，但打线与纺线所织之绸，不能匀净，如桑蚕所出之绵绸等类，可以类推矣。培植柞树，较培桑树省力，养育柞蚕，较养桑蚕节劳。桑叶贵，恒苦无购买之资；柞树多，可断无耗本之虑。能体天之生物，而因民之所利，致富之原，此其一端也。

《山蚕演说》

整理说明

　　《山蚕演说》不分卷，清末徐矩易撰。徐矩易，生平不详，四川叙永县人，少年时丝织造为业，晚年撰成《山蚕演说》一文，叙及早年弃学经商，一生以养蚕缫丝为业，呈于厅县，以利朝廷振兴实业，致富于民。可谓是对清末新政时期各地方从事新兴事业的一项证明。

　　《山蚕演说》收录于《续修叙永永宁厅县合志》卷四十六《艺文志·传、说》，光绪三十四年（1908 年）刻本。原文不分段，此处点校时根据文意分为三段。

《山蚕演说》

县人　徐矩易

　　尝阅《官报》，有《蚕桑说》，教人养蚕栽桑，语甚详实，为我国兴利之一大端。因忆桑蚕者，即在蚕室中所养之蚕也，然又有山蚕一说，我川人多未见。余幼时，尝闻父老言，于康熙年间，有黔省遵义府知府陈公，见遵地多产青杠，因捐廉遣人至河南采办山蚕种子，教人学放山蚕，所饲即青杠叶也，因道远，种易为寒暑所侵，因而收茧无多，且劣不成丝。二年，复着人购办，又因晴雨不时，亦不佳。公志意坚毅，办至三年，果得丰收，四乡来报收茧者，不下千万。公于是拣城外一平坦地，修造缫丝房十余间，在河南雇丝匠，教人习缫丝、织绸等艺①。公余之暇，时来督课，务使精工，所以遵义府绸，至今驰名各省，可谓有志竟成矣！于是众民醵金，为建生祠曰"陈公祠"。去任百余年，至今爱戴未已，由是延及本省贞安②、仁

---

　　①　关于陈玉璧在贵州传播柞蚕事迹，此处均称茧种来自河南，工匠亦来自河南，与其他记载不同。盖四川省在有清一代的柞蚕放养事业中，往往以河南茧种采办较易，故有此种讹变。由此亦可见徐矩易在年少从事柞蚕事业之时，四川柞蚕业在茧种和技术方面，已经以依赖河南为主了。

　　②　"贞安"，即贵州省正安县。

怀、新县、桐梓、土城、鸭塘、毛坝①及川省之綦江扶光坝、叙永之赤水河、马蹄滩等处，每年所出山丝，不下五六千包，有山西大贾十余号，每年携数十万金来扶光坝购买，近年外洋庄亦有来争购者。凡出丝之处，前后纵横不过数百里，而得此多金，获利不少，又各处办绸织帕各项之用，又不下千余包，此非陈公创始之遗泽乎？

至所办之绸，有好丑之分，顶琢者为府绸，重五十余两或三四十两不等，稍次者为大双丝，约二十两上下，一名上一品，又一名小双丝，再者为大京牌、小京牌，惟胰染不甚精工，至道光年间，马蹄滩人亦能仿造，虽不能如府绸之细致，而胰染颇得法，近年进步颇速，亦可与府绸比较矣。且于人死殓，具有胜于家丝绸者，盖家绸入土，不过十余年，多在廿余年即朽败，若山绸入土，昔闻父老言，虽百余年后尚完好，后见有迁墓者，验之，果然。故至今大定、毕节、威宁、黔西各处，无论贫富，皆置买山绸一疋或半疋，以为裹尸之用，名曰"装绸"，取其入土经久也。他处之人，只知府绸之可衣，而不知入土之贵重也，揣其入土耐久之故，因山蚕非家蚕可比，家蚕饲于蚕室之中，四面不可漏风，寒暑不侵，稍有疏虞即受病，所吐之丝柔而细，故虽光洁可爱，而入土不能经久；至于山蚕，自毛蚕时即在山间喂养，直至收敝约二月之久，历受风霜、雨露、日月之精。况家蚕三眠，山蚕四眠，家蚕三十余日便可藏事，山蚕则必待二月有余，所吐之丝粗而大，其性刚，所以入土经久也。

想川省地大物博，各州县产青杠者不少，若能照遵义各境仿而行之，岂不十倍于扶光坝所办之利乎？岂非为我梓卿兴利之一大宗乎？余自髫年，废学就贾，即以饲养山蚕、家蚕，及缫丝、织造为业，遵祖训也。今年届七十矣，矍铄，适闻朝廷振兴实业，以浚利源，思贡刍荛，以当献曝。因将生平见闻所及，出以示人，其中利益之处，尽行倾吐，详细说

---

① "新县"，四川宜宾疑似有新县地名，待考，但不知贵州新县在何处。"土城"，位于贵州遵义习水县，赤水沿岸，是一个因盐运和航运兴起的古镇。"鸭塘"，这一地名在贵州为数极多，如桐梓县有鸭塘村，凯里州有鸭塘镇；"毛坝"，遵义、铜仁等地均有毛坝地名，待考。但以文中"凡出丝之处，前后纵横不过数百里"来说，应该都在以遵义及川黔交界附近区域。

明，撰成《山蚕演说》一篇，呈之厅县，即请转详，以便饬知各境，必有乐利君子，踊跃仿行。但愿利源大开，人人振奋，则致富于民，即藏富于国，庶边陲草野，得以黼黻皇猷，葵藿蚁忱，亦效蝇蚊之助。是则余之所愿也。

《劝业道委员调查奉省柞蚕报告书》

整理说明

  《劝业道委员调查奉省柞蚕报告书》不分卷，清代张培撰。张培生平不详，光绪三十四年（1908 年）时，曾在奉天省（今辽宁省）劝业道任委员推广柞蚕，在对该省的柞蚕放养及丝绸业进行比较全面的系统调查基础上，完成了本报告书。

  《劝业道委员调查奉省柞蚕报告书》一书中，记述了辽宁柞蚕业的起源、放养法、缫丝法和织绸法，尤其还比较详细地记录了辽宁各地的蚕场、产茧丝的数量、茧丝外运和当地实销数、织绸业的演变等内容，并列举了清末 1902—1906 年间辽宁柞蚕业的一些统计数字。总体来看，本报告书是一本颇有资料价值的柞蚕书。

  本书有铅印本、抄本等不同版本，此处的点校系根据光绪三十四年铅印本整理。

《劝业道委员调查奉省柞蚕报告书》

【清】 张培　撰

序

　　奉天自昔无蚕利，或曰："是不宜于冰雪风沙之地。"窃谓不然，夫物性不同，诚有迁地弗良之憾，顾有可此不可彼者，亦不可此复可彼者，天功未至，人事致之，不尽为方域限也。齐鲁间故有野蚕，食柞而生，土人饲之，利赖甚普。嘉道中，有鲁人某流寓于奉，窥见林木有柞在中，则以为有此树必宜此蚕，归而购子以来，如法放养，生息之繁，无异齐鲁，由是转相则效，遂辟一从来未有之利源。若复推而行之，生财岂有量耶？岁有戊申，培从事奉天劝业道署，两奉宪札，饬查种柞养蚕于安、宽等县①，将以广其传也。爰就闻见所及，笔之及书，语焉不详者附以图式，虽不敢谓完密赅备，而大致具矣。诚使循行如法，则无人不能，无地不生，其利可胜言哉？或谓："养柞蚕何如养桑蚕，品高而值重？"又有谓："养桑蚕不如养柞蚕，事易而效捷。"培以为桑蚕奉之所无利用创，柞蚕奉之所有利用，因因与创，并行而不背也。

张培　识

---

　　①　此处"安、宽等县"，指安东、宽甸等柞蚕产区的县份。

目次

《委员张培调查奉省柞蚕报告情形》

茧种

家蚕种子曰蚕种，野蚕种子曰茧种，二者有别。家蚕出蛾生子，在成茧半月之后，野蚕不然，蛾不即出，必经一番冷度复热，蛾方出茧生子。此两蚕性质不同之处也，故家蚕蓄子称蚕种，野蚕蓄茧称茧种。

保护茧种法

茧种为蚕之胚基，其中亦蕴蓄生机，若感受外界不齐之气，或有妨害之物相侵，则受病尤易于蚕身，故养野蚕必以保护茧种为首要。其保护之法，将购来茧种，置于凉屋，摊开勿令受热热则发生毛虫，届冬至节左右，冰冻天寒，又须移于稍暖之室不可过暖，妨其出蛾，置诸囤养蚕具也内，至十二月初旬，每隔三五日逢天气晴明时，开囤片刻，以便新旧空气交换，且使温度不至过差，免出蛾时有先后参差之弊。

穿挂茧种法

清明节前后，将所贮之茧种取出，用麻绳每茧四五十枚穿成一串，穿时须视茧之有蒂一端，以针透孔，既便贯穿，又使蛾将出茧时，得于孔际啮开出路孔不可过大过小，约五六分左右，以蛾出时不致费力为准，穿茧不可使倒蒂向下则为倒，倒则碍内蛾之呼吸。其挂茧串法，先于屋内用竹两竿，直插入地，相距约四五尺，对面并列，将所穿茧串一端扣于此竹，一端扣于彼此，层层横排，望之如梯形，其底层不可过低，以防犬猫侵害，末层不可过高，以便出蛾时摘取。又蓄秋茧与蓄春茧有别，因春初天气犹寒，故茧种须置屋内，秋茧成于立秋前后，时尚炎热，茧种宜置屋外，使受风凉，防出蛾及生虫之弊，然不可日晒，不可惊拍。

出蛾法

春蚕之蛾，须于结茧后三十日方可发生，秋蚕之蛾，须翌年清明节始得发生。蛾将出时，屋内须生微火，以速其出。蛾之出蛹，皆在每日申、酉、戌三时，初出体弱，不可动之，动则恐伤翅脚[①]，先于屋内高处横悬一绳，视蛾翅已能搧动，即将其移至绳上，移毕后以棍敲绳，则群蛾因受震动而放溺，溺毕移下，择其优劣配对。

辨别蛾之雌雄法

蛾分雌雄，配对时必须辨认。凡雄蛾腹小于雌，雌腹大于雄，雄蛾眉粗而短，雌蛾眉细而长。又法依茧之大小，别蛾之雌雄，雄形小稍尖，先端缩皱细密，雌形大稍圆，先端缩皱粗杂。

鉴别蛾之优劣法

蛾为蚕之母，蛾优则蚕优，蛾劣则蚕劣，欲蚕之良，以蛾为本，故必鉴别其优劣。约举大端，共为七类：一、蛾身有黑色点者；一、蛾身环节间有黑色线纹者；一、皮肤破溃出黑水者；一、尾端焦烂者；一、蛾翅拳曲不能开展，或不完全者；一、蛾眉拳曲或不完全者；一、举动不活泼者。

配蛾及折蛾法

蛾既选择之后，除犯病者弃去外，余悉不分雌雄，置诸筐内，令其自相配耦，此时须用人沿筐巡视，择其已成对者，移入他筐，须将配对之时期记好，毋令太过及不及，太过则雌即胀死，不及则受精不足，卵多气化，将来即不能出蚕。配对之时期，约一昼夜即足，如今日子时配对，明日子时即可折对。若雄少雌多，亦可令雄蛾连配两次，法分为两日配之，今日配此雄蛾，明日则可折去，以他雌配之，惟连配两次，则将来雌蛾产卵时，恐多气化，至成蚕时势必虚弱，此受精不足之故也。未配对之前，须令雄蛾出溺，配时雌蛾不致受苦，否则有碍精路，配与不配同。然雄蛾中亦有无溺者，则蛾尾端必瘦瘠而不湿润，甚难配耦，见有此蛾，可随手弃去。配至一昼夜后，即须将对蛾之雄者摘去，留其雌者，用两指轻捻其

---

① 原文有两个"脚"字，似衍，此处仅保留一个。

腹部，令其出溺，则产时不致困难。折过之雌蛾，即置诸筐内，每筐容二
百五十蛾，此筐须用纸糊，否则恐子漏出，又须将茧筐转动，以免生子不
匀，越三日，卵必全出，布满于筐。一蛾产出之卵数，春蛾一百二三十粒
乃至二百粒不等，秋蛾八九十粒乃至百四五十粒不等，以二百蛾为一筐，
一人约养四筐，即八百蛾一筐，须柞树十亩，一人担任，最为相宜。

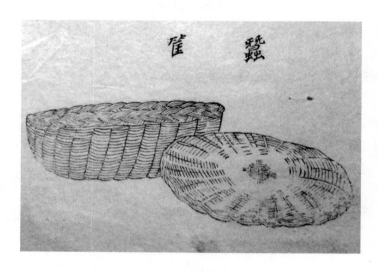

秋季出蛾生子法

秋蚕种由春蚕茧而出，时方盛暑之际，以蛹化甚速，须速行选择茧
种，安置空气流通之所，约二十日即可出蛾，俟雌雄交尾毕后，用极细之
麻绳，将蛾大翅展开拴固，每一线可拴两蛾，缠于树枝，使产卵于柞树之
上。树根不可有虫蚁，地上不可有草薪芜秽之物，以防损害。

选择柞树之注意

饲育幼蚕，宜采伐次年之嫩叶，如采伐二年或三年后，枝条先发之叶
片，与壮蚕食之，易得泻疾。土人称采伐次年之叶曰火芽，又名头芽；土
人又云，叶片厚大而色纯青者为良，否则力薄。春期生叶表面若现白色或
带赤色者，其味辛，蚕不喜食，即食之亦难于肥大，若表面带赤色或少叶
绿素之叶，滋养分缺乏，叶津叶力亦必薄弱，蚕若食之，其弊与前同。

柞蚕发生之时期

柞蚕发生分春秋二季，春季即清明节左右，秋季即夏至节左右，然不可视为定例，必须察其土地气候、温暖如何而分。蚕发生后，即觅柞树小枝初发芽者摘回，将蚕安放枝上，然后再将此小枝持至柞树林，悬于柞树上放饲。

养蚕之日期

春蚕自二月起至五月完竣，清明后十日上树，迟至夏至时不结茧，即不能结茧；秋蚕自五月起至八月完竣，夏至前后上树，迟至白露不结茧，即不能结茧。秋蚕自上树至结茧约七十五日，春蚕自上树至结茧约七十日。兹将所需之时日说明于左。

自发生至一眠	春七日或八日	一眠眠期	春四日
	秋六日		秋三日
自一眠至二眠	春七日或八日	二眠眠期	春三日
	秋七日或八日		秋三日
自二眠至三眠	春七日或八日	三眠眠期	春三日
	秋七日或八日		秋三日
自三眠至四眠	春七日或八日	四眠眠期	春三日
	秋七日或八日		秋三日
自四眠至结茧	春十五日		
	秋十五日		
自结茧至完竣	春四日		
	秋四日		

蚕眠时期及形色递变

小蚕上树约七日后，即停止食叶，此时头部向上，息而不动，是为初眠；其初出时体本黑色，在此幼眠将遍体黑毛脱尽，变为褐色，则起而食叶如常，是为二眠；此际将褐色脱尽，复起食叶，变为青黄色，又逾六七日为三眠；再逾十日为大眠；大眠又名四眠，蚕至此时必自吐其丝，将后脚绊于枝叶之上，为脱皮时用力之地，若不经心将丝头伤断，不能脱皮，即死于树枝之上。大眠起后，食叶最速，须勤移为佳，一日夜约食叶七次，此时蚕既肥大，且有光泽，过此十日后，即不复食叶，倚于树枝之傍，状似乎眠，且遗大尿，身体渐渐缩小，与二眠时纺佛，俟光泽退尽，始自吐其丝，将身绷在三四叶之上，周回往复，吐丝作茧。未眠之前，若遇阴雨则①，眠时最忌剪移，移则恐伤丝头。

蚕病

天气炎热之时，蝇蚁发生，吮其血液，即生紫黑点，皮肤因之溃烂而死，且蝇每遗卵树叶，蚕食叶时，连卵并吞入胃，即生蛟病。蛟病乃蚕病之一种，其腹中生极小之虫。

若逢天气寒冷，不能食叶，所吐之丝挂于树上而毙者，此为缢疾，俗名黄爪皮，此疾并不传染。

又有一种斑病，系受烈火薰逼，蚕浑身发黑點，自树上坠地而死。此疾若一传染，全林为之发臭。得斑疾、缢疾之原因有三：一、未成蛾，蛹之先受杂木烟气之薰逼，蚕时易成斑病；一、卵将出未出之时，受极烈之火，或未用火暖之，用烈火卵壳内受一番极热后，将来成蚕必得斑病，若不用火暖之卵，受一番寒冷后，将来成蚕必得缢病；一、因移蚕时省一二次往复之劳，将蚕挤满于筐内，致蚕呼吸不灵，易成缢病。蚕上树后，若遇天气寒暖不一，至三眠后，满腹之丝化为满身之毛，跃跃自动，谓之飞丝，一二日即死，此由于气候不正，无法以避之者也。

蚕害

有害蚕体生理上之物，宜忌者甚多，其甚者如桐油、烟草、除虫菊白粉、食盐是也。

桐油若附着于树枝，蚕经过之，片时即死。是以山中及家中设有桐树，必设法除之。又白杨及各种杂木，蚕食之亦然。

烟草之液汁附着于树叶，若蚕食之，则其体躯之前方抬起，若苦闷

---

① 此处似有缺文，原文如此。

状，口中吐出黑水而毙。蚕食烟草之粉末亦然①，但比液汁稍轻，故放蚕期中，宜禁吃烟，而树林左近栽培烟草，尤宜避之。

除虫菊大有害于蚕，若散布其法之粉末，或剥其叶混入树叶内而使食之，则食后约四五时即死。混些少白粉于树叶而使蚕食，则终不能发育成长，若染盐与香料，则口吐绿水，故放蚕之人禁止吸烟草、佩香物，及盐化诸汁之着树，又不宜涂抹白粉，因白粉中有铅故也。

动物中害蚕之物亦颇多。柞蚕小时，蚁、蜂、蛇最喜食之，而鸟类中之鹅与鹊袭害为尤甚，土人以铳及网绳预防之。天将明及薄暮之时，须加意看护，若有鸟飞来，须放蚕铳，方能惊散，鸟类中以鸦为最多，而蚕亦畏之最甚，虽施放蚕铳，亦不能惊散，须用神技箭射之，则惊飞后可半日不来。蟾蜍俗称癞虾蟆，能吃最矮枝所放之蚕，见时须攫取之。蛇能升于树上，野猪能将树撞倒，此二害最酷，然亦无法可以预防，唯见时则以力驱之。山蚱蜢形如蚱蜢，其身较大，色带赤黑，俗名绩麻婆，马蜂比山蜂稍大，秋蛾系树生子，时二物最喜食之。批把虫略似蜣螂，翅长善飞。以上之物，食蚕与蛾，皆咂破其皮，吸其肉汁，蚕立时即死。秋蚕受害最甚。

花毛虫生于树间，既啮蚕身，又食柞叶。欲除此虫，视树本有孔洞处，以松香油滴入，令虫触臭而死，此虫亦有眠时，眠则聚于一处，一捕能得千百。又此虫变蛾时，往往遗卵树枝，若蚕食叶时，误将虫卵蚕入，即生蛟疾。宜时时视察，如有此等树枝，折断弃之远地，以绝根株。鸡狗亦喜食蚕，皆宜防之。

润树
值天气干燥之日，炎热伤蚕，宜时时汲水浇树，并洒水叶上润之。

选查山场之位置
放蚕之场，首须选择阴阳适宜之地，因蚕性属阳，恶湿喜燥，若将蚕放于向阳之山，则长成即能强健，而茧亦必佳，向阴则不能如是，惟结茧

---

① 此处"粉末"，原文作"粉抹"，据文意改正。

最宜。春季蚕场宜向阳，茧场宜向阴，秋季宜择背阳之地，忌日光西晒之山，且最忌大雾，若遇雾甚则死，不死即得斑疾，亦不能结茧。忽雨忽晴之山，大雾最多，相蚕山者宜避之，有烟瘴之处，断不可放蚕。

采茧法

将茧与叶全行摘下，聚集一处，此时若有未结成者，须仍移他树，俟其茧壳韧硬，方可采摘。茧成之后，蚕自泻白浆，蓄于茧内，此浆三日后始干，茧壳即因之发硬，采茧以此时为最适。若茧壳未干，即行采摘，其茧必坏，柞树高大，采摘不便，可用梯放于无茧之处，每日每日普通采摘四千颗乃至五千颗之数，摘后即盛于筐内运回家中，将茧面所包之叶剥去。

一升茧一百二十颗，

一升茧之重量一百七十两，

一升茧之茧壳十六两，

一茧平均之茧壳一分三厘三毫。

春秋养蚕多寡之宜

柞树养蚕，不能于一年之内连食两次，连食则树力竭尽，易致衰枯，故养蚕之家，必将全区柞树，或分三七，或分四六，以三四成养春蚕，留六七成养秋蚕。秋蚕能多养，故用树多，春蚕宜少养，故用树少，所以春少秋多之故，因春树叶嫩，养蚕多则伤树，秋则气充叶固，多养无妨。

蚕之类别

柞蚕之外，有名毛布虫者，亦蚕类也，吐丝作茧亦如柞蚕，惟丝力薄而色带微黄。又有柳蚕，乃食柳叶而成，茧大而色光明，但质硬而丝少。

蚕场处所①

◆辽阳州：东路望宝台等处蚕场九十五处，南路千山等处蚕场七十五

---

① 此处原文在各县名之前无分节标识，为点校者为条理清晰起见所添加。下文各处同。

处，西、北路无。

辽阳共蚕场一百七十处。

◆海城县：东路三道沟等处蚕场二百八十处，南路八岔沟等处蚕场一百九十五处，北路石牌楼等处蚕场八十六处，西路无。

海城共蚕场五百六十一处。

◆盖平县：东路接官厅等处蚕场三千七百六十一处，南路三岔店等处蚕场一千五百九十六处，西、北路无。

盖平共蚕场五千三百五十七处。

◆复州：东路庄口等处蚕场一百五十九处，南路狼沟山等处蚕场二十一处，北路大石槽等处蚕场九百六十三处，西路无。

复州共蚕场一千一百四十三处。

◆岫岩州：南路高岭等处蚕场二百七十二处，西路杨木沟等处蚕场三百一十五处，北路羊拉峪等处蚕场一百八十三处。

岫岩共蚕场七百七十处。

◆凤凰厅：东路石头城等处蚕场一百二十七处，西路鸡冠山等处蚕场八十二处，南路边门口等处蚕场三百二十九处，北路黄旗堡等处蚕场一百二十五处。

凤凰厅共蚕场六百六十三处。

◆安东县：东路九连城等处蚕场六百七十二处，西路佛爷沟等处蚕场四百一十二处，北路劈柴沟等处蚕场四百九十一处，南路无。

安东县共蚕场一千五百七十五处。

◆宽甸县：东路二龙渡等处蚕场七百七十四处，南路长甸等处蚕场八百一十八处，西路望宝石等处蚕场四百三十五处，北路长岭子等处蚕场四百三十八处。

宽甸共蚕场二千四百六十五处。

◆怀仁县：东路干草营子等处蚕场一十五处，南路大雅河等处蚕场六处，西路三道河子等处蚕场三十处，北路无。

怀仁共蚕场五十一处。

以上辽东、南边一带，统计共有蚕场一万二千七百五十五处。

收蚕项下

◆辽阳州：各路总共蚕场一百七十处，每处用人工一名，计用人工一百七十名，每名放牧蚕种五千个，应放蚕种八十五万个。

◆海城县：各路总共蚕场五百六十一处，每处用人工一名，计用人工五百六十一名，每名放牧蚕种五千个，应放蚕种二百八十万零五千个。

◆盖平县：各路总共蚕场五千三百五十七处，每处用人工一名，计用人工五千三百五十七名，每名放牧蚕种五千个，应放蚕种二千六百七十八万五千个。

◆复州：各路总共蚕场一千一百四十三处，每处用人工一名，计用人工一千一百四十三名，每名放牧蚕种五千个，应放蚕种五百七十一万五千个。

◆岫岩州：各路总共蚕场七百七十处，每处用人工一名，计用人工七百七十名，每名放牧蚕种五千个，应放蚕种三百八十五万个。

◆凤凰厅：各路总共蚕场六百六十三处，每处用人工一名，计用人工六百六十三名，每名放牧蚕种五千个，应放蚕种三百三十一万个。

◆安东县：各路总共蚕场一千五百七十五处，每处用人工一名，计用人工一千五百七十五名，每名放牧蚕种五千个，应放蚕种七百八十七万五千个。

◆宽甸县：各路总共蚕场二千四百六十五处，每处用人工一名，计用人工二千四百六十五名，每名放牧蚕种五千个，应放蚕种一千二百三十二万五千个。

◆怀仁县：各路总共蚕场五十一处，每处用人工一名，计用人工五十一名，每名放牧蚕种五千个，应放蚕种二十五万五千个。

以上东边一带，蚕场处所统共计用牧蚕人工一万二千七百五十五人，计放蚕六千三百七十七万五千个。

产茧项下

◆辽阳州：各路春季产茧四百八十八万个，秋季产茧一千二百三十二万个，春秋两季共产茧一千七百二十二万个。

◆海城县：各路春季产茧四千五百万个，秋季产茧一亿零二百万个，春秋两季共产茧一亿四千七百万个。

◆盖平县：各路春季产茧一亿一千二百万个，秋季产茧四亿七千三百万个，春秋两季共产茧五亿八千五百万个。

◆复州：各路春季产茧二千四百六十六万个，秋季产茧八千九百六十四万个，春秋两季共产茧一亿一千四百三十万个。

◆岫岩州：各路春季产茧二亿四千一百零八万七千个，秋季产茧五亿六千二百五十三万七千个，春秋两季共产茧八亿零三百六十二万四千个。

◆凤凰厅：各路春季产茧六千一百五十三万个，秋季产茧一亿四千三百五十五万个，春秋两季共产茧二亿零五百零八万个。

◆安东县：各路春季产茧七千百二十万个，秋季产茧一亿六千八百四十五万个，春秋两季共产茧二亿四千零六十五万个。

◆宽甸县：各路春季产茧八千二百五十万个，秋季产茧一亿九千二百五十万个，春秋两季共产茧二亿七千五百万个。

◆怀仁县：各路春季产茧六十七万五千个，秋季产茧一百五十八万个，春秋两季共产茧二百二十五万五千个。

以上东边一带，春秋两季共产茧二十三亿九千零十万零九千个。

纩丝商户项下

◆辽阳州：东路纩丝商户四十五家，南路纩丝商户二十六家，西、北路无。共计纩丝商户七十一家。

◆海城县：东路纩丝商户一百九十二家，南路纩丝商户一百一十五家，北路纩丝商户一百零三家，西路无。共计纩丝商户四百一十家。

◆盖平县：东路纩丝商户八百九十六家，南路纩丝商户四百四十一家，西、北路无。共计纩丝商户一千三百三十七家。

◆复州：东路纩丝商户二十九家，北路纩丝商户二百一十九家，西、南路无。共计纩丝商户二百四十八家。

◆岫岩州：南路纩丝商户一百六十一家，西路纩丝商户二百一十家，北路纩丝商户一百零五家。共计纩丝商户四百七十七家①。

◆凤凰厅：东路纩丝商户一百六十家，南路纩丝商户二百家，西路纩丝商户八十家，北路纩丝商户一百零五家。共计纩丝商户五百五十五家。

◆安东县：东路纩丝商户二百家，西路纩丝商户一百四十家，北路纩丝商户一百八十家，南路无。共计纩丝商户五百二十家。

◆宽甸县：东路纩丝商户二十五家，南路纩丝商户二十五家，西路纩丝商户十五家，北路纩丝商户十家。共计纩丝商户七十五家。

◆怀仁县：东路纩丝商户三家，西路纩丝商户三家，南路纩丝商户一家，北路无。共计纩丝商户七家。

以上各处，统共纩丝商户三千七百家。

纩丝项下 每日每人约纩丝十两

◆辽阳州：纩丝商户七十一家，全年约纩丝一十八万两。

◆海城县：纩丝商户四百一十家，全年约纩丝一百四十七万两。

◆盖平县：纩丝商户一千三百三十七家，全年约纩丝五百十八万两。

◆复州：纩丝商户二百四十八家，全年约纩丝一百万零零六千两。

◆岫岩州：纩丝商户四百七十六户，全年约纩丝二百八十九万一千二百四十两。

◆凤凰厅：纩丝商户五百九十家，全年约纩丝六十万两。

◆安东县：纩丝商户五百二十家，全年约纩丝九十万两。

◆宽甸县：纩丝商户七十五家，全年约纩丝一百二十五万两。

◆怀仁县：纩丝商户七家，全年约纩丝二万零五百五十两。

以上各处，全年各纩丝户，每年约纩丝一千三百四十九万七千七百九十两。

茧质项下

上等茧每千个出丝十二三两，

中等茧每千个出丝约十两，

---

① 此处似统计有误，应为四百七十六家。可参见下文"纩丝项下"中的数据。

下等茧每千个出丝约七八两。

辽阳以下各处，所出茧质大概相同。

茧价项下

上等茧每千个约值市钱十二吊，

中等茧每千个约值市钱十吊，

下等茧每千个约值市钱八吊。

辽阳以下各处，茧价亦大概相同。

丝质项下

上等小纩洋庄丝，条细光亮，每两值市价一钱七分，

中等大纩洋庄丝，条细光亮，每两值市价一钱五分，

下等大纩山东庄，条粗色暗，每两值市价一钱二分，

辽阳以下各处，大概相同。

外运地方

◆辽阳州：丝由本地陆路运至盖平，转运营口，再由海道运赴山东、上海及外洋等处，茧无外运者。

◆海城县：丝由本地陆路运至盖平，转运营口，再由海道运赴山东、上海及外洋等处，茧无外运者。

◆盖平县：丝由本地陆路运至营口，转由海船运赴山东、上海及外洋等处，茧无外运者。

◆复州：丝由本地陆路运至盖平，再由水路运山东、上海及外洋等处，茧由陆路运至貔子窝，再由水路运至烟台。

◆岫岩州：丝由本地陆路运至盖平，转运营口，亦有由水路运山东、上海、外洋等处，茧由陆路运至庄河、孤山等处，亦有由水路运至营口者。

◆凤凰厅：丝由本地陆路运至盖平、安东，转至山东、上海、外洋等处，茧由陆路运至龙王庙、安东，转烟台。

◆安东县：丝、茧均由镇口水路运至烟台等处。

◆宽甸县：矿、茧均由陆路运至安东，由水路运至烟台等处。
◆怀仁县：矿、茧均由陆至安东，由水路运至烟台等处。

外运数目

◆辽阳州：外运丝一十七万两，每两丝价按一钱四分匀合，共得丝价银二万三千八百两，茧无外运者。

◆海城县：外运丝一百三十二万五千两，每两丝价按一钱四分匀合，共得丝价银一十八万五千五百两，茧无外运者。

◆盖平县：外运丝四百二十万两，每两丝价按一钱四分匀合，共得价银五十八万八千两，茧无外运者。

◆复州茧因运至魏子窝转运，运价稍昂，故较各处多费东钱十吊：外运丝六十二万一千两，每两丝价按一钱四分匀合，共得价银八万六千九百四十两，外运茧一千三百七十万个，每千个按东钱十吊匀合，共得价钱十三万七千吊。

◆岫岩州：外运丝二百一十二万一千二百四十两，每两丝价按一钱四分匀合，共得价银二十九万六千九百七十三两六钱，外运茧五亿一千四百五十万个，每千个按九吊匀合，共得价四百六十三万零五百吊。

◆凤凰厅：外运丝四十万两，每两丝价按一钱四分匀合，共得价银五万六千两，外运茧一亿四千五百五十万个，每千个按东钱九吊匀合，共得价五百三十万零九千五百吊。

◆安东县：外运丝四十五万两，每两丝价按一钱四分匀合，共得价银六万三千两，外运茧一亿五千万个，每千个按东钱九吊匀合，共得价一百三十五万吊。

◆宽甸县：外运丝一百二十万两，每两丝价按一钱四分匀合，共得价银十六万八千两，外运茧一亿五千个，每千个按东钱九吊匀合，共得价一百三十五万吊。

◆怀仁县：外运丝一万四千五百五十两，每两丝价按一钱四分匀合，共得价银二千零三十七两，外运茧二十万个，每千个按东钱九吊匀合，共得价一千八百吊。

辽阳以次各处，每年外运丝一千零五十万零一千七百九十两，共得价银一百四十七万零二百五十两六钱，外运茧九万七千三百九十万个，共得价钱八百七十七万八千八百吊。

当地实销

◆辽阳州：实销丝一万两，织绸用；实销茧一千七百二十万个，矿丝用。

◆海城县：实销丝一十万五千两，织绸用；实销茧一亿四千七百万个，矿丝用。

◆盖平县：实销丝九十八万两，织绸用；实销茧五亿八千五百万个，矿丝用。

◆复州：实销丝三十八万五千两，织绸用；实销茧一亿零零六十万个，矿丝用。

◆岫岩州：实销丝七十九万两，织绸用；实销茧二亿八千九百一十二万四千个，矿丝用。

◆凤凰厅：实销丝二十万两，织绸用；实销茧五千九百五十八万个，矿丝用。

◆安东县：实销丝四十五万两，织绸用；实销茧九千零六十五万个，矿丝用。

◆宽甸县：实销丝五万两，织绸用；实销茧一亿二千五百万个，矿丝用。

◆怀仁县：实销丝六千两，织绸用；实销茧二百零五万五千个，矿丝用。

辽阳以次各处，每年合共实销丝二百九十九万六千两，实销茧十四亿一千六百二十万零九千个。

当地织绸

◆辽阳州：织绸约三百疋上等每疋用丝四十两，织成后计重三十七两，价值六十吊；中等每疋用丝三十五两，织成后计重三十二两，价值四十五吊；下等每疋用丝三十两，织成后计重二十八两，价值三十吊，每疋按四十五吊匀合，计共得价钱一万三千五百吊。

◆海城县：织绸约四百二十疋上、中、下三等，用丝多寡及织成重量、价值，与前相同，每疋按四十五吊匀合，计共得价钱一万八千九百吊。

◆盖平县：织绸约二万八千疋上、中、下三等，用丝多寡及织成重量、价值，与前相同，每疋按四十五吊匀合，计共得价钱一百二十六万吊。分销吉、黑两省及锦州、库伦、蒙古等处，当地仅销十分之一。

◆复州：织绸约一万一千疋上、中、下三等，用丝多寡及织成重量、价值，与前相同，每疋按四十五吊匀合，计共得价钱四十九万吊。由陆路运盖平，转运吉、黑两省及库伦、蒙古等处。

◆岫岩州：织绸约二万二千疋上、中、下三等，用丝多寡及织成重量、价值，与前相同，每疋按四十五吊匀合，计共得价钱九十九万吊。由陆路运至盖平，转运吉、黑两省及库伦、蒙古等处。

◆凤凰厅：织绸约五千七百二十疋上、中、下三等，用丝多寡及织成重量仍与前相同；价值则运往盖平，亦与前同，在本地销售其价，每疋按四十二吊匀合，计共得价钱二十四万零二百四十吊。

◆安东县：织绸约一万二千五百疋上、中、下三等，用丝多寡及织成重量、价值，与凤凰厅同，每疋按四十二吊匀合，计共得价钱五十二万吊。由陆路运至盖平，转运吉、黑两省及库伦、蒙古等处。

◆宽甸县：织绸约一千四百疋上、中、下三等，用丝多寡及织成重量、价值，与凤凰厅同，每疋按四十二吊匀合，计共得价钱五万八千八百吊。

◆怀仁县：织绸约二百二十疋上等每疋用丝三十二两，织成后计重三十两，价值五十六吊；中等每疋用丝二十七两，织成后计重二十五两，价值五十吊；下等每疋用丝二十四两，织成后计重二十一两，价值四十二吊，每疋按四十五吊匀合，计共得价钱九千九百吊。

辽阳以次各处，全年总共织绸九万四千一百六十疋，共得价钱三百六十一万一千三百四十吊。

前五年比较

◆辽阳州

三十二年产茧比较现年多产十分之三，

三十一年产茧比较现年多产十分之二，

三 十年产茧比较现年多产十分之二，
二十九年产茧比较现年多产十分之一，
二十八年产茧比较与现年同。

◆海城县

三十二年产茧比较现年多产十分之三，
三十一年产茧比较现年多产十分之二，
三 十年产茧比较现年多产十分之二，
二十九年产茧比较现年多产十分之一，
二十八年产茧比较与现年同。

◆盖平县

三十二年产茧比较现年多产十分之三，
三十一年产茧比较现年多产十分之二，
三 十年产茧比较现年多产十分之二，
二十九年产茧比较现年多产十分之一，
二十八年产茧比较与现年同。

◆复州

三十二年产茧比较现年多产十分之三，
三十一年产茧比较现年多产十分之二，
三 十年产茧比较现年多产十分之二，
二十九年产茧比较现年多产十分之一，
二十八年产茧比较与现年同。

◆岫岩州

三十二年产茧比较与现年同，
三十一年产茧比较与现年同，
三 十年产茧比较现年多产十分之一，
二十九年产茧比较现年多产十分之一，
二十八年产茧比较与二十九年同。

◆凤凰厅

三十二年产茧比较现年多产十分之一，
三十一年产茧比较现年多产十分之一，

三　十年产茧比较现年多产十分之二，

二十九年产茧比较现年多产十分之一，

二十八年产茧比较与现年同。

◆安东县

三十二年产茧比较现年多产十分之二，

三十一年产茧比较现年多产十分之二，

三　十年产茧比较现年多产十分之二，

二十九年产茧比较现年多产十分之一，

二十八年产茧比较与现年同。

◆宽甸县

三十二年产茧比较现年多产十分之三，

三十一年产茧比较现年多产十分之一，

三　十年产茧比较现年多产十分之二，

二十九年产茧比较与现年同，

二十八年产茧比较现年多产十分之一。

◆怀仁县

三十年因日俄构衅，有碍牧放，比较现年短产大半，

二十九年产茧比较与现年同，

二十八年产茧比较现年多产十分之一。

东北路各处蚕场茧丝情形

蚕场处所

◆西丰县：北路达启围岔沟有试养蚕场五处，西路札克丹围神树地方有试养蚕场一处，东、南两路均无。

西丰共有试养蚕场三处。

◆西安县：该县现无养蚕之户，拟仿照西丰办法，由樵采牧养官山内选自生新嫩柞树可以养蚕之处，容估蚕剪六千一百五十把，如日后果能扩充蚕业，养户蚕场日渐加增，不难与西丰等。

◆东平县：经调查，并无养蚕之户，且所放之荒未尽开垦成熟，界址不易辩认，碍难著手。应请俟蚕业发达时，再行查办。

◆海龙府：东、西、北三路均无养蚕之户，惟南路碱水河子、钓鱼台两处民地山拦内，现有蚕场三处。

以上西丰、海龙两处，共有蚕场六处，西安正拟试办，可容估蚕剪六千一百五十把，东平无。

收蚕项下

◆西丰县：北路蚕场五处，计用人工五名，每处牧放蚕种四千，计放蚕种二万个；西路蚕场二处，计用人工二名，每人牧放蚕种四千个，计放八千个。现年春季共放蚕种一万二千个，共用人工三名。

◆西安县：该县正拟试办，现无养蚕之户，故无放牧。

◆东平县：无。

◆海龙府：东、西、北三路均无蚕场，惟南路蚕场三处，计用人工三名，每名牧放蚕种四千个，共牧放蚕种一万二千个，共用人工三名。

以上西丰、海龙两处，共牧放蚕种二万四千个，共用人工六名，西安碍难考查，东平县无。

产茧项下

◆西丰县：春季每处产茧三万余个，计蚕场五处，共产茧十数万个，现下不利秋蚕。

◆西安县：正在试办间，尚未放牧蚕茧。

◆东平县：无。

◆海龙府：春季每处产茧四万个，计蚕场三处，共产茧一十二万个，现下不利秋蚕。

以上西丰、海龙两处，总共春季产茧二十二万余个，西安未得准数，东平县无。

纩丝商户

西丰、西安、东平均无。

海龙府仅南路有纩丝房一家。

纩丝项下

◆西丰县：系试养山茧之户自纩，每万茧出丝百两，约共出丝千两。
西安、东平均无。

◆海龙府：仅南路纩丝房一处，自纩自用，现年共纩丝九百余两。

以上西丰、海龙两处，统共纩丝一千九百余两，西安查无确数，东平
县无。

茧质项下

◆西丰县：蚕户寥寥，茧质难分上下，匀作中等而论，每千个按市价
值银八钱。

◆海龙府：茧质与西丰相仿，价值亦同。
西安、东平均无。

丝质项下

◆西丰县：蚕户寥寥，丝质难分上下，匀作中等而论，每两按市价值
银一钱二分零。

◆海龙府：丝质与西丰县相仿，价值亦同。
西安、东平均无。

外运地方

◆西丰县：现下无外运，如蚕业发达，陆路可运至开原小孙家台，由
火车转运盖平、营口等处，水路无。

◆海龙府：现下无外运，如蚕业发达，陆路可运至开原小孙家台，由
火车转运盖平、营口等处，水路无。

西安县、东平县无。

外运数目

现下西丰、海龙、西安、东平四处，均无外运，故无数目。

当地实销

◆西丰县：现下甫经试种，产茧不至十万个，一半留作蚕种，一半矿丝织绸自用，如全按卖价计算，现年实销可得价银百十两。

◆海龙府：产茧亦仅十一二万个，现今实销不过数包，少半留作蚕种，多半矿丝织绸，如按卖价计算，现年实销可得价银一百一二十两。

西安、东平均无。

当地织绸

◆西丰县：织绸十数疋，每疋用丝七十两，共用丝八百余两。

◆海龙府：织绸三十余疋，每疋用丝七十两，共用丝二千一二百两。

西安、东平均无。

以上西丰、海龙两处，统共织绸四十余疋，用丝约三千两。

前三年比较

◆西丰县：前无养蚕之户，无从比较。

◆海龙府：三十年以前，因地方不靖，未曾放蚕，故无外运内销，在前虽有运销，惟年稍远，无从调查，致难比较。

◆西安县：正拟试养，无从比较。

◆东平县：并无养户，故无比较。

放蚕之预算

春季放蚕，每一人能放三四千茧种，秋季每一人能放五六千茧种春秋两季，放蚕多寡不同，非人工有别也，因柞树能力春薄秋厚，其说已见前，一人两季，所养之蚕共须柞五千墩每墩二十余株，柞树本小，每一树仅能放大蚕十数条，小蚕则能放二十余条，以供蚕食。若租树养蚕，五千墩约值租价一百吊。至蚕之成茧，春蚕每种茧一千个，可收茧一万个，秋蚕每千枚茧种可收茧一万五千个按：秋蚕较春蚕获茧多之故，因春蚕天气炎热，时有大风雨及雹，将蚕冲毙，兼之天热，移蚕宜勤，移蚕勤即易失蚕，或移时伤损其体躯，种种原因，故得茧少。秋季时，天气平和，无大风雨及雹，亦不须勤移，故得茧多。春蚕三四千茧种，能收茧三十千枚，秋季六千茧种，可收茧六十千枚，两季共收茧九十千。若以卖茧计算，每千枚价约值东钱十一千，九十千枚茧应共值九百九十千文，树本一百吊，人工四百五十吊，火食及一切杂费二百吊，共用七百五十吊，以九百九十九吊减去七百五十吊，仍余二百四十吊，此即所得之利钱也。

柞树之种类

饲蚕之树，分为青幹子、胡栢柯树、柞树等树，柞树中又分为大柞、小柞、尖柞、红柞、白柞。养蚕者概用柞树中之尖柞，以尖柞最能养蚕，眠起合宜，蚕大而丝力厚，惟易生叶实叶实即树种，春秋相续而生，小蚕食之易病。大柞气味平和，叶实不生，于蚕最为合宜。

柞树与栎树相同，当幼苗之时，树形矮小如灌木状，斯时称曰桴萝，成长数年如乔木状，称柞树。柞树最大之干，周约六尺五寸，高约四丈，凡干高一丈之处，必有多数分枝；普通柞树之干，周约四寸内外，高约五尺多，自干之下部分枝。

采种

柞树之实，士人称曰橡子，其外皮曰橡皮，肉曰橡仁，花曰萼、曰橡碗。柞树一名栎，一名柔，一名栩，一名械，其实曰草，一曰样，一曰草斗，一曰象斗，一名柞实，样字俗称橡子，故又曰橡。橡子约在八月间成熟，一升约有三百粒之多，每升约值二百文，橡碗一升约值百文，橡碗亦可作染色之原料。

播种法

播种分为春秋两季，秋季即十月之时，春季即三四月之时。播法，先筑一苗床，此苗床宜择东南面日光透彻而湿润之土为佳，未下种时，宜先将土块锄松，及至秋分后将下种时，又须锄松，而作三尺以上四尺以下之高畦，畦外以锄打实，此畦宜直接山野。与本圃相距在五六尺之处，穿一尺见方之穴，分若干穴，未种之前数日，将种子放去水内浸泡，然后再播下于穴内，每穴播五六粒种子，种后即用极细之土覆于上面，再用湿润之草盖之，防其过燥，因干燥发芽迟缓，又易枯死，故当天晴之时，晚间宜以清水灌溉。如秋时播种，至翌春即可发芽，芽发后宜将湿润之草弃去，施用极淡之肥料及水，培植其芽。

扦条

扦条者，系将此树之枝，扦种于彼处。法于五月、六月、九月之间，砍柞树之枝，埋入土中，自然发生，成林更速。今将各法举列于后。

选择扦条

选择扦条，当取无病、发芽力最旺之枝者选择一根，从上部至下部一直或横斜之生处切断，或从每枝开芽之芽朵处切断因是处最易发生，切断后即埋入土中可也。

扦条法

扦条之先，须择风光透彻湿润之砂土，未扦条之时，预先将土锄松，此时宜深锄，施以人粪肥料。至扦条之时，须掘七八寸深之沟，沟底置腐烂之土，上再覆以细土，然后将枝每离五寸位之处，直立插之，四围以足踏实，慎防动摇，以免风折。既扦之后，地面宜常除杂草，并防干燥，如遇天干日，早晚以水灌之，促其根发生。

截枝法

放蚕最适之树，以下种后经八九年为佳良，其树中小枝，隔年宜剪伐一次，大干每七八年须剪伐一回，于秋季行之，自干部切断，至翌春小枝丛生，以之放养春蚕最为适宜。切断之条，若发后不适于用，秋蚕事毕后，五月、六月、九月间砍柞树之枝埋入土中，自然发生，成林更速。

驱除虫害法

柞树之害虫甚多，就中以天牛残害最甚，天牛当幼虫时，体色乳白，其成长充足约一寸二三分，长足全身变为绿色。此虫无论大虫小虫，皆有害于柞树：在小虫时，喜蚀其木髓，令树渐为枯死；在大虫时，则咀嚼嫩芽及树枝之外皮，使树渐为倾折。故害树之深者，无逾于此矣。其驱除法，以铜丝插入被害树之孔而刺杀之，或以黏土塞其蛀孔之下部，用水及石油注入而塞其上部，使自毙于树内。

义合虫，蚀叶亦颇多，概食柞叶之叶，将叶食尽至叶枯枝凋而止。又有一种青虫，颇似野蚕，损害柞树甚为利害。须时时巡视，设法驱除，法即以烟草和百部草煎汤，洗刷树枝，害食其叶即死。惟放蚕期内，切不可用，用则恐伤害蚕。

又逢五月以后至八九月，遇有西南风时，每有黑壳圆虫，形如蜣螂，千百成陈，薨薨有声。据云系土蚕所变，藏匿土中，日落始出，天明复入，既喜食叶，又喜食初发之芽，大与柞树有害，野外甚多，捉不胜捉，而驱除亦不胜驱除。如见此虫食叶时，用柴草离树一二丈远之地烧之，此虫最喜火光，见火即赴，自为焚死。又见食叶时，用大棒击树枝，将虫振落，承聚于布袋内，携至树间，用火焚之，他虫闻其气即自为飞去。

又柞树每至三四年后，树内时生多虫，谓之柞蠹，小时如蝇，大时如蚕，钻破树心，树节即因之枯萎。若树内生虫，树皮即有孔，孔外生水，若见树皮滴水，用铁丝做成屈钩，探入孔中，将虫钩出。倘虫藏匿太深，亦可戳死，如仍不死，可将树皮剜破，于其藏匿处捉之。此虫上半月头向上，下半月头向下于每月十五以前，用百部草煎汤或桐油，自眼中灌入，倘不能灌入，以铁丝裹棉，蘸桐油探入树内，此虫沾油即死。

种柞适宜之土质

柞树系自然生长之树，似无须施用肥料，即或施用，亦不过是极淡之肥料，至于土质，其种柞最适宜者，为山野之真土，其次为砂质之真土，栽植柞树之地，多半在山腹之倾斜地，若在平地，多半在沿河一带。

生长之次序及剪枝之理由

秋分后，将橡子播种于苗床，翌年春间发芽，秋时即能成五六寸之小枝，第二年春时有一尺许长，第三年即有二尺许长，第四年可有三尺余长，宜喂养小蚕，第五年四尺长，即可喂养大蚕，六年以后，树即繁茂。此后每年叶落后，须剪其小枝一次，数年后，砍其根一次。剪枝之理，系为整齐树形，可使发生齐一者也，因柞树之枝有向上伸长之势，但一任伸长而不剪去上部之枝，下部之枝营养即难充足，树势渐为衰退。此即养液运形不足之故也。

柞树林

凤凰厅地方最多，所有柞树有达一百亩者，虽其大小根不等，而以普通计之，一亩约有二百根。又柞树林有一种之小作法，其法地主以柞树林与食物贷给苦力小作人，出蚕种钱、饲育费，以其收获之几分为报酬。从前报酬之例，贷与柞树一千本，及饲育收获，则以六千颗之茧分与苦力，其余为地主所得；现时报酬之例，贷与一千五百本之柞树林，分与茧一万颗。自其一万本之柞树林，所收之茧约以十五万颗为普通之数。

柞树林之面积，约五十林为一区，即一把剪。其每把所付之课税，约一元二三角，曰"剪枝税"。柞树林亦有税，一亩林一年一百文。

购茧

购茧之方法，不秤其重量，以其个数若干为准，大约以千个为单位，饲蚕者十分之九卖茧，而卖已制成之丝及已织成之物者十分之一。又卖茧者概以良茧贩卖，所余下等之茧，以供自家制丝或织布之用。最上茧一千枚约值市价一千四百文，然时有卖一千三百及一吊二百三十文，鲜有卖至一吊者；二等茧五百、四百五十、四百不等，更有卖至二百者，其市价颇难一定。出蛾之茧称曰扣，春蚕曰小扣，秋蚕曰大扣，小扣每百斤约值银三四十两，大扣则可值银七八十两，春茧扣较秋茧扣价贱，因其茧层薄故也。

购茧要件

购茧要件，分有数端：

一、色泽。茧色以纯一不杂者为佳，无论茧皮厚薄，概易缫丝，否则不然。茧色中有黄、绿、白各种，须分别缫之，如若同放一锅煮练，恐缫时丝色生有斑点。

一、形状。大率以茧形小、缩绉疏者为佳，茧形大、缩绉密者次之。

又茧长者丝长且细，茧短者丝短且粗，欲制细丝，须择小形或长形之茧；欲制肥丝，须择大形或短形之茧。

一、厚薄。丝量之多寡，由于茧形之大小，与茧皮之厚薄，购茧者须择其厚且坚者为佳。

制茧袋法

茧购好后，须用袋盛好搬运他处，此袋普通用海草制、麻绳制、藁制三种，使用最多为海草所制之袋。幅三尺二寸，长三尺二寸，用线将四围缝合，价约值八十文、二百文不等；麻袋，幅二尺二寸，长二尺七寸，价值百六十文；藁袋，用细绳做之，长二尺八寸，幅三尺，纯入八十斤、百斤茧之重量。

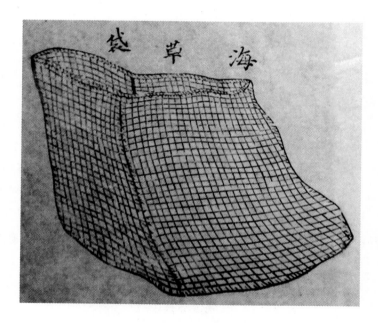

处置鲜茧法

茧当购入之际，务择其清凉之室，散布于架上，并令室中空气流通，否则发蒸生热，致伤害茧盾①，不能制精美之丝。惟散布架上之际，必须

---

① 此处"茧盾"，不知何指，存疑。

检出下等茧，置于极干燥之地板上，用木制丁字形之扒，时时翻拨，使之通风，以防蒸发之患。

下等茧选别法

下等茧〔即污烂茧〕，系老眠后罹病已死而不成蛹者，污液流出茧皮者是也。苟不将茧选出，则下等浸出之污液，必沾染良茧，而良茧被害者，致缫丝不易，丝量有减损之患。况下等茧生有一种恶臭，散发于空间，因此害茧之虫，觅迹而来，寄生于茧上，而啮破茧皮，以致不能制丝，故须从速检出，另置他处。

烘茧法

柞蚕茧似不必行烘杀之法，何也？因春蚕所出之茧，其量极少，一半已作秋蚕茧种之用，秋蚕所出之茧，至翌春方得出蛾，其间相距数月，似不必杀蛹。即或行杀蛹之法，亦不过是春蚕茧作秋蚕种，余剩之一半，恐其出蛾，不得不行之。其法，不是依炕杀，就是依太阳杀。

依炕杀，称曰炕茧法。即用架置于炕上，炕上再布箴簟，茧置诸其上，炕下用烈火烧之，于是有似落雨之声，经时即无，此时蛾必毙于茧内。将此茧置于他处，再以生茧布置其上，候茧烘毕，即盛于兜内，藏诸秘处即可。

纩丝法

奉省制丝，称曰纩丝。其纩丝有二法，一曰座纩，一曰器械纩，器械纩丝，仅烟台有二处行之，余皆座纩。今将座纩法略述于后。

座纩抽丝，广行于各地，其纩丝车之式样，皆大同小异，无甚差别。安东制丝家有二三十户，其余附近安东地制丝家，或四五户或十余户不等，大制丝家丝车有八十台乃至百台，小制丝家不过三五台。

纩丝所雇之工，十分之八系男工，十分之二系女工，男工一日能缫八百茧之丝，女工一日能缫五百茧之丝，工银每人每日一百五十文，饭食归主人供给。

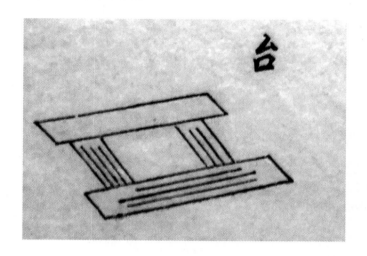

　　蒸茧之器称蒸筐，丝蔓草所制，形如长笼，口径二尺五寸，高二尺，底径二尺，如图。其容积可容万茧，未蒸茧之先，将茧盛于筐内，用盖如图盖好，放于滚水锅中，锅内先安一木架，茧笼即置于架上，笼高于锅，置之锅中仍露出寸余于锅外，再用一草制或木制之筐覆之，名曰外筐，如图。蒸茧锅边，以厚为佳，口径二尺二寸五分，深一尺，口之上面高八寸五分处，用黄土坚筑一土围，口之四边均九寸五分，成四方形，一个之价约四千。蒸茧时恐温度不匀，须用物搅拌，此物系木制之篦，俗称铲子，如图，长九寸五分，幅二寸五分。

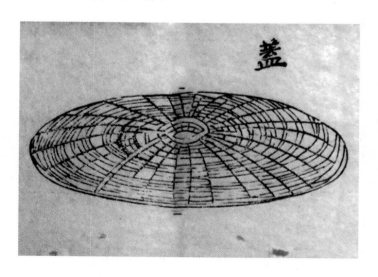

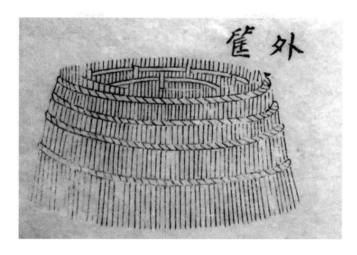

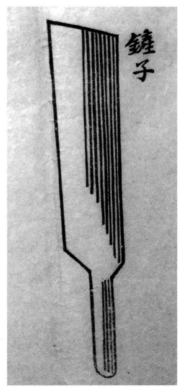

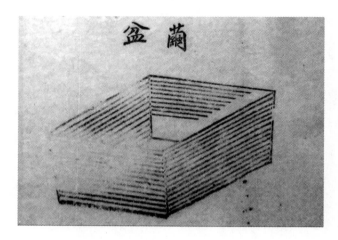

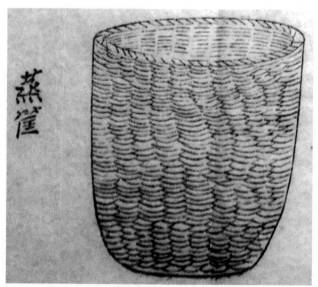

　　蒸茧一万枚，需水二担，俟水沸腾，再投入城碱〔城碱须研为粗末，方可投入〕三十两，此碱水以直隶省沧州出产为最①，多用以蒸茧。约经过七时间，则茧必已蒸至适度，再用洋碱投入，分量与城碱同，蒸时最宜注意水质，水质清洁则缫丝易而色光明，否则难缫而色晦暗。

────────────

　　① 　此处"沧州"，原文做"苍洲"；"为最"原文作"为勗"，此处皆改正。

蒸茧时所用之燃料，普通系松树之材木，间有取柞树之材木者，蒸茧一万枚，约需材木八十斤，每斤价值六百文。

茧蒸至适度之时，必闻锅内蛹香，此时将茧抓出二三枚，抽丝试之，以不硬不烂为适宜，若茧生硬，以之缫丝则缫时抽丝不利，若茧太烂，缫时容易断头，增接头工夫。茧熟后捞起，剥去外皮，盛于盆内，此盆称曰茧盆，成四角形，高三寸，边径各七寸，底边经水五寸，如图。一盆约容茧一百二十五颗，缫成后即为以纩，重量约在一两以上，缫丝之家，每以盆数计工，普通每人每日可纩七盆茧。丝之际，盆上以湿巾覆之，若仍嫌其干燥，可将布揭去，用口喷水于茧上，茧受湿气，易于纩缫。

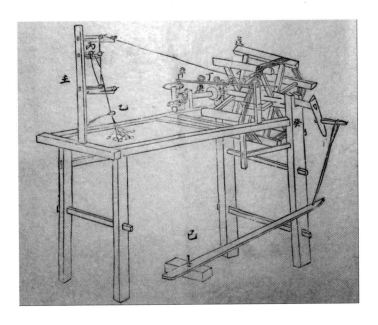

缫丝之时，将茧载于纩桌〔如图甲〕之上，载茧之多少，由纩丝之肥细而定，如纩细丝，即用四茧集成一丝，通于嘴子，即集丝孔〔如图乙〕，过木车，即鼓车〔如图丙〕，流照圈又嘴即蕨手〔如图丁〕，经过框中之戊，为附丝之器，系车之中央设木橙一条，纩工座橙之旁，设一踏杆，右足踏之，不得有快慢，未踏之前将手摇转二三回，增长活动力轮子〔如图己〕之齿车，传照账子即络交杆〔如图庚〕运动，框回转时络交始振动，

一框附有四个卷丝之器，如右方二个附丝器卷丝之时①，即使用右侧之三个鼓车，右方三个附丝器卷丝之时，即使用左侧之 个鼓车②，辛称笆子，壬称框腿。

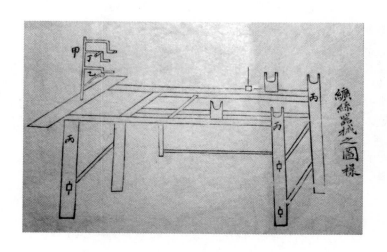

扩桌高	二尺三寸五分
扩桌宽	一尺四寸三分
扩桌长	三尺一寸五分
扩棹	正方
络交柱高	四寸二分
框腿高	二尺七寸
笆子头	二尺
框车直径	一尺六寸五分
框车腿	一尺

---

① 此处"二个附丝器"，原文为"二个附二个附丝器"，似有衍文，故此处有改正。

② 此处鼓车的数量有遗漏，原文如此，。

茧一千枚，得良丝及屑丝量，依调查情形而观：一等茧千枚，良丝十二两，屑丝三两；二等茧千枚，得良丝十两，屑丝三两；三等茧千枚，良丝六两，屑丝三两。一束丝之重量，普通以一两为准衡一束，土人呼曰一括儿，或呼一条。束有大小二种，大束称曰大纩头，品位稍劣，茧一千枚约丝八九两，小束称曰小纩头，品质佳良，茧一千个出丝十三两。纩丝输送各处，由售丝人备箱装之，此箱高二尺六寸，长二尺二寸，宽一尺四寸，一箱可容丝百斤，每五斤一包，一箱约二十包。

附：拟器械缫丝办法

查奉省辽东一带，各州县每年所出之蚕茧，实为民间天然之一大利，如果缫丝得法，自可销行各处，获无穷之利益。无如风气未开，城乡缫织各户，沿用土法，不知改良，以致卖价低贱，销路亦因之而滞，如奉天庄框丝，每百斤一包，重一千六百两，卖价在二百六七十两之谱，每丝一两合银一钱左右；洋庄框丝，亦百斤一包，卖价则在三百六七十两，比奉天多至二百两有零。推原其故，奉丝价低，并非茧质之劣，实因缫法太坏，所出之丝，质粗色黯，是以价值之低昂，遂有分别。今若设法补救，似宜于凤凰、岫岩、盖平一带产茧之区，择地建设器械缫丝工厂一座，规模不必过大，以每日能缫成五十万枚茧之丝为适度，如此所费不多，而收效亦甚速，俟办有成效，再推行各处。今按每日缫五十万枚茧之丝计算，将开厂时及常年各事件，胪列于左。

建厂

一、占用地亩：四十亩方可足用，最少亦须三十亩左右，若再少，恐嫌逼窄。

二、建筑价值：三万余两。

三、厂房数目：约用二百余间。

四、厂房式样：各房均无定式，工厂以能容六百人或八百人，光线合宜为要。

购机

一、机器价值：三万六百枝，价银九千余两。

二、马力大小：十五疋马力。

三、用煤数目：每日用煤一吨。

用人

一、管理人数：约用四十人。

二、蒸茧工人：三十人或五十人，每日三角或五角，每人蒸茧须在七千枚左右。

三、缫丝工人：六百人或八百人，每日三角、五角，每人抽茧须在八百枚以上。

四、机器匠师：四人，工价无定。

五、包缫价值：每缫丝七两工四角。

收茧

一、价值多寡：每千枚一两二钱。

二、每日用数：每日四十万枚至五十万枚。

三、出丝多寡：每千枚出丝十两，次七两或六两。

烘茧

一、作工时间：每年约作工一月。

二、用人数目：用四十人。

三、用人价值：每人每月七元或八元。

缫丝

一、框 尺 寸：宽二十寸，长十六寸。

二、上杠茧数：八茧上筐。

三、每日成数：每日成丝二箱半。

装箱

一、每箱丝量：一百斤为一箱。

二、每箱用茧：十六万枚成丝百斤。

三、箱 茧 价：成丝一箱，茧价约二百两。

四、每箱丝价：现值银三百三十两。

筹款

一、建筑经费：三万余两，地基在外。

二、购机经费：一万余两。

三、常年经费：每月九千两，每年十万八千两。

四、储茧经费：一万五千万枚，每千枚一两二钱。

合十八万两。

附：织绸业

织柞蚕丝，凡产茧地皆有织，机器一台价四千一百文乃至四千五百文不等。

织工之工程及工银

织工悉用男工，就业时间每日自天明起至午后六时止，其间分为四回休息，饭由主人给之。日长，一日可成一匹，日短，三日可成二匹，大幅五日方能织成一匹，每匹织工约五百文。

匹之原量及大小，不能一定，普通每匹三十两乃至五十两之重，织绸三十两，掺入他物后即可得四十两，二十三两绸之种类有四，今说明于左。

清水洋绉，宽一尺四寸五分，长五十二尺，重量二十五两内外，值银五两。

小洋绸，宽一尺一寸，长五十二尺，重量十两内外，值银三两八钱。

讣宽绸，宽二尺，长五十二尺，重量二十八两内外，值银六两八钱。

府绸，绸面粗劲而现皱纹，此曰"鸡皮"，其次曰毛绸、水绸，俱出于府绸之先，品虽最下，而名目独多，其双经单纬，此曰双丝绸，单经双纬，此曰大双丝绸，单经单纬，此曰大单丝绸，又曰小单丝，既疏且狭，此曰"神绸"。

贩卖茧绸时，欲增重量，非用他物搀入不可。至加重之物及其方法，丝用土粉子〔栖霞县产出〕，将土粉子黏为粉末，欲织绸一匹，用七十两至二十两之粉，放入沸腾之水中，使其溶解，俟汤微温之时，将丝浸水内，约片时后取起，曝于日中，使其干燥，织扣容易，亦颇有效力。土粉子之价，一斤约值银四钱乃至六钱。

府绸以轻重计，重量愈高，其价愈贵，渐轻则渐减。机户欲增重量，织绸时用米粉或绿豆粉敷于粉面，米粉则用胶以平之，绿豆粉以则用粉以平之，下机后又敷之以粉，再平之以胶，然后用熨斗将粉与丝熨化，则重量可增十分之三。水绸论匹不论量，故无此弊，惟加染时，其青色、紫色、大红、天青、佛青、岗青，各用蜀黍敷之；黄绿、淡绿、鱼肚白、喜白、水红、桃洋蓝、棕色、秋湘、玫瑰诸色，则用绿豆法敷之。

《橡蚕刍言》

整理说明

　　《橡蚕刍言》四卷，清代孙尚质撰。孙尚质，生平不详。按照此书序言中所称，孙氏是施南府（今湖北恩施等地）的士绅，当时已七十余岁高龄。他将书稿送给知府张寿镐（光绪三十四年任施南府知府），张阅后认为很好，便命陈孝濂加以修饰、润色，并付梓、分发。

　　《橡蚕刍言》一书中，卷一为"种橡撮要"，卷二是"蚕具预备"，卷三为"育蚕要务"，卷四是"缫织宜勤"。书中所载内容和技术联系当地生产实际，与通行的柞蚕生产技术有所差异，是一本很有地方特色的柞蚕书。此书是由知府张寿镐下令印行，故通篇有极强的劝教特征，是需要尤其留意的。

　　此次点校，依据的底本为光绪三十四年（1908 年）刻本。

《橡蚕刍言》

【清】 孙尚质　撰

序

施南介湘蜀之间，为鄂省最西之边郡，其地峰峦层叠，林木童然，实彼苍储百千年来阳嘘阴吸之土脉，以待斯民讲树艺之学。惜风气未开，无竭力以提倡者耳。予涖任数月，于化民训俗、兴学劝工之余，尤以禁种罂粟，讲求森林为急务，并于本署东偏，新设广益厅，每届星期，接见商学界诸君子，及城乡耆老之有德望者，殷勤询以地方宜兴宜革之事，而注重者尤在振兴实业。孙绅尚质，年七旬余，热心公益，条陈说帖，颇有可采，而于橡蚕之学，尤有心得，以所著《橡蚕刍言》进，正省中大帅委员来施，劝办橡蚕时也。予阅竟，喜其办法具有条理，虽意义未必尽，亦足为种橡饲蚕之一助，因嘱陈生孝濂修饰词句，重加润色，许以付梓；一面提拨公款，广购橡子，相度土质合宜之官山，以备及时栽种，并拟筹款，特设种植局农林学堂，切实提倡。因将是编刊刷多本，分发阖属小学堂、宣讲所，认真讲演，并劝导扩充，设法奖励，严禁盗伐。务使地无弃利，民有资生，行见不数年间，露叶成阴，雪丝登簿，化旷土为沃壤，游女尽礼蚕神，罂粟之害绝而橡蚕之利且倍蓰以偿之，无负予殷殷提倡之盛心，是所望于施属者讵有涯耶？

光绪三十四年戊申冬月

勾东张寿镐序于施南府官廨。

目 次

种橡撮要卷一

蚕具预备卷二

育蚕要务卷三

缫织宜勤卷四

《橡蚕刍言》卷一

种橡撮要

施在万山中，林木茂密，橡树尤多，从前风气未开，供薪樵之用而已。近世研究实业学者，谓是树有无穷之功用，其叶尤为山蚕食料，天若特辟此利源，以保我山乡之富庶也。但未经种植，树高叶瘠，不堪饲育，欲业山蚕者，宜先辨别种类，考求树艺之法，故以种树为第一要义。

辨橡槲栎

考橡树之名不一，江南曰槲，楚曰橡、曰青楙、曰花栎树，蜀曰刚木取木质坚强之义，实一类也，而其形态则有种种之区别。橡与青楙，叶有大小尖圆之殊，皮肤有绉纹黎灰之异，橡肤嫩，其皮呈青黎色，纹多绉，叶片有棱窐，尖圆而长；青楙无绉，其皮呈青灰色，结子与槲树同；栎似橡，叶微圆，背面筋脉较少，结实亦略小，观孕实之球，刺如蝟，仿佛又似榛栗，橡栎壳内之仁极丰肥，皆具椭圆形，壳色金黄，光润可爱，其功用亦同。

选留种子

橡至秋深，正球实将落之候，须择阳山气厚地土，长养七八年之树，俟破球时，拾其肥壮全无损痕者，曝以秋阳，储作种子。或贮竹筒，或贮瓷罐，密封秘藏，置高燥之处，或挖窖深埋，毋令见风日，庶免鼠咬虫蛀霉烂之虞，好作来春之用。

栽种橡树

栽种之法，必审其气候，察其土质，暖地则宜秋季黄落之时，寒地不可不待冰雪消解之候。凡橡树，除甚阴湿之地，皆易生长，然最适于平原、高阜与夫砂土相杂而表层厚之区。耘成畦町，两边作沟渠势，始用大铁锹，长二尺许，椎击入土三四寸，以粪浇之，攙以窝熟之渣滓、粪秽等物，拌合松匀，播诸窝内，随撒橡子一二颗，以土掩之，晴日则浇水二次，不半月则蓓蕾出土面矣。亦有山势欹斜，岩石相兼之岗阜，或扁砂土、黑砂泥、赤砂杂碎块者，排水最便，无不宜于区种。顺其地势以锄之，粪水、渣滓约填二三寸厚，布置均匀，下种子十余枚，覆以土，作凹形，晴则浇以水如前法，到冬季另壅肥草于区面，作凸字样，三年成林后，必伐其树枝一次，不许长高，便于架蚕。

护持乳苗

植物之生，由核仁化胚胎，而达萌芽，是谓乳苗。斯时正宜保护，缘种子伏土将胚，汁味甘香，最防雀啄、虫啮、鼠食等害；破土喷芽，又恐牛羊践履。过干燥则须根难生，频经灌溉则易遭霉烂，不开阔则空气不易疏通。或遇烈日炎天，浇水尤忌灌顶，即至根泥坚固，须锄松其土，再以肥水沿根浇之，以滋化育。蔓草丛杂，尤宜蕲除，勿使浸占粪力①，吸夺养气。

择地移栽

苗长一年，移栽大块山厂，俾其易于成林，便于照料。其地，以黄土、赤泥为上，乌沙、黑泥次之，碎石杂土又次之，无论区种、排种，相距以三尺内外为衡，区种每窝匀布十余株，排种每窝三株鼎立为合式，周围约深六寸，灌以粪水，以土覆之，仅露枝梢于土面，令其直立。分栽之期，须在雨水节前后，冬季割去正身，来春甫屬，每株留三屬，余尽摩去。若遇斜邪坡厂，栽宜上墩之下，铲削上墩泥土，培壅下墩为要，但灌溉时，不可骤用生粪及便溺等类宜兑半水，以杀其猛烈性质，方免烧根疫叶之害。

橡树作用

叶堪饲蚕，取丝织绸，可以远售洋庄，近货商埠，辟利源而塞漏卮。山居之人，剥其老皮以代陶瓦，西国取以熬胶，名曰橡皮胶，足供制革厂之用，日本神川模护厂，能造器皿一百余种，皆此橡皮胶为之。橡子壳加以皂矾、纯碱，可染本国各种丝绸、湖绉。仁含粉质，可磨腐食，搀以豌豆，提成粉丝。树枝为民间柴炭大宗，根可结菰，名曰"蚕娘菰"，根老篼腐，生耳子、香菌。于其上有此种种作用，遂增无上之价值，从前目为樗栎庸材，殆未一一考究之也。

《橡蚕刍言》 卷二

蚕具预备

古者农桑并重，诚以十年树木，费在目前，利在日后。近世如陈文恭

---

① 此处"浸"字，似应为"侵"。

公抚陕，广行山蚕檄文，宁羌刘州牧、遵义陈太守，皆以劝兴山蚕著绩。施地土脉深厚，无地不可以栽橡，亦无家不可以养蚕，有斯世斯民之责者，广为劝导，或由公家出资本，或由民间集公司，研究实业，修理蚕具，聘精于蚕业者为之师，因民所利而利之，未始非裕民之本计也。故于种树后，列蚕具一篇。

预造蚕房

蚕之病疫有二一由收茧不得其法，一由藏子不得其地，其关系均在乎蚕房，故欲蚕之不患疫，莫如择高爽清凉之地，修茅屋一大间，基址三级避地潮也，四面筑土墙，各开一窗，间以木格糊以纸，门户用布帘覆遮，外以草帘护之，梁上多悬桑皮索，俟蚕子散毕，悬其连蚕子在纸曰"连"于桑皮索上，勿令鼠啮，且不可摺叠包裹，致闷坏不出。今之农家房舍湫隘，烟气薰蒸，蚕子先蕴热毒，故乘春而病发也。室之四隅，各挖一火坑，坑面筑土圈，中央亦然，预备异日烘茧之用。

筑造火炕

茧丝原以生缫为上，倘缫之不及，蛾必破茧而出。古人有蒸馏之法，然不逢烈日炎天，反多霉烂，故火炕在所必需，其筑造之法，以土砖封砌若床榻形高二尺有奇，宽二尺，长五六尺不等，于炕之档头，开一火门门底须入地数寸，高丈余，宽六寸进高过宽，不能紧火，进火门内离六七寸作一火窝令火易燃；距炕面八寸，安横木桥子多根，如床之横档样。另编一箉摺，留小孔眼若米筛，平铺木桥子上，盛茧于内，下用火炕之炕之固宜大火，但亦不可过烈，恐丝脆，蛹索索若骤雨，候经时无声，撤下已炕之死茧，另上生茧炕之。炕毕，盛于笾，售则肩诸市。

脚踏车式

用木造一地平方架，长二尺五寸，阔一尺五寸，在二尺五寸之中，竖一方木桩，高三尺，径二寸半，于近上三寸处安一横木，长五尺半，径一寸半，此安定纺缫之处欲安多定则横木直桩宜加阔，木梢头留二寸许，安一木牌，高二寸，厚七分，宽与横木齐，上刻小口如豆大，以容定项，对牌口后桩上钻一孔，在孔口内栖一细竹筒，以容定尾，定长一尺，在尾项中贯通一木毂辘子长二寸，径一寸，周围列渠子一道，以承转絃若安多定，以牛皮条代之，纺木棉便得二三倍速也，再于桩上离地平架八寸处，安一铁轴，长九寸，大如小指，轴上贯以车轮，轮用木板六条，俱长一尺五寸，厚七分，阔二寸二分，以三条正中斜锯唧口，扣成半轮式，将二式对合，距四寸半，在轮板中分一半之半处，分安撑桄六根，便成一轮，轮周用絃攀紧，俾絃与定攀住，又在桩之对面地平架上横一木枋，与地平架齐，枋中间立一矮木桩，桩梢削尖，以承脚踏板近中心处刻一火窝，如指头大，深二分，活套于矮桩上，踏板一头安铁搅杖，擩于轮中近轴处孔内。其式如此。

编制茧箔

用二寸宽、一寸厚、一丈一尺长木枋二根为直木，二寸宽、一寸厚、五尺长木枋二根为横木，合作长方形式，两头留柄五寸，便于抬移，其底用粗篾织成席式，以钉细钉成箔，作收茧之用。以外若蚕筐、篾篮、槁帘、蒸笼，与夫炕床、抬火炉、火枪、水枪、锄、镢、镰、锯，及一切应用器具，皆须预为制造。

《橡蚕刍言》卷三

育蚕要务

蚕食裕，蚕器备，农家山户饲养有资，而因时变易，自配蛾、产蚁、上树、催食，及治蚕疫、防蚕害，一切应留意之事，正宜组织完善，勿怠勿荒，计在山守四十日内外，稍涉不慎，全功顿废，蚕业难期发达，坐此大利不兴，良可惜也。因标之曰育蚕要务。

山蚕源流

自黄帝元妃西陵氏，教民育蚕，治丝茧以供衣服，天下无皴瘃之患，而蚕事兴焉。洎于少昊，以鸟名官，而九扈为九农正，其一桑扈，为蚕殴雀，可见唐虞以前，皆山蚕耳。《尔雅》："山蚕有四种，曰椒茧，曰欐茧，曰萧茧，曰樗茧。"知足以供蚕食者，非仅桑叶而已也。东汉光武时，野蚕成茧，披于山阜。明末生欐树之上，然犹未知创兴其利。国朝康熙年间，山东曲阜诸邑，以橡、欐、栎、青棡等叶饲养山蚕，颇获厚利，由是而流布于河南之鲁山、南阳、邓州、汝光与贵州之遵义一带，计每岁豫、黔两省进款，不下数千万两。施地有橡树以供蚕食，所宜合主伯亚旅，致力于此也①。

蚕茧形式

山蚕又名野蚕，亦名土蚕，长有四寸之谱，形如鸡卵，其粗如拇指，肤有红、黄、白、绿、黑色五种。茧有三种，白色带灰者上，黄色带灰者次之，全灰者又次之。性耐寒，饲养尤易为力。以外又有枫蚕，生枫树上，形态相同，大小相埒，惟肤黑多毛，茧色黑而丝韧，洞穿多孔若鱼网，蛹居网中，禽鸟能洞视而不能剥啄，或有美其名者曰沉香茧，取丝织绸，呼曰枫香绸今贵州多有之。他若臭椿、萧、艾、柞树、槐树、马桑树，蚕生其上，皆可作茧，则山蚕之种类多矣。

觅购茧种

天下大利，务农而外，蚕丝为重。橡树成林之侯，欲兴蚕事，必觅茧种，近今若河南之鲁山、贵州之遵义，皆可购办，惟茧病有三：大而厚，特不封口，值口有黑迹而湿，是曰油头，口封而汁湿，是曰血茧，二者蛹皆馁，为败水所渍，则善亦败；其薄而不坚者曰"二皮"，茧之未完者也，皆须汰去。择其白色有精光者，备以价，挑运回籍，途上最忌日光烘茧，故役夫往往长夜奔驰，不辞劳苦。

烘茧出蛾

春分节前后，遇烘茧时，燃火于蚕房之坑底，中开一孔眼，透放其

---

① 出自《诗经·周颂·载芟》："载芟载柞，其耕泽泽。千耦其耘，徂隰徂畛。侯主侯伯，侯亚侯旅，侯彊侯以。"

烟，俟火气充满室内，撑开四窗，钩起门户帘幙，吸空气而除炭气，更将地面洒扫洁净，另用抬炉焚柏烟，环室薰一钩钟止，掩闭窗帘，然后穿茧百枚为一挂，悬房中，置寒署表测其冷暖，总以室之温度与茧蛹所受之温度平均如一，天气寒加抬炉以助暖，天气热起帘幙以迎凉。本四十日出蛾之期，加以人力，原可缩短旬日，今之采茧者不然，往往缫丝不及，蛾自茧出，便以为种，或以茧堆置箔上，罨压薰蒸，因热而出，其母先病，子安得不受病乎？

精选配蛾

作种之茧，日数既足，值寅、卯时，阳气畅达，蛾以口涎吹破茧孔而出，第一日出者名苗蛾，末后出者名末蛾，皆不可用，惟中间一两日出者可用。若有黑翅、秃尾、焦尾、焦脚、黑身、黑头、光背、赤肚、无毛者，均须剔去。

交蛾产卵

蛾初出时，雄雌分作二处，俟其出齐，配之成偶，放行筐内，以四百偶为率，合之以盖。必须关闭门窗，毋令受风，拆时不可太早，太早则明年多不眠之蚕，亦不可太迟，太迟则明年大眠后，多高节而拖白水之蚕。候至次日对时，拆去雄蛾，将皮纸两层，预先裱糊铺于筐中，排列雌蛾于上，疏密宜匀疏则子有空缺处，密则子有堆积处，不过半日，子已散满矣。明晨将蛾取下，与雄蛾俱散于草上，至十八日后，掘坑埋之，上盖稻草，掩之以土，庶免禽虫残食。

浴连温卵

散卵至十八日，择天气晴明，日未出时，以长流水浴其连，约一顿饭时，浸去便溺、毒气，仍悬原处，至三伏日及腊八日，再如前法浴之。又或于腊月十二日浴谓蚕生日①，将春蚕种铺筐中，用石灰泡水澄清，浸半日取起晒干，再浸盐卤中，三昼夜取起，至河中濯净，置风头上住其暴露八

---

① 此处"浴"字，似应为"俗"。

日收下，则无力之卵尽死，留者皆强健之种矣。若欲卵生为蚁，蚁变为蚕，须将室之火坑内燃以炭薪勿令过热，起窗帘放出浮烟，以所浴之连，仍悬桑皮索上，即行掩闭门窗，不教寒气内侵，不十日蚕卵孵化矣。

上树催食

蚕出卵，如针细而黑，即以橡枝置筐弦，听其能自移动时，始架树杪名曰上树。另纳橡枝于筐，迟半句钟时又上之①，列作首班，次日出卵之蚁，仍如前法，列作二班，蚁至三日已到出完之候，列作三班，再迟者不用不用之蚕，有分置喂养者，名废弃班，所成之茧，仅作制绵用。蚕食叶将半，用钢剪断其枝条②，暂置筐中，转移他树，是谓催食。天气晴明，七日则眠，眠勿与食，经昼夜脱壳而起，谓之头眠。初起，与食不可过多，又七日二眠，到三眠时，渐孕丝肠，皮肤恍呈五色，大约每树之蚕，布之宜稀，移之宜勤，向食宜饱，眠后宜饥，计二十八九日而老，迟亦不过三十一二日，而养蚕之事毕矣。

勤慎防害

蚕在树间，头眠将及防螺蠃，眠起初壮防蜻蜓，方二眠防山蜂，夜间防蝙蝠，漏尽将曙防阳鸟，辰巳时防乌鸦喜鹊，午未时防虾蟆，三眠后蚕已孕丝，防山中蛇鼠。欲除其害，在搜焚螺蠃、山蜂之窝房，舞长竹条以逐蜻蜓、蝙蝠，闻竹枝舞声，误认蚊蚋飞来，趁其鼓翅就食，触竹即毙，阳鸟、乌鸦、喜雀畏火枪③，闻爆竹声即可远举，虾蟆、蛇鼠，皆穴居，以木屑、石块填塞其孔，而害蚕之患以除。

预防蚕病

天久阴雨，蚕病疫，焚以苍术、柏叶，天气亢阳，蚕受暑，调以六一散水，纳入水枪，击于树梢，此防天时之害也。间有无知之徒，破坏公益，以麝香、冰片、潮脑、硫磺、火硝、雄黄、大蒜等药物，暗中谋害，

---

① 此处"半句钟"，约等于半个小时，30 分钟时间。

② 此处似脱漏一"剪"字。

③ 此处"喜雀"，似应为"喜鹊"。

投于蚕食之树，致蚕以死，亦业蚕者之忧也。欲求治法，平时多积黄牛粪，晒干堆存，临时杂以橡槲枝叶、甘草末，燃之以火，喷起清烟，顺风吹入蚕林，诸害悉治。惟蚕受蒜汁、硫磺末诸毒，非速煎甘草水、绿豆汁洒之，以解其毒不可。

收茧赛功

茧成，蚕事既登，有未茧者，移之他树不移恐摘茧时碍食，次第候其韧摘之。盖茧成时，蚕自泻白浆浆其茧，必七日浆始干，茧韧始可摘；若湿摘之，则其茧必坏。然须顺其山势，依其行列，挨次收取，毋搦使馁中败曰馁，毋按使凹外不圆满也，筐载而归之厂，剥叶时必顺其系，逆则伤茧。宜汰其病，存则疰茧虫蚀也，留则生虫，兼疰善茧也。近山者毕而归之家，与司事人役置酒相贺，分茧之多寡，以定功之上下。

迎凉去腐

茧已收回，置高爽清凉之屋中，用帘箔多张，匀铺薄摊，以透风凉而解潮润，不可堆壅郁蒸，压伤茧蛹。凡两蚕共作之同功茧，蛹死霉烂之尸茧，两头露孔之破头茧，又有此茧遭彼茧之粪尿污坏者名汗茧，及薄质而仅成其半者名废茧，皆不能作缫丝之用，一概检去，另置一箔，为制绵纺纱线之原料。

排笼蒸茧

天气渐热，三日不缫，蛹既化蛾破茧出，好丝必变为乱丝。宜鳌独灶，置茧锅，安排竹笼，架锅蒸之，以便陆续缫取。锅盛荍灰水，候沸极，将装茧之笼，铺菜叶于茧面，合笼盖安放锅内，见气将沸盖，因揭盖提笼，倾入帘箔晒之。总以茧蛹干燥为度，方可贮存耐久。

补养螺蚕

蚕不交而生者为螺蚕。螺蚕一岁再收，非不利也，然而王法禁之者，为其残桑也。今橡树畅茂，何妨再蚕？大凡天气融和，其蛹蛾必有破茧而出者，安放凉箔之上，俟受养气足，拆去雄蛾，将雌蛾匀布于橡树丛密之处，一二日自能产卵于枝叶上，卵化为蛾①，便能食叶，看守喂养，悉如前法，不日即成蚕矣。惟此蚕六日一眠起，间有四眠者，总之至二十六日而老，近白露节结茧，其收成较春蚕占八九分之数，选其坚韧者，储作来年种茧。

造器藏种

螺蚕选留之种茧，非造器贮藏，不能避潮霉、绝鼠患，供来岁之用。造器之法，削指宽篾块，编成疏密孔眼，作方圆形式之篓子，另加柱篾撑持，避鼠啮而透空气，中空，宽二尺，深三尺四寸，另加三寸之盖，内安架格，每格三寸一分，让出格篾地位，合上下计空十格，按格贮茧，安置高燥房中，或凭空悬挂亦可。至于门窗，须不时开启，引风入户，以收潮气，此为最要。

《橡蚕刍言》卷四

缫织宜勤

蚕功报罢，缫织方兴，纂组之精工，西人以机器代之，中国以人力成之，显有劳逸难易之别。然古圣王山龙藻火②，肇起冠裳，五色成文，七襄制锦③，技艺之良，夫亦足擅胜场已。诚能不弃美利，认真经理，则布缕日裕，利源日开。施虽岩疆，实不难媲美上国也，故终之曰缫织宜勤。

---

① 此处"蛾"似应为"蚁"。
② 此处"山龙藻火"，指唐宋以来服制方面形成的"十二章"制度，特指天子服饰上所绘绣的十二种纹样：衣绘日、月、星辰、山、龙、华虫称上六章；裳绣宗彝、藻、火、粉米、黼、黻称下六章。
③ "七襄"，《诗·小雅·大东》："跂彼织女，终日七襄，虽则七襄，不成报章。"郑玄笺："襄，驾也。驾，谓更其肆也。从旦至莫七辰一移，因谓之七襄。"明代周祈《名义考·七襄》："七襄，织文之数也。《诗》意谓望彼织女，终日织文至七襄之多，终不成报我之文章也。"一说指代织女星，谓高超的纺织技艺。

绎茧出丝

缫丝之时，另备适用之锅一口安灶上，锅内盛清水，俟沸腾时入碱少许，下茧百枚，以竹筋不时拨弄，丝头将出，用铁丝漏瓢捞起，另倾盆内，以清水漂去碱味。去灶一尺置缫车，司缫者执缴竿缴其茧，和其丝，引其绪，去其襹，司火者节火力，足踏丝竿，竿连绳，绳运柄，柄运车，车底五寸置盆火，火以炭，毋猛，使丝旋干。丝之粗细，视聚忽之多少，少则细，多则粗。

制练茧绵

茧绵与木棉，非纺制成纱，均不能任机杼之工，然木棉丝短力软，纺弹较易，茧绵丝长力劲，制练不熟，丝绪亦难引而弥长。其法，杂集出蛾之空茧、同功茧、汗茧、破头茧，用竹筐盛之，俟锅内水沸下碱于内，匀泼茧上约五六次，覆以箅盖，蒸半时久，倾入清水缸内，洗去碱质，用盆盛住，以待别用，再换清水浸淘晒干，预备暇余纺织。以外有缫余之汤茧丝头乱者，未成之病茧，吐丝未半之弃茧，吐不成丝之乱头茧，及剥茧外之蒙绒，将剩余盛住之碱水注锅中，烧极热，入杂茧，煮一二沸，盛之盆内，俟五六日，茧水俱臭，绵已熟矣。

纺绵集縲

纺时用温水浸透其绵，分别色道，拈起丝头，架脚踏车纺之。法，将苇筒贯于车之铁定上，露出定尖二三寸，以蜡弦缠绕苇筒，两脚踏板搅杖转动车轮，左手握筋，顺后轻提，右手横扯丝头，丝绪抽长，时以左指缝夹线，上提收缠苇筒，约一两重，成为縲子名曰缕纱，即行卸下，再换苇筒，陆续纺成，以待经织。

绞线课工

绞纱线一法，幼年子女亦易学习，故勤于课工者，即携弟妹牧牛羊之时，亦可操作。法以制成之干绵，因木槌擂击，俾丝芒松匀，如弹好木棉状，圈成大围，系竹竿头上，竿尾插腰际，加带缚好，另用骨头旋即牛腿骨一根，长六寸，中安一铁钩，长四寸半，均无偏欹，左手分拈竿梢，即以大捲丝芒，拴于铁钩根骨之上，芒缕绞缠钩尖，右手拨转骨头，旋绞成线，引牵下坠，渐次拖长，即缠收钩根骨面，日久积多，自可织成茧绸。以外有成章片之絮绵，充铺衣紬被用，绞之亦可成缕。

浆缕上籰

绵纱成缕，候天气晴明，必浆之方受机杼。浆水以糯米熬汁或麦面亦可，应将积存之繰子，缠筏头入热浆汁中，拌揉翻拨，以木杵轻轻捶擣，不见浆卤为佳。以筏圈穿挂椽上，一头用短杖穿入旋扭旋捭，风拂日烘，以缕绪干散不粘连为度，然后分别粗细，再用络车缠于籰上，作经纬线之选用。

牵缕上机

线缕浆后，缠聚于籰车即竹制六楞络车之上，晴日用工师理之，排丝籰数十个，贯串于经丝板上俗呼"撑杆"，板背竖摇竿多根今有改用檫架者，由丝竿圈中穿过，检齐头绪，往来牵引，勿令断续，理成经缕，收于刡床之上，令缕从经篦缝中引过，拴于捲轴，视缕绪铺有丈余，中撑一檫架，执缕刷略蘸稀浆水刷之，干时复刷油水，俾滑润易织，糊绺俱无，精其艺者，必能作锦绣文章也。

《橡蚕新编》

整理说明

《橡蚕新编》不分卷，清代许鹏翊编撰。许鹏翊，河北省昌黎县人，生平不详。据民国二十二年《昌黎县志》卷六《人物志》载：许鹏翊，戊子科举人（1888 年），"候选知县"。清末任吉林山蚕局试办山蚕委员，推广柞蚕放养，成就颇大，著有《橡蚕新编》（1909 年）、《柳蚕新编》（1910 年）等蚕书著作。清朝灭亡后返乡，《昌黎县志》卷四《物产志》载："邑人养蚕者甚少，逊于临榆，近经许鹏翊提倡，养蚕者渐多。"又同卷《实业志》载："蚕业，昌黎不甚发达，山居人家养蚕者较多，各村镇养蚕者甚少……近邑人许鹏翊发明柳蚕、橡蚕，在靖安堡、椹子庄实地试验，颇著成效。"根据这些仅有的记载，可知许鹏翊返乡后仍然在从事野蚕放养事业的推广工作，对此项产业不可不谓极其关注。

《橡蚕新编》中的放蚕技术，基本上来自山东、辽宁等地，但同时又结合了吉林当地的具体情况，从蚕业技术的普及方面来讲，此书的质量还是很高的。《橡蚕新编》在出版后，其他省份中也有据此再版者，如云南省实业司即曾出版过铅印本。《柳蚕新编》二卷，是许鹏翊在吉林山蚕局推广柞蚕成功后，又试验蒿柳养蚕成功，遂撰成此书。在《柳蚕新编》正式出版之前的宣统元年（1909 年），吉林劝业道张瀛曾在该书基础上，删编而成《吉林省发明柳蚕报告书》，内容简单，仅五千字左右。

此处《橡蚕新编》的点校底本为宣统元年（1909 年）吉林劝业道署

铅印本；《柳蚕新编》的点校底本为宣统三年（1911 年）安徽劝业道署翻印本。此外，吉林省档案馆编有《清代吉林档案史料选编·蚕业》一书（内部发行，1983 年），其中亦收录《橡蚕新编》一书，可参看。

《橡蚕新编》

【清】 许鹏翊　撰

《橡蚕新编》广意

一、本编以蚕事之不兴，斯衣服之无出，所以民生凋困，国用空乏，同人忧之，特以振兴蚕业，教育蚕事为主。

一、辑者中国人，言者中国事。公事之余，著为斯书，名曰《橡蚕新编》。其说悉采自我中国者，合乎民风，便于实行，各宜深加体验，以求进步。

一、言取其简，意取其明。不尚词华，不涉理论，实不足供大雅之一噱。而有志蚕事者，一见能解，不至叹为望洋。务使衣被万民同沾利益。

一、种棉则天寒，栽桑则利缓。橡为吉产天然蚕食，不待外求。大利斯兴，用辑成书，以为先导。

一、养家蚕书，汗牛充栋。山蚕之说，落落晨星。辑为斯编，人可取法，狂妄之讥，在所不计。

一、养蚕始于黄帝，屦丝贡自青州，中国兴之，中国学之，本古法也。热心实业诸君子，幸有以提倡而提议之。

一、织造之业，由丝而兴，能我育蚕，产丝必富。从此讲求织造，可以富国，可以裕民，是编之用，岂浅鲜哉！

一、身无论强弱，家无论贫富，皆可育蚕。能极力图之，斯国无游民，家无废业。是编之益，医贫良药，保产良图。

一、货弃于地，贻笑全球。若以橡饲蚕，寸木尺山，皆成利薮。勿生疑惑，勿作旁观，急阅斯编，以专大利。

一、一人放蚕，一家饱暖。放蚕之人，愈多愈好。比户可封，幸福不小。作者苦心，莫以浅近忽之。

一、墨守成规，老拘故智，腐败已达极点。斯编名虽从新，法皆仍旧，其去腐败也几何。惟望阅者作为基础，别有发明，以尽养蚕能事，拘而守之，非作者本意也。

一、缫丝、织染法无不备，俟后分科设场，再为类辑，以广其说。

一、斯编之辑，遗漏良多，海内同志，知蚕事者，悟有新理，试有良法，务乞函告，以便改良。

《橡蚕新编》 目录

放蚕俚歌十八章附后

辨说

橡有数种，亦有数名，曰苞栩、曰苞栎、曰朴樕、曰柞、曰槲，皆古名也。曰青枫柳以其皮青故也，曰白皂子以其皮白，故名，曰驳栎叶以其叶大，故以叶名之，其实长，其斗不可染皂，皆今名也。然皆新叶将生，旧叶乃落，其实梂音求，盛实房也。橡句斗橡碗也，即盛实之房可染皂。《周礼》掌染色注谓之象斗①。今外洋用其皮中之液熬胶，亦曰橡皮。是树之名不一，而其实、其斗、其皮皆以橡名。此书专以橡蚕名者，从统名也。

柘叶亦可饲蚕。养家蚕者，桑叶缺少，可于三眠开口时，令食柘叶两三次，大眠开口时，令食柘叶五六次，可省桑叶。放山蚕者，不可取柘，且吉省少此树。

椿树亦可放蚕，亦分春秋二季，名曰椿蚕。丝更好，利更大。其看守挪移诸法，一如橡蚕。一月即可成茧，但吉省无椿树。

椿蚕头眠起后，移置花椒树上作茧，最佳，极贵，且织绸永无生虫之患。惟吉省亦无椒树。

又有一种蒿柳可放山蚕，兼可养家蚕。叶细长而尖，蚕食之发生最速。挪移一如橡蚕。月余可以结茧，其色微红，丝量尤重，吉省处处有之。惟此树多生于下湿地方，雨水一多，看守不易，故放者甚少。

豆叶，山蚕亦食之。奉天放蚕之家，有将山蚕移置豆叶上者，作茧略同橡蚕。然吉省橡树极多，无取种豆放蚕，另费一番工夫。

橡蚕杂考

《周礼》注云："秋取柞、楢之火"②，是柞木之属，皆金木也。虽叶有大小之分，实有长圆、混圆之异，木有高大、丛生之殊，斗有可染皂、不可染皂之别，皆宜放山蚕。

《禹贡·青州》："厥篚檿丝"③。檿丝，即山蚕茧丝也。今山东放山蚕

---

① 此处语句有不通之处，按《周礼·天官·染人》："染人，掌染丝帛，凡染，春暴练，夏纁玄，秋染夏，冬献功。"估于此备考。

② 此处引文出自《周礼·夏官·司爟》郑玄注。

③ 此处引文出自《尚书·禹贡》："莱夷作牧，厥篚檿丝。"

者尤盛，其所由来者久矣。

黄帝元妃西陵氏，始蚕卵生为蚁，蚁脱为眇音苗，眇脱为蚕，蚕脱为蛹，蛹脱为蛾，蛾脱茧复卵。

蚕阳物，属火，恶水，故食而不饮。《周礼》有原蚕之禁，谓蚕盛妨马，以蚕马属也①。然山蚕宜有雨露以润之。大旱之年，橡叶枯槁，蚕亦饥死。宜用水浇其树根，复用喷筒沃其橡叶，蚕得湿气，可保无虞。

蚕皮为蜕，屎为砂，卧曰眠，蜕壳曰起。山蚕亦三眠三起，近北方多四眠蚕。总之，十一日一变，四变而老，七变而死，盖气化物也。自穿茧至摘茧，须三月之工春蚕有春分后穿茧，夏至后摘茧；秋蚕小暑后穿茧，寒露后摘茧。

《传》云："男女同姓，其生不繁"②，物类亦然。本地蚕种过二年后，即须换种一次。如省南放蚕，换省北种；省北放蚕，换省南种，蚕始发旺少病。近奉天、山东放蚕者，皆知此法。蚕种宜换，人人知之。惟天气有寒暖之分，水土有软劲之别。天暖之种，换至天寒之处，蚕易生病；天寒之种，换至天暖之处，蚕多发旺；水软之种，换至水劲之处，蚕易生病；水劲之种，换至水软之处，蚕多发旺。换种者不可不明此理。

蚕性总论

凡蚕食叶，皆自下而上，如上叶食尽，必下行枝底，再以头向上食之，蚕性喜高恶下故也，如有下垂之叶不食。蚕喜红色，恶白色，红色养血，白色伤血故也，放蚕之场与盛蚕之筐，皆须挂以红色之布，以防孝服人偶过其旁，致蚕与种受病。蚕蛾配对时短，则元气未足，子多不出，其出者多不眠之蚕；配对时久，则受气多浊，蚕易生病。大约子时配对，午后拆对。雌蛾产子已完，宜令其伏在蚕子上，一日夜之久，已养其气。生蚁后，始发旺少病。蚕在茧宜温，春蛾宜暖，夏蛾宜凉，生子宜寒，生蚁

---

① 此处"原蚕"一词，出自《周礼·夏官·马质》："原，再也。蚕为龙精，与马同祖，一岁再蚕，则蚕胜而马衰。故禁之。"古人认为，二化蚕会影响马的健康，故一年之内只饲养一化蚕，这应是受当时蚕桑技术的局限。

② 此处引文出自《春秋左氏传·僖公二十三年》："男女同姓，其生不蕃（繁）。"

时宜暗，生蚁后宜凉，停眠宜净，起眠宜移，窝茧宜叶凡蚕作茧，皆以三叶自包其身，故宜有叶之树。蚕性喜洁恶秽，凡蚕场不可堆积粪壤与腐草等物。蚕筐宜用新者，旧筐不洁故也。蚕忌香气、酒气、烟气。放蚕之人，勿饮酒、勿吸烟、勿佩香囊与香水。蚕忌油漆气，凡蚕器，不可用油漆。蚕性依人，凡大风、雨、雷、电之天，宜加意看守，时时口发声，以招呼之。蚕闻人声自安静，而无恐。夜间尤不可忽，以黑夜雷声电光，最宜使蚕惊恐也。蚕食而不饮，霖雨之年，往往腐乱（烂）而死，然雨太少，亦易生病，故降雨之适均与否，关系养蚕之丰欠焉。而春季之暴风，与秋季之早冻，亦皆为蚕所恶云。春蚕破蚁不可太稀，太稀则占地宽广，难防雀害；秋蚕破蚁不可太密，太密则易受蒸热之病。

山蚕有四宜：天气宜清明；炎热宜小雨；树场宜洁；声气宜静。山蚕有四恶：恶酒、醋，五辛；恶香麝、油气；恶丧服；恶倒叶。山蚕有四忌：大旱则蚕枯；久雨则蚕濡；毒雾则蚕病；早霜则蚕饥。山蚕有三害：鸟雀之类食蚕；蛇鼠之类吞蚕；飞虫之类吸蚕血。

补种橡树法

橡子皆九月间成熟，经风自落于地，使人拣收置之凉处，勿见风日。若散置房屋间，则阅日生虫，尽成空壳，入土不生。俟地将冻，于山坡橡树缺少之处补种之。深埋一二寸许，相隔四五尺一丛，明年立夏前后生芽，二年后即宜放蚕之用。

吉省橡树天然物产，砍去复生，然皆独干直上，鲜少枝条，宜于秋蚕完时，将其枝之旁出者，用土压之，明年春所压之枝，丛生枝条，当年即可放秋蚕。较之独干者占地少，而生叶多，且易看守。

修理蚕场法

放春蚕之树，须隔二三年，所砍之树，高三四尺至五六尺者为相宜。二年者为二芽科；三年者为三芽科，皆宜春蚕。四年以上者，即宜砍去，使重生枝条。修蚕场时，将杂木连根砍去，专留橡树，锄尽荒草，叶自肥大。放秋蚕之树，或先年冬，或当年春，将橡树高六尺以上者，连本砍去，专留其根，使之重生。夏至后，可长高二三尺，谓之芽科，其叶软嫩，最宜秋蚕。芽科不足二芽科，亦可用至三芽科、四芽科之树，叶老不宜秋蚕。

　　放蚕之家，须度量自己橡树多少，以定蚕种之多少。大约一人放蚕需四千株橡树，占地不过一坰有余。吉省现时橡树，旁枝较少，非五六千株不能足用，占地约在两坰上下，需蚕种五千个，计雌蛾不过二千个。所产之子，食叶方无缺乏，不可于上山时，一味贪多。修蚕场，原为自家放蚕而设。然不自放而租典于人，亦获善价。近奉天一人所放之蚕场，或租钱十余元，或租钱二三十元不等，所获已不薄矣。最为山蚕之大障害者，惟荒火一节。吉林橡山，率皆草茅相连，一遇荒火，树叶连枝皆烧，蚕食必缺。宜于每年秋后，将橡山四围挖成深沟，复从中打开火道，方能免害。更宜各村协议，互相看守，以保财源。

收藏蚕种法

　　寒露节后，茧已运至家中，择其坚实肥大摇之，内蛹未死者，置之院内，晾茧箔上，盖以席棚。俟天结冻盛于筐内，移至堂屋地上；天已大冻，移于暖室；三九日置暖炕上，其下承以木板，勿使太受热气。大约九日内，将茧上下转动一次，使寒暖均平，仍置于原处。俟春天稍暖，乃移于地下，春分节前，用绳或线穿之，挂于暖室，以待出蛾。山蚕之茧，有灰、白、微黄、微赭四色，灰赭者丝量重，白黄者丝量轻。然其色随地变换，不能单放一色。蚕种不可受热，受热则来年蚕瘟；亦不可受冻，受冻则蛹死。寒暖之节，南北天气不同，惟在人细心体验，以适其宜。贮蚕种之室，宜将炕缝严密封闭，勿使出烟熏茧。凡药物与不洁之物，皆宜避之，以免蚕种受伤。产妇之室尤忌。蚕事收成之丰歉，虽由人事勤惰、天时寒暖、阴晴所致，然亦须种子好，方不受病。而育蚕之家，往往不加选择，以病蚕留作种，此最误人，切宜戒之。病蚕所作茧，亦能出蛾下子，用以作种蚕不发旺，且易传染生病，须细心选择。凡茧外蒙茸之丝，抽而长之，其丝光明洁净者，无病之蚕也；其丝黑暗，带杂色点者，有病之蚕也。凡熟习放蚕之人，用手一握其茧即能知之，此亦我国蚕师之能事。外洋养蚕者，皆用显微镜照蚕子，以验其有病与否，亦当采用。蚕将作茧，先吐丝一缕，长寸许，挂于小枝两叶之间，以系茧之上端，其丝缕正中为公蛾，歪者为母蛾，丝缕细长而露光，其茧如土色，或如肉红色者，最宜作种，锈蚕最宜预防。三眠后，视其脊背有一条微红色者，留作茧种，放一次尚无碍，若连放两次，便成锈蚕，视起青后，蚕身皱纹内有极小黑点者，即锈蚕也。

又验茧种法，将成茧剪开视蛹之小翅，下有极小黑点者，以留作种，即成锈蚕，色青者佳。或将成茧握于手中片时，手之热度达于蛹身，蛹见热无而动，其动力强者，无病之蚕也；其动力弱者，有病之蚕也。

放春蚕法

春分节前，将去岁秋蚕所留之种，用线绳穿成大串，但只可穿其外面浮丝，挂于暖室，天寒加火，天暖减火。清明节前，茧中之蛹化蛾，口吐一种酸液，将茧之一端湿透溶解，蛾即穿穴而出，蛾之出也，大约在日没时分。夜半时，使其雌雄相配，入于筐［筺］内，名曰配对。来日午后开筐，将雄蛾取出，名曰拆对。留雌蛾于筐中，令其下子毕摘下，雌蛾弃之，蚕子置于凉处，勿使受热，以待橡叶发生之时，再置于暖处，令其生蚁。雌蛾之体肥大，雄蛾之体瘦细，故一见易识别云。配对时，筐盖不可轻揭，轻揭蛾便拆开不交，次早开筐看视，如有不交之蛾，将雌雄蛾择出合在一处，唾之以津，复之以盆，则自复成对。《蚕桑辑要》云："春蚕出蛾在辰巳时，令雌雄相配，申时摘出雄蛾。"又云："秋蚕蛾出寅卯时，令雌雄相配，午后摘去雄蛾。"按今山蚕茧出蛾，皆在申、酉、戌、亥时分，明日午后摘去雄蛾，使其下子，大约配对八九个时之久方足。无有寅卯、辰巳时出蛾者，此说非是。谷雨节后，视橡树芽嘴已萌，尚未破苞，用剪将枝剪下，使绳捆成小把，插于向阳水沟之内，立夏节前后，即能放叶，可比山坡上树早发三四日。近奉省放蚕家，多用此法，以取其早放早收。

出蚁，各省节气不同，只看橡叶如猫之耳大，即是蚁生之候。将盛蚕子之筐，放于暖室，勿令寒冷，二三日，黑蚁齐生矣。蚁生大约在寅、卯时。视蚁出齐，将蚕筐置于水边所栽之橡树把上，以布盖筐北面，使南面露光，蚁见光而南行，以青蒿引之使之，分置橡树把上，蚁闻叶香，自下寻食，有未出者取回蚕筐，仍悬暖室。次日又出，仍如上法，使自食叶。蚁初出黑色，遍身有毛。食叶七八日，其头肥大，结嘴不食，是为头眠。

二三日夜，蜕壳而起，变青绿色，谓起青。头眠既起，山坡上之树，亦皆放叶，此时便可上山，急将水中所栽橡树把取出，连蚕分置树上，使自寻食，名曰破蚁。阅七八日复眠，其衣微宽，其嘴微阔，是为二眠。盖其嘴其衣，皆于眠时潜换也。移蚕要在既起以后，蚕眠时，必吐丝于脚下，紧粘枝上，不可即动。既起后，有力方可挪动。二眠起齐，蚕身渐长，食叶渐多，须周视蚕场叶食尽处，用利剪将枝连蚕剪下，移于有叶树上。复七八日，眠仍如前，是为三眠。天暖二日起，天寒三日起，起后蚕身愈大，食叶愈多，视叶食尽处，仍用利剪剪下移之。七八日复眠如前，是为老眠。移蚕不论大小时，皆须用剪，连枝剪下移之。《养蚕成法》云："蚕小连枝剪取，蚕大便可手摘。"按用手摘蚕，不独费工，且蚕抱树枝甚固，非久习蚕事者用手摘蚕，蚕必受伤。

老眠起后，食叶十数日，即不食叶，乃倒挂其身二三日，控净内砂，则满腹皆丝，即将作茧矣，名为控砂。蚕将作茧不食，而昂其头，若有所求者，急宜移之有叶树上，名为窝蚕。凡蚕作茧，皆用三叶自包其身，虽遇风雨，无摇落湿濡之患。若在无树叶上作茧，则茧缤音荒，茧外面浮丝也。丝长而茧薄矣，且怕风雨。夏至节后，蚕皆结茧。视茧已作足，从树上将茧摘下，除留秋蚕种外，赶紧缫丝，不然蛾出则缫丝费手，且丝少而多节。

放秋蚕法

小暑后春茧已结成，择茧之坚大，无病者摘下，用线绳从茧之小头穿成大串，挂于透风之屋。初伏后，五日蛾出，雌雄相配，来日午后摘去雄蛾，用蛾草线其草细长，从中破之，捻成细线。拴其一翅，放于树上，令其下子。产后十一日，孵化成蚁，树上能自寻叶而食，其看守、转移、起眠如春蚕。秋分后结茧。《养蚕成法》云："缚雌蛾一腿，拴于树上，次日下子，用五寸许细麻绳，拴其大翅。"按拴蛾腿，其翅鼓动，往往其腿受伤，不如拴翅，使其稳立树上，产子为善。惟今皆用草线，不用麻绳，以蚕性恶麻故也。拴大翅不如拴小翅。

吉省天气稍寒，往往秋分后，霜落叶枯，蚕饥作茧必薄，当秋夜寒冷之天，将蚕场四围堆积干茅草，夜间焚之，烟火上蒸，霜气自散。夏日天将大雾，蚕亦受病，烟气亦能解之。

视茧皆结成，急用人将茧从树上摘下，置之蚕筐，运于家中，剥去树叶，以待缫丝。留种之茧，蛾已尽出，俗谓之蛾口茧，先皆为作棉与用手捻线之用。近数年来，山东等处，发明此理，亦可缫丝。盖山茧蛾皆口吐酸液、穿穴而出，不比家蚕蛾咬断丝绪，缫丝断头也。然须将蛾口茧，仍挂原处，不可散乱堆积，以致丝头断折或生虫，则难缫矣。

放一季蚕法

山蚕皆放春秋两季，如天寒不能放两季之处，专放夏蚕，亦可将蚕种置之凉处，可迟月余出蛾。俟芒种后橡叶已长大、将蚕种穿挂之，使其自然出蛾、配对。用蛾草拴蛾于树上，一如放秋蚕法，看守之。秋后结茧，其种可留至明年出蛾。

去蚕害

山蚕之害，以鸟雀吞食为最难防。放蚕之场，一经鸟雀飞集，万难保其成收，宜用鸟枪四面轮流护守，时发声以震惊之，使鸟雀远避，乃可免害。鼠、蛇、蟾蜍等物，亦皆食蚕，用红矾煮小米或合豆腐滓，散布于蚕场地上，诸物食之立死。去蚂蚁害，用油脂、肉骨等物，置之蚂蚁穴旁，蚁闻香气即尽穴而出，然后用簸箕收之，弃置他处，或用白开水浇其穴中以死之，其害自除。勿为报应之说所惑，致使微物皆得与人争利，而不知去也。

防蚕病

蚕出蚁先食其壳，以净尽为佳。然便溺之毒，壳上仍存，其受病原因亦即在此。留心蚕事者，宜于此加意防治焉。蚕食叶尽，不赶紧移之，蚕必下树，自寻有叶之树而食，一受劳饿，最易生病。秋蚕出蛾，正在伏中，种蛾受热，四眠后必生黄乱病而死。悬种之室，宜宽敞①，将南北窗打开，使受凉气，如无北窗之室，亦须将一墙拆开，虽夜间亦不可关闭窗

---

① 此处"宽敞"一词，原文作"宽厂"，改正之。

户，此最要事。一经伤热，蚕无遗种矣。病蚕不可用手摘拿，恐手沾毒气，再拿好蚕，毒易传染，为害非细。故一见病蚕，须用剪连枝剪下弃之蚕场外，方可无虞。蚕砂沾于叶上，一经雨露，全叶尽污。蚕食之生病，宜时时留心查看，将叶上蚕砂，以手摇落之，勿使污叶。

蚕病表

蚕　病	原　因	结　果
锈蚕身生黑点	锈种之遗传。	初眠后即见，轻可结茧。重则永久不长大，不能作茧。
斑遍身起斑点	蚕上山后，大雨暴热，受地气潮湿。蚕种受潮湿。	三眠后见，不能结茧。
黄乱腐臭	蚕种、蚕蛾受热。配对时久，受胎毒。	四眠后见，传染甚重，将结茧死。
薄尿屎不成砂	雨水多。	轻作薄茧，重不结茧。
倒流口中吐水	雨水太多，腹中丝乱。	倒吊而死。
空空筒游走	配对时少。	蚕身壮旺，永不作茧，过期而死。
水眠子脱皮出水	受水湿。	眠后不生皮，遍身出水而死。

　　蚕之受病，有原于种子者；有原于天时者；有原于人事者。然天时难定，育蚕者宜选好种，尽人事而已。

春蚕、秋蚕之比较

　　春蚕由凉而暖，眠起皆速；秋蚕由热而寒，眠起皆迟。秋蚕比春蚕约多半月之工。然春茧形小，丝量小；秋茧形大，丝量多。而春茧之丝稍白，纤且细而软，则春茧丝质较优于秋茧丝质也。

山蚕、家蚕之比较

　　山蚕与家蚕性质不同，形体亦异。家蚕之形小，山蚕之形大；家蚕之体柔弱，山蚕之体强壮；家蚕之性怕风寒，山蚕之性耐风寒；家蚕伏叶而食，山蚕倒叶不食；家蚕一季饲养，山蚕两季收成；家蚕尽一人之力，不过万茧，山蚕丰收之年，一人可得十万余茧；家蚕最忌湿叶，山蚕不怕雨叶；家蚕之茧丝量轻，山蚕之茧丝量重，惟家蚕之丝精细，山蚕之丝粗劲。然近年框丝者，皆效洋庄，细丝织绸后，用碱炼之，色即变白。外洋所织洋绸，即搀用此等山茧之丝，则丝经改良，几与家茧同矣。

山蚕、家蚕相配合

花木一经接换，异常硕大，动物之理亦然。若将家蚕之雄蛾，配山蚕之雌蛾，用所产子放之山中，丝必精细；将山蚕之雄蛾，配家蚕之雌蛾，所产子养之家中，茧必肥大；近有以中国之蚕蛾，与外洋蚕蛾相配者，其蚕作茧大倍。寻常惜未知山蚕、家蚕之蛾，互相配合耳。留心蚕事者，宜并试之。

祀先蚕说

自西陵氏始蚕，数千年来，衣被万民，功德无量。《记》云："有功德于民则祀之，非为获福，不忘本也。"① 宜于春蚕头眠之日，备香烛、菜果、茶酒，设位以祭之，结茧之日祭之如初。近外洋凡殁于国事及有功社会者，皆铸铜像留为纪念。况蚕事于中国久享其利，近复遍及于全球，较之一材一艺之巧，与一时忠义所激，而为社会牺牲者，其功德为何。若以理论，合外洋各邦，凡服绸帛之处，皆庙祀之，亦不为过，况我黄帝之子孙乎？人知报本，忠义心生。近外人讥我拜土偶为愚妄，试问其铸铜像于通衢，开大纪念会者为奚若也？若立淫祠以邀福，此佛家言，吾儒久已辟而明之矣，复何庸外人越俎也？

广橡蚕说

天道无常，随人而变，人之所至，天气随之。吉林一省，考其节气，比前二十年春树早发半月，秋霜晚降半月，较奉天三十年之节气，有过之而无不及焉。近有人以早霜为放秋蚕虑者，是未知吉省之天气，已非昔日

---

① 《礼记·王制》："有功德于民者，加地进律"；《礼记·祭法》："夫圣王之制祭祀也：法施于民则祀之，以死勤事则祀之，以劳定国则祀之，能御大菑则祀之，能捍大患则祀之"。此处引文似为转引。

比也。若新开辟之处，地中寒冷之气未开，两季恐不能兼得，专放夏蚕，其利亦厚。内省养家蚕者，古有原蚕之禁，专养春蚕，一季已足以衣帛，山蚕亦然，莫因两季不成，并一季而亦不放也。惟当处处考查，时时体验，讲而明之，改而良之，持以恒心，乃终有成。至放二季蚕、放一季蚕，各从其宜，亦各任其便斯可耳。生人之道，惟食与衣，衣食并足，斯谋生得其大半矣。其他皆后焉者也。

一人放蚕，俗云一把剪子，因移蚕用剪子故云。成手放蚕，约六千个茧种，学习者可放四五千个。大约五千茧种，可得母蛾二千个。母蛾一个产子一百粒至一百五十粒不等，以二千母蛾计，可得子二十万或三十万粒。然其子有不出者，有病死者，有被鸟雀、虫蚁害者，不能全数收获。平常收成，每季约得三四万茧，丰收约得八九万茧，或至十余万茧，歉收之年或一万二万茧。当其丰收有俄顷致富者。大约一把剪子，两季可得一二百元之谱，若能缫丝织染，其利更当加倍云。

茧种数目表

一 人	成手放蚕种	学习放蚕种
春	五千个，雌蛾二千个	四千个，雌蛾一千六百个
秋	六千个，雌蛾二千四百个	五千个，雌蛾二千个

收茧数目表

一 人	丰收	中收	歉收
春	三万至五万	二万至三万	一万上下
秋	八万至十三万	五万至七万	一万至三万

春秋茧丝轻重表

种类	生茧千个	空茧千个	制丝量
春茧	六斤至七斤	一斤内外	五两至六两
秋茧	八斤至十斤	二斤内外	八两至十三两

橡树余利

橡有六利：其叶可以饲蚕，其皮可以熬胶，其斗可以染皂，其子可以饲豕作粉，其木可以作柱、烧炭，乱木生耳，可作菜品。六利之中，惟放利为大，其次则熬胶染皂，皆当讲求试验，以开财源。

吉林全省，山林多于平壤，橡树多于他木，以橡树砍去复生故也。先前中国与英商划缅界时，误将迤西宝井胶树之地，划以归英，英人狂喜，以为一日之间骤获二宝，此树之珍贵可知。其所谓胶树，即中国之橡树也。夫全球之上，惟中国橡树为多，而中国各省，以吉林为最多，是天地自然之利，其取舍与否，亦利源消长之所系也。

橡斗熬成皂色，少加黑矾，染丝与绸明润有光。每年秋蚕事毕，橡斗落地，使人收取，藏于室中，勿受雨雪，经雨雪则退色，制成染料，运销内省，当得善价。橡子已熟拾取，用水浸过，去其苦味，而晒乾之，其外皮自脱，碾成粗面，可作肥猪之料。造粉之法，与造绿豆粉同。烧炭人皆知之不赘。将橡树砍倒，二三年中，遍身生耳，名为木耳，作菜食甚肥美。惟吉省皆黑木耳，无白色者，白色者为银耳，土民久享其利，但伐木使腐，然后生耳，戕伐橡树太多，恐后难继耳。

橡树类考

橡树之名，各省不同，种类亦分。或一种而数名，曰栩、曰杼、曰柞、曰橡、曰柔，实一种也，或异种而同名。其斗，《尔雅》曰梂，又曰皂斗。而辽西统名为橡碗，其实统名为橡子，其树统名为橡树，其木统名为柞木。东省亦统名其木为柞，实名橡子。其大叶者，山东名槲栎，关内外名驳栎，一作簸箩，一作波罗，俗名不落叶。或名楸栎，或名柞栎。其小叶者或名青枫，或名橡，或名柞。其叶尖者，又名尖皂，丛生者或名苞栎，或名苞栩，或名朴樕，或名心。名虽不同，可以放蚕，则同爱，分别其名于左：

栎

《诗·秦风》："山有苞栎。"注引《尔雅》云："栎，其实梂橡也。"陆玑疏："秦人谓柞栎为栎，其子房生为梂。"按：梂为盛实之房，橡谓其实。

槲

《尔雅·释木》疏："江河间以作柱。"《本草图经》："槲本高丈余，与栎相类，亦有斗。"按：槲亦名驳栎，即大叶栎，实似橡子，可食。

楸

《诗·召南》："林有朴楸。"《尔雅·释木》疏："楸，槲楸也，又曰小木也。"

心

朴楸别名也。《尔雅》疏："朴楸，一名心。"

栩

《诗·唐风》："集于苞栩。"《草木》疏："今柞栎，徐州人谓栎为栩，其子为皂斗。"《说文》："柔也，其实皂。一名样。"按：样，同橡。

柞

《诗·小雅》："维柞之枝，其叶蓬蓬。"《诗集传》："柞，坚韧之木，新叶将生，故叶乃落，附著甚固。"按：春始落故叶。凡柞树之属，皆然不独一柞也。

橡

《博雅》："柔也。蒂有斗，可染皂。"《周礼·掌染》注："谓之橡斗，实可食。"又《晋书》："庾衮与邑人入山拾橡。"按：古谓栩，实为橡。今则因其实而名，其木为橡树。且凡栎、栩等木之实，皆名橡子也。

梂

《玉篇》："槲也。"《前汉·杨雄传》："夏卑宫定，唐虞梂橡。"注：梂，柞木也。

杼

《广韵》："羌举切，橡也。"《尔雅》疏："栩，一名杼，柞树也。"徐州人谓栎，谓杼，或谓之栩。其子为皂，或言皂斗，其壳为汁，可以染皂。按：壳斗染皂，除大叶栎外，其斗皆可染皂，不独杼树为然也。

柔

《说文》："栩也。"按今《尔雅》诸书："柔，栩之。"柔俱书作杼，而《玉篇》注云："今作杼"。则竟合为一字矣。姑存以俟考。

梂

《尔雅·释木》："栎，其实梂。"注："有梂彙自裹。"疏："盛实之房也。"按：今辽东西谓为橡碗，或谓橡斗。

放蚕器具

蚕斧

刃薄无顶，运用便利。四年以上之树，即须用斧修之。

蚕镰

　　较农家所用镰刀厚而稍短，树下之草与榛荆等，皆用镰刀删除之。

　　蚕剪

　　形如裁衣之剪，头齐而大，移蚕时用以剪树枝。

　　鸟枪

　　即农家常用之鸟枪，昼夜防护鸟雀，天初明与日落时，尤宜加意。

子筐

以荆条为之，俗名梢条。用榆、杨条亦可。平底，陡沿，上有平盖，形圆，高尺许，圆径三四尺许，外用纸糊，以免漏子。用新条编之，内带潮湿气，蚕子始无损；旧筐不洁，且损子。

蚕筐

形如子筐，惟不用纸糊，使透风气，移蚕用之。

茧筐

亦用荆条为之，圆径二三尺，高三尺余，上有平盖，勿用纸糊，以透风气，用盛蚕种。

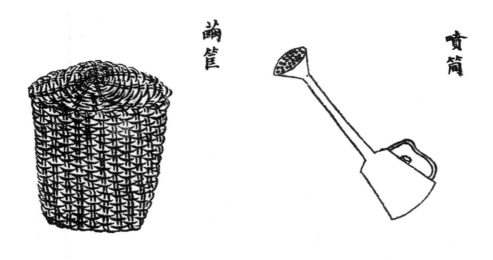

喷筒

市肆中俱有，购以备用，炎旱时以喷树叶，或即用洒地之洋铁喷壶，最便宜价廉。但宜于日落时喷之，若当日中恐蚕受病。

蚕箔

秫秸为之，长七八尺，用麻绳打成，晾茧用之。

蛾草

其草细长，放秋茧拴蛾用之。将草从中劈开，捻成线，两头拴蛾，搭拊枝上，使子自下。

蚕席

即市中所肆之苇席，春蚕生蚁，即须放之水边所栽橡枝把上。夜间尚有霜气，宜用席盖之，免蚕受害。

放蚕器具表

蚕器	蚕事
蚕剪	移蚕时剪树枝用
蚕斧	修理蚕场用。
蚕镰	删除场中荒草用。
鸟枪	蚕上山后，防鸟雀用。
麻鞭	同上
蚕箔	晾茧种用。
蛾草	秋蚕拴蛾用
喷筒	旱年喷树叶用。
苇席	春蚕防霜寒用。
子筐	春蚕产子用。
蚕筐	移蚕盛于筐中用。
茧筐	盛茧种用。
红布	挂于场边，防孝服人偶入场用①。
细绳	穿茧用。
红矾	去蛇鼠、蟾蜍、草虫等物用。

山蚕周年一览表

节 气	蚕 事	
秋分前	选蚕壮旺，无病者另窝之。	
寒露后	择茧坚实肥大者，箔晾之。	
霜降后	视茧丝明润有光者，筐贮之。	
立冬后	移茧种于穿堂地下。	
小雪后	移茧于暖室地下。	
大雪	同上	每九日将茧种上下翻转一次，使寒暖均一。
冬至	同上	
小寒后	置茧于暖炕下，承以木板。	
大寒	同上	
立春前	将茧种复移于地下。	

① "偶"，原文作"隅"，此处根据文意修改。

续表

节　气	蚕　事
雨水	将茧种复移于地下。
惊蛰前	将茧种摊于暖炕之上。
春分	穿茧种挂于暖室。
清明	视茧出蛾，使雌雄相配。
谷雨	蛾产子完，置子筐于凉处。
立夏前	栽橡树把于向阳水边。
立夏后	生蚁置水边橡树把上。
小满	头眠起后，移置橡山树上。二眠移蚕。
芒种前后	三四眠移蚕。
夏至	控砂。窝蚕于有叶树上。
小暑	摘茧。
小暑后	穿茧悬挂于透风之室。
大暑	出蛾拴于树上，使产子。
中伏	生蚁树上。
三伏	头眠。
立秋	二眠。
处暑	三眠。
白露前	四眠。
秋分	控砂，结茧。
寒露前	摘茧。

吉林一省，南北天气，不无少差，然大概未甚相远。右表只就吉省气候而言，非谓各省放蚕皆此节气也，阅者谅之。

后序

吾少也贱，于实业一途，素少研究即习，近偶一从事，率病于拘而难达夫变，抑又阅历不足，莫得其贯通。居常往来于桑荫十亩间，与田夫野老，辍耕商榷，怀抱耿耿，期蚕事之日兴，庶有以佐农事之不足。夫橡，即桑类也，因橡放蚕，其利尤大，故先后阅十数寒暑，足迹历数十州县。凡树之种类，蚕之性质，皆汇记之。异言混真，则为辩说以证之；法传自古，则为杂考以明之。此外，如去蚕害、选蚕种、修蚕场、祀先蚕，与夫审气办时诸说，皆经验之发纾者也。杂沓赘书，费日既久，辄复哀然成集矣。然未竟之绪，仍思以岁月补之。课工之余，手持此编，口讲指划，期为我山林同胞，浚一线之源，增一丝之利也。罪我者，将以为无病之呻吟；知我者，将以为热血之洋溢。问我以蚕事者，吾将授是编以当两端之竭；讥我以不知蚕事者，吾将质是编以求一字之师。噫！余视茫茫，余发苍苍，曾几何时，得与我山林同胞，朝夕共话，以为娱乐耶？惟愿各置一编，留作他年之纪念而已，若经济通儒，则所志者大当无取乎？此吾亦不敢以此说进。

　　　　　　　　　　　　　　光绪三十四年三月既望
　　　　　　　　　　　　昌黎许鹏翊书于吉林山蚕总局

《放蚕俚歌》

《放蚕俚歌》弁言

吉省地势，山林多于平壤，橡树甲于全球。山蚕一事，尤为将来生利之大宗，人人所宜周知，家家所当急讲。惟古有成法，今鲜专书，余谬膺董劝之任，既著《橡蚕新编》一书，以资导线。复恐一时演说不能遍及，因更摄其大要，编俚歌十余章，意在使我山林同胞，于放蚕之时，互相唱合，于炎天苦雨之中，以节其劳，而宣其气，或亦振兴蚕业之一助云。

戊申季夏初旬

昌黎许鹏翙识

《放蚕俚歌》十八章

劝蚕

放蚕好，放蚕好，放蚕便可得温饱。劝我同胞快放蚕，卖丝得钱花不了。

种橡

种橡子，种橡子，深埋二寸隔五尺。以头芽科饲秋蚕，二芽科作春蚕食橡树长四五年，便于冬间砍去，来春重发新芽为头芽科，至二年为二芽科。

修场

修蚕场，修蚕场，蚕场最忌是草荒。砍去大树并杂木，橡叶肥大饲蚕良。

换种

你知不，你知不，旧日蚕种不可留。南山北山互换种，蚕旺无病得上收传云：男女同姓其生不蕃，以此理推之，则换种一法，必不可忽。

春蚕

穿茧种，穿茧种，看守出蛾微火拥。盛蛾最喜用新筐，配对拆对你须懂春分节前穿茧种，挂于暖室，烘以微火，以待出蛾。蚕性喜洁，故宜新筐，配对时少，则元气未足，子多不出；拆对太晚，则受气多浊，蚕易生病。

出蚁

编蚕筐，编蚕筐，筐盛蚕子莫伤凉，守着蚕筐几昼夜，蚁子一出黑油光蚁初出，纯黑色，过头眠，则变青色。

插墩

谷雨节，谷雨节，橡树芽科苞欲裂。将枝砍下捆成把，插在向阳水沟内所插橡墩，可比山坡树早发叶四五日，故近多用此法，取其早放早收。

引蚁

蚁出齐，蚁出齐，携筐快到小沟西。青蒿引蚁上树把，蚁闻叶香下食之。

祀蚕

见头眠，见头眠，家家设位祀先蚕。香烛菜果并茶酒，爆竹一声跪拜虔每十日一眠。

上山

燕子飞，燕子飞，破蚁时光橡叶肥。恰喜上山天气好，山衔落日负筐归头眠既起，取所栽橡把，连蚕分置山坡树上，俗名破蚁子。分置已毕，名为上山。

防鸟

鸟雀多，鸟雀多，鸟喜吞蚕可奈何。鸟枪轮放勤看守，鸟不飞来拍手歌。

避忌

你莫慌，你莫慌，蚕场四围告示张。香囊香烟并香皂，带著一件勿入场蚕忌香气并忌酒气、油气。

窝茧

众绿生，众绿生，四眠以后喜天晴。控砂窝茧无间刻，几日工夫结得成四眠后住食，乃倒挂其身二三日，名为控砂，再移置叶密树上，名为窝茧。

秋蚕

快摘茧，快摘茧，放秋季蚕不可晚。挪移眠起同春蚕，秋蚕胜于春蚕远春蚕丰收不过三十千茧；秋蚕丰收可得一百三四十千茧。

收茧

祝苍天，祝苍天，晚些降霜叶不干。叶不干兮饲蚕好，一家收茧万万千凡蚕茧皆以千计，不以万计，用单数，忌成数也。

缫丝

茧摘下，茧摘下，茧子更比去年大。茧䌷剥去快缫丝，茧大丝良得善价䌷音荒，茧之外面浮丝也，临缫时须剥去净尽。

留种

留蚕种，留蚕种，勿使受热与受冻，不洁之物宜避之，种子精良蚕少病不洁之物蚕最忌，产妇之室尤甚。

纳课

蚕事完，蚕事完，早交国课自心安。教导儿孙守实业，我家不羡作高官。

宣统元年三月中旬刊印

编辑者　昌黎许鹏翊

参阅者　昌黎许鹏翊

乐亭王毓祥

校对者　昌黎王广耀

许棣昌

刷印所　吉林官书刷印局

寄售所　吉林官书刷印局

分售处

附录

试办山蚕委员许鹏翊为呈验《橡蚕新编》的呈文①

宣统元年四月十五日

为呈验事。

窃委员自奉札劝放山蚕以来，恒期风气速开，使橡林皆成利薮，芸黎不叹无衣，以仰副列宪汲汲提倡之至意。因于事引言导之，余将放蚕各法，著为《橡蚕新编》一书，刷印多册，以资分布，惟期夫家喻而户晓，

---

① 吉林省档案馆：《清代吉林档案史料选编》·《蚕业》，内部发行，1983年，第79—80页。

以使民先知而后行，庶劝办之力所不及者，亦可以此书补之也。谨将《橡蚕新编》装订成册，恭呈宪鉴，须至呈者。

　　吉林行省批：据呈已悉。披阅该员所撰《橡蚕新编》一书，条分缕晰，言育蚕之法綦详。按之吉林土宜，尤为适当，其见热心实业，阅历有得，著即检送若干册，呈候札发各属，以资分布，而便仿行，并查前准农工商部咨调农书，应将此项书册，一并汇咨，仰即知照，抄由批发。

　　宣统元年四月三十日。

《柳蚕新编》

【清】 许鹏翊　撰

自序

戊申夏，翊往磐石督工试放橡蚕时，向民间演说，使皆尽力于蚕事。又素知蒿柳可以放蚕，而橡山下此树尽多，因择其旁住民，告之以法，使拴蛾柳丛上，以为试验，至秋果得茧数百枚。今年夏，省局旁有去冬新栽之蒿柳，复命工人拴数十蛾，又得茧千余枚，上山晚而结茧速，且易为力。上宪知蒿柳之易生活，而放蚕之利尤大也，将大为提倡，使民皆因地栽植，群起放养，可以利普全省。翊既蒙差委，职司劝导，深恐演说不能遍及，因将栽柳放蚕之方法及利益，一一著出，使留心蚕事者，可以得其大概，其留种、出蛾、挪蚕、窝茧，以及去害防病诸法，《橡蚕新编》已详之。兹不复赘。

宣统元年七月

昌黎许鹏翊识

曹序

蚕桑之利，始自嫘祖，其桑宜于大陆平原，则其蚕亦只宜于大陆平原，所谓园桑家蚕也。厥后由桑蚕推广，见于《尔雅》者，有樗茧、萧茧、棘茧、栾茧；又载蠰桑茧，李时珍谓蠰即桑上野蚕①；见于《禹贡》者，有檿丝；见于《唐史》者，有槲菜蚕②；见于《宋史》者，有苦参蚕③；见于《齐民要术》及《蚕书》者，有柘蚕④；见于张文昌《桂州诗》者，有桂蚕⑤；见于《诗》疏者，有蒿蚕⑥。则蚕之作茧虽同，而所食之叶如萧、蒿、野草、菜系园蔬，苦参，药品，樗、栾、檿、槲、柘、桂诸木皆资蚕食。是蚕种不必尽家蚕，养蚕不必尽园桑，由来已久。最后，山东、河南推广橡蚕、柞蚕、榆蚕、椿蚕当即樗蚕，织为齐绸、鲁绸、椿绸、茧绸，销售最广。近时柞、橡二蚕，推及辽东，获利甚巨。吉林天气较奉天尤寒，不但家蚕无人讲求，即野蚕亦从未有谈及者。昌黎许君鹏翊，湖南傅君毓湘，于光绪三十三年，投效东来，提倡蚕事。傅君于桑蚕既收明效，许君于柞、橡、山蚕亦大著成绩。宣统二年，许君又试养柳蚕，今年遂收茧五十余千，因于所著《橡蚕新编》外，复著《柳蚕新编》一书，梓以行世。综考古今蚕业，柳蚕实许君所亲手试验，而新为发明者也。查园桑宜于大陆平原，以养家蚕，萧、蒿、苦参、槲、菜、棘、栾、桂、樗、榆、柞、橡，宜于高山林麓，以养野蚕。独兹柳蚕，则凡江湖低下之地，

---

① 此处"蠰桑茧"，可参见《本草纲目》卷三九《蚕》集解："《尔雅》云蠰，桑茧也。……蠰，即今桑上野蚕也。"

② 此处"槲菜蚕"，据《旧唐书·太宗纪》，贞观十三年，"滁州言野蚕食槲叶成茧，大如柰，其色绿，凡六千五百七十石。"《太平御览》卷一〇九："槲叶，……凡六千五百七十硕。"故而此处应为字形相近导致的错误，应为"槲叶蚕"。

③ 此处"苦参蚕"，可参见《宋史》卷四九〇《外国传·高昌国》："地有野蚕生苦参上，可为绵帛。"

④ 此处"柘蚕"，据《齐民要术》卷五引谢灵运《永嘉记》："永嘉有八辈蚕"，注曰："蚖珍蚕三月绩，柘蚕四月绩，蚖蚕四月末绩，爱珍五月绩，爱蚕六月末绩，寒珍七月末绩，四出蚕九月初绩，寒蚕十月绩。"《毛诗名物图说》引《蚕书》："柘叶饲蚕为丝，中琴瑟弦，清响胜凡丝。"

⑤ 此处"桂蚕"，可参见《张文昌文集》卷一《杂诗·送严大夫之桂州》："旌旆过湘潭，幽奇得偏探。莎城百越北，行路九疑南。有地多生桂，无时不养蚕。听歌难辨曲，风俗自相谙。"该诗中桂、蚕并举，应当不是在桂树上饲养的"桂蚕"。

⑥ 此处"蒿蚕"，可参见《诗经·豳风·七月》："女执懿筐，遵彼微行，爰求柔桑。春日迟迟，采蘩祁祁。"注疏云："蘩，白蒿。蚕小未能食桑，以蒿啖之也。"因此，不存在一类蚕名为"蒿蚕"，此名并不确切。

凡可以生此柳者，莫不咸宜。从此扩而充之，则山林平衍及江湖泽国皆可养蚕，而柳比各宗草木更易生植。微论地球各国，必当闻风兴起，即我国二十二行省，亦必有争先仿效者。第以吉林各江河两岸柳地计之，果能处处育此柳蚕，每年获利必不可以数计。许子之功诚伟矣哉！

宣统二年十月既望

枝江曹廷杰序于吉林劝业道署

王 序

山蚕之学，素所未谙。自从先生游，获读先生所手著《橡蚕新篇》一书，始稍稍知橡蚕梗概。然蒿柳饲蚕，实未之前闻，及见先生发明而放养之，不禁诧然异，因进而请曰："橡树养蚕，自古有然，先生因地兴利，嘉惠吉林，详知之谂矣。蒿柳饲蚕，先生何以知其然？"先生曰："蚕工之放蚕，习其法以任其性，犹泥于法而鲜所变通。吾人之放蚕，悉其性以施其法，故循乎性而可以类及。"详本此宗旨，默体年余，深信树类之可以放蚕，不一而足。先生仅于橡蚕外，发明及于柳蚕者，以吉产蒿柳甚繁，栽植甚易，亦因地兴利之意也。详幸得橡蚕书，奉为圭臬，藉以研究蚕事，获益良多，今复读是书，故不禁乐赘一言，以志颠末。书名《柳蚕新编》，踵《橡蚕新编》例也。篇中附以芜言，则加谨按二字示别也，意在说明书中未尽之旨。前署劝业道宪张，作《柳蚕报告书》，先生以是书上之，多蒙采择，早行于世。然散见一斑，犹多以未睹全书为憾。因请于先生宜付剞劂，与橡蚕书相济为用，他日者蚕业普兴，柳蚕当与橡蚕并盛，因利而利，被服无穷，有是书在，俾后之利其利者，知所由来云尔。

宣统二年二月初吉

受知王毓祥谨识

《柳蚕新编》卷上

柳种类考

柳非一种，其树高大，其叶短而尖，其味苦而涩，其条短而硬者，北方处处有之，统名杨柳，《诗》云"杨柳依依"是也①。其木坚硬，可作器皿者，古名杞柳，孟子犹以杞柳为杯棬是也。其干直长，可作箭干者，古名蒲柳，《传》云"董泽之蒲"是也②。其木丛生，叶宽而长，立秋前取条剥皮，用以编器者，名为箕柳。其树高大，条长袅袅下垂，经风摇而柔软可爱者，俗名倒垂柳，又名垂杨柳，唐诗咏为柳线、柳丝是也。然以上数种，其味皆苦，山蚕不食。

又有一种柽柳，其茎赤，其叶细如松而长，多生河边，一年三秀，又名三春柳，又名三眠柳，又名河柳，其味虽甘，枝叶软弱，亦不任放蚕。其可用以放蚕者，惟蒿柳一种。

　　谨按：杞柳为杯棬，蒲柳作箭干，箕柳编器，蒿柳放蚕，杨柳助诗人之吟咏，各有其用，而不能相通。此编于柳之状态、性质、名称、作用，详考而类志之。留心实业者，可以知所弃取焉。

蒿柳性质

蒿柳之枝干，与普通之柳无甚区别，惟叶较密，形狭而细长，叶之宽长一如白蒿，故名蒿柳。其味甘美，叶之背面与生叶之细梢有白茸毛，若丝绒然。及叶将落，芽嘴复萌，其叶蒂结包如枣核形，呈淡黄色，叶落后渐次包解，茸毛敷开，明春絮飞而叶生。其他柳种，叶之背面只有若白霜者，绝无丝绒之状，可见蒿柳为天然饲蚕之特种也。

---

　　① 出自《诗经·小雅·采薇》："昔我往矣，杨柳依依。"
　　② 出自《春秋左氏传·宣公十二年》："董泽之蒲，可胜既乎？"蒲杨柳，可以制箭。

谨按：蒿柳之叶细长，与柽柳异，柽柳叶细碎而长，蒿柳叶细扁而长。与箕柳亦异。箕柳叶宽而长。蒿柳叶窄而长。

栽柳地宜

栽柳之地，高岗不如下湿，黑土胜于白土，沙石为下。凡宅旁沟边，皆宜多栽，放野蚕而外，复可养家蚕，所谓一举两得也。

谨按：高岗、白土、沙石，栽柳非不生活，惟叶易焦黄，津液亦少，蚕食不宜，不如下湿黑土之为上。

栽柳节气

柳虽易于栽植，然一失其时，其生不畅。大约落叶后、结冻前为上时，以其津液内敛，栽后地冻，元气不散，且土脉松活，大省工力。地冻后至解冻前为中时，津液虽亦内敛，而掘土费工，且冬雪一少，经风摇动，元气易散。解冻后至生芽前为下时，以津液已上皮芽间，栽之虽活，其生不茂，且不任当年放蚕。

谨按：解冻后，栽柳亦活，惟发生稍晚，枝叶少而多干黄，既不任当年放夏蚕，至伏中大雨时行，生机始畅，可放秋蚕，惟为时稍晚耳。

栽柳方法

柳为易生之物，纵横颠倒，长短粗细，或移根，或木桩，或枝梢，栽之无不生活。其间有不活者，埋浅、时失、土干与牲畜践踏耳。为放蚕计，栽木桩为上，栽枝梢次之，移根费工且初生不茂。

栽木桩者，将如茶盅口粗之枝干，截五尺长，以二尺半埋于土内，二尺半露于土外，纵横相距五六尺，用土坚筑之，自无不活。先冬栽柳，明春生芽，即可用放秋蚕。

栽柳条者，宜将梢条截五尺长，两端微用火烧，使其津液不散，掘坑深一尺半，长二尺半，平置其中，用土埋之，两头各露少许，生活自易，纵横相距亦五六尺一株，以便人行。然枝梢附地而生，须来年方任放蚕。

修理树场

栽柳，先芟净草莱，锄平地亩，按着行列栽之，步履坦平，往来便易，乃是绝好蚕场。场中久经践踏，土地坚实，树根不易远敷，树即不茂。每年须以锄锄树根一次，壅之以粪或河泥，令土松活，生长乃盛。放蚕过二三年，树条远扬，不便放蚕之用，宜于冬日将枝干悉数伐去，来春另生新条，可放秋蚕。而蚕场又须预备两段，一作夏蚕场，一作秋蚕场，树不受伤，则茂盛而宜蚕。

栽柳栽桑难易说

吉林一省，有食无衣，为民谋衣，除蚕事外别无一策。《孟子》云："五亩之宅，树之以桑。"① 《诗》云："蚕月条桑。"② 《书》云："桑土既蚕。"③ 我国古时无不以桑蚕为重者，诚以桑为蚕食，天然美利，一妇不蚕，一家受其寒，所以不惮其难，合通国共经营之也。然古人五十衣帛，明非五十不能衣也，五十非帛不暖，未五十以前其取给于麻缕者，被体而已，其取给于皮革者，又非贫家所多有。自棉入中国而后，朝野上下皆适于用，民间尤大享其利，以其工省而产多也。吉省天冷，素不宜棉，而栽桑须数年之功，方可成林，古人云："十年之计，莫如树树"是也。栽柳则不然，先冬栽植，明年即可放蚕，较之种棉尤易为力。事之易办，无有过于此者，且一经栽植，数世用之无穷，亦一劳而永逸也。

谨按：桑蚕之利，里省久为大宗，所谓数年之功，方可成林者，望人有恒心，以植恒产也。若畏其难而中止焉，则大失此书之旨矣。

---

① 此句出自《孟子·梁惠王上》："五亩之宅，树之以桑，五十者可以衣帛矣。"
② 此句出自《诗·豳风·七月》："蚕月条桑，取彼斧斨，以伐远扬，猗彼女桑。"
③ 此句出自《尚书·禹贡》："桑土既蚕，是降丘宅土。"

种柳种橡利益说

吉林橡树甲于他省，劝放橡蚕，又种柳放蚕，不免多事贻讥矣。岂知利贵普通，事分难易，古人云："一妇不织，或受其寒。"① 今既全省橡山皆辟为蚕场，山居者足以衣帛矣。其地无橡树，住居下湿者，听其号寒而无以卒岁，非计也。则欲补橡蚕之阙，实惟柳蚕，虽柳蚕之说前此未闻，然古无而今有，亦其物之适当发见，以供人之利用者。如旱稻、棉花，中国古时所无，今则处处有之。柳蚕一事，安知不由吉省起点，行且偏于中国，偏于全球，功用且驾棉花而上之？以其省人工而易为力也。况其种即橡蚕之种，其法即放橡蚕之法，种不待远取，法更无新奇，栽柳易生，当年得利，家无贫富，力皆能为，风气一开，顿使冬暖号寒之区，人则锦绣往还，市则茧丝充斥，将来丝销外洋，有驾乎山东、奉天而上者，惟在发明之、提倡之，后来者有人以继绪之。

　　谨按：山东、奉天久享山蚕之利，吉林虽宜蚕，岂易言过之。然以吉林土地之广，橡树柳树之多，若皆辟为蚕场，诚有非他省所可及者，则驾乎山东、奉天以上之言，非虚语也。

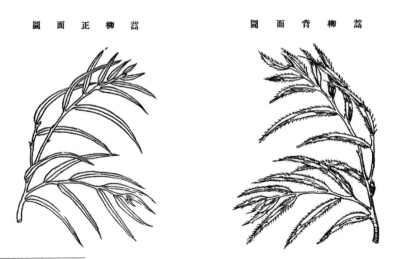

図面正柳蕎　　　　図面背柳蕎

---

　　① 此句出自《汉书》卷二四上《食货志》："一夫不耕，或受之饥；一女不织，或受之寒。"

圖 包 葉 柳 蒿

圖 楂 淺 柳 蒿

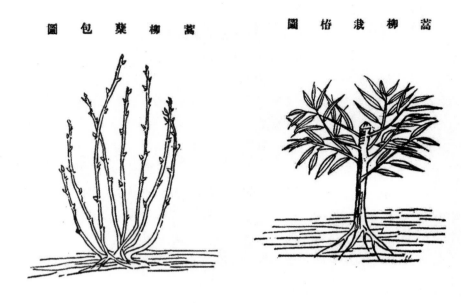

圖 條 壓 柳 蒿

《柳蚕新编》 卷下

野蚕类考

野蚕之名不一，皆因所食之叶以为名，大叶栎、小叶栎、尖叶栎、薄罗叶皆橡柞之属也，故曰橡蚕，一曰柞蚕；以其放于山上也，又名山蚕；以其皆在郊野也，又名野蚕。

《尔雅》："雠由，樗茧。"注，食樗叶，按樗似椿，樗木疏，椿木实，椿叶香，樗叶臭，北人名为臭椿。棘茧注，食棘叶。按棘，小枣也，实似枣，小而圆，多丛生。栾茧注：食栾叶。蚬萧茧注，食萧叶。按：萧，艾蒿也，《诗》云："采蘩祈祈。"又云："于以采蘩。"采之皆所以饲蚕，蘩即白蒿，萧属，今放山蚕引蚁，亦多用蒿，可见白蒿为天然蚕食。《放蚕成法》云："将椿蚕即食樗叶之蚕一眠后，移于椒树上作茧，丝尤精贵，名为椒茧。"

又闻之工人云：有一种土蚕，大如桑蚕，偏体有毛，色纯白，生榆树上，老眠后下入地中作茧，形扁圆而色浅黑，丝质少暗。其外如桦树、梨树、刺玫等类，凡叶无苦味之树，将山蚕种生蚁后，置于各树上，蚕皆食之，作茧略同，而以桦树为最。

谨按：山岗、平川各树上，多有天然野蚕，而山东、奉天诸省独橡蚕发达者，以橡树最多，人易为力故也。如樗茧、棘茧、栾茧、萧茧、椒茧，考于古书得之，以见我中国野蚕一类，实有多种，亦不自今始。榆树、桦树、杏树、刺玫、梨树等皆可放蚕，系我父老所口传，而山林野人，多有知之且试之者。此特表而出之，以为留心蚕事者，因地而放养焉。然其树或为吉省所无，或仅有而不任放蚕，其宜于吉省者，橡蚕外，厥惟柳蚕。

柳蚕性质

柳蚕之性与形，无一不同橡蚕。蚕初生如蚁，故名生蚁。蚁生齐，即分置各树，故名破蚁。视叶缺处即挪之，谓之挪蚕。蚁之生也，必回食其壳，蚕始发旺，其色黑，徧身有毛，头眠既起，变青绿色，谓之起青。一起一长，四眠起后，蚕身如手指粗，再食叶数日，乃倒挂其身，控净内砂，谓之控砂，即将作茧矣。眠起皆速于橡蚕，以柳叶软嫩，蚕食易足，故作茧早于橡蚕也。

柳蚕节气

柳蚕之成也速，上山稍晚，亦能得两季收成。大约夏蚕小满后上山，大暑前下山；秋蚕立秋前上山，秋分后下山。少费人工，且免霜雪之害，夏蚕自生蚁至成茧约在四十日内外，秋蚕自生蚁至成茧约在五十日内外，夏日天暖，眠起速，秋日天寒，眠起迟故也。

谨按：蚕之为物，虽不怕冷，而实冷则食叶缓，作茧迟。若既交秋分节，日入后及日出前则伏而不食，惟日中前后食叶数小时，结茧之时亦然。天气寒冷，往往十余日始作成一茧，故山蚕一事，利早不利晚也。

柳蚕种子

向无专放柳蚕之种，欲放柳蚕者，即取种于橡蚕。秋蚕所结之茧留作夏种，夏蚕所结之茧即作秋种，过此一季，种子不可胜用矣。其选择收藏之法，秋蚕于大眠后，视茧之佳者，另树窝之。茧既成，摘下置院内晾蚕箔上，天冷将冻，盛茧于筐，移之暖室，但勿多设烟火，致使熏蒸受热。每一旬中，将茧上下转动一次，使筐之中心与四围寒暖均平，则来年出子一律。凡一切不洁之物、激烈之味，皆宜慎避。贮种精良，蚕事乃旺。至秋种出于夏种，其时暑气正酷，切防种子伤热，蚕病自少。

放夏季柳蚕法

橡蚕暖种、出蛾、产子，皆在春季，虽生蚁上山，以及摘茧在于夏季，而事始于春，故曰春蚕。柳蚕出蛾产子，已交夏季，故曰夏蚕。小满后，柳树枝叶已长大，就吉省天气言之，将去秋所藏茧种，用线绳穿成大串，于住人室中，横挑长杆，顺次悬挂，免去烟火，非暖室则蛾出不齐，有烟火则蛾出受病，使之自然出蛾，以翼之长短、腹之粗细，辨蛾之雌雄，分置两筐，每日夜半，将雌雄均入筐中配对，历七八个时之久，开筐拆对，弃雄蛾使飞去，将雌蛾提，出以两指轻捻蛾腹，去净其溺，然后拴挂树上，使自产子，一日夜摘下，置诸场外树苗间，听其自毙。夫蚕蛾有功于人匪细，而蚕工每于其产子后即煎食之，亦何忍乎？令有功者抱恨于无穷矣！况养其子而煎其母，以气类相感言，亦大有损，不可不禁。若框丝之茧，不在此列。

　　谨按：气类相感之言，识者知之，愚者惑焉。盖万物之生活也，皆大气之流行鼓动以畅其机，其机顺则万物之机亦顺，其机逆则万物之机亦逆。是故月晕而风，础润而雨，鸡鸣知晓，龟行避南，而寒暑风雨各表，更显而易见者也。今之放山蚕者，蛾产子完，即去蛾翅，在蚕室内用油煎而食之，其煎蛾之气，与蚕子相遇，物虽无知，其能顺乎？况上山后，复怠忽从事，蚕业安有收成？此编发而明之，于山蚕前途，不无小补云。

　　凡拴蛾，用蛾草线拴其小翅，一线拴两蛾，挂搭树枝，蛾即产子枝上。其拴蛾多寡，视树之大小、叶之稀密为准。十一、二日孵化生蚁，视蚁出齐，连枝剪下，然后送入蚁场。凡蚕头身痛肿，不食叶，名为"眠"。肿消皮脱，复食叶，名为"起"。大约六七日一眠一起，四眠后结茧。

　　谨按：蚕之眠起，本无一定日期，天气阴雨之时，往往六七日始眠，三四日方起。天气晴爽之时，四五日即眠，一二日即起。此言六七日一眠一起者，酌其中以言之耳。

　　蚕眠时不食不动，亦不可移。起眠后食叶甚多，昼夜不息，若叶少食缺，蚕身生黑点、黑纹，一经烈日暴晒，即多倒毙。故视叶将尽，须速移置他树，免蚕受病。
　　茧既作成，摘下剥去树叶，其系茧于小枝上者，名为蒂，包于茧外之浮丝，名为衫，不可去其衫与蒂，织绸始有花纹，且多得丝。

放秋季柳蚕法

大暑前茧已下山，择茧之坚实肥大者，用线绳穿成大串，置之透风室中，非透风则种受蒸热之病，免去烟火。其出蛾、配对、拴蛾、生蚁以及移蚕、护蚕、窝茧、摘茧，皆如夏蚕。穿挂茧种，矮不可及地，伏中雨水多，地气上蒸，易受潮湿，且防鼠蚁偷食之患，亦不可过高，蛾出时取之费手。

　　谨按：鼠偷食蚕茧，自蚕上山以至穿茧，宜时时留意防守，故蚕室须有猫。蚕场宜用药也。

柳蚕颜色

柳蚕放夏秋两季，作茧大小、轻重略同橡蚕。夏茧多白色，秋茧多赭色，或间有灰色。其蛾皆灰色，间有白色、红色、花色者，其色不分优劣，惟拣出拳翅、秃顶、焦尾、熏黄、锈点诸病蛾，而取其无病者，判雌雄，分筐储之，候其出已多，将雌雄并在一处，听其配对。若不拣去病蛾，蚕生不旺。其子如苏子粒大，灰色或有白色者系寡子，不出蚁。蚁生，黑色，头眠即起变绿色，以至作茧，其色如一不变，夏秋两季皆同。

柳蚕桑蚕之同异

桑蚕有三眠蚕、四眠蚕之分，柳蚕亦分三眠蚕、四眠蚕。三眠蚕三眠三起，四眠蚕四眠四起，近北方多四眠蚕，三眠蚕易育丝少，四眠蚕难育丝多。大约一七而变，四变而老，七变而死，一月余结茧，与桑蚕同。惟桑蚕养原蚕者速成，柳蚕放秋蚕者缓成。桑蚕茧小丝量轻，柳蚕茧大丝量重。桑蚕养于家中，柳蚕放于树上。虽柳蚕之丝不如桑蚕丝之精细，然近外洋调查，作飞行器惟山茧丝最良，是以争来购买，因而丝价大长。柳蚕亦山茧类也，则丝质虽稍粗暗，而有特别利用，将来丝价当不让桑蚕丝者矣。

谨按：南省养桑蚕者，多在一月内结茧。北方养桑蚕者，皆在一月外结茧，以天气稍冷之故。至养原蚕，无论南北，皆一月内结茧，天热也。惟原蚕茧小丝轻，秋蚕茧大丝重，故养原蚕者少，而放秋蚕者多也。

柳蚕橡蚕之同异

橡蚕放春秋两季，柳蚕亦放两季，且其种子即用橡蚕种子，其配对、移蚕、去病、防害等事，以及蚕剪、蚕镰、蚕筐、蚕箔等器，无一不同橡蚕。故知放橡蚕之法，即可推之放柳蚕。惟橡蚕秋季拴蛾树上，春季产子筐中，柳蚕夏季配对后即栓蛾树上，无用筐中产子。以柳蚕出蛾晚，天气已暖，树叶长大故也，较之在筐中产子，尚少蚕病，眠起亦速，可免春冻秋霜之害。其茧形比橡蚕稍尖长，丝之质量则同。

谨按：桑蚕、橡蚕、柳蚕，皆先前吉省所无，近始发明之、试验之，而吉林衣服之源开。然桑蚕、橡蚕皆里省数千来久享之利，今始惠及吉林。柳蚕一出，行且由吉省起点，遍达里省，而利被无穷。新创之利与久传之利，事相同，功相同，其有用于世界也，亦无不同。惟望吉省绅民，分任提倡，尽力放养，吉林蚕事之盛，有非里省所敢望者，输出品中又添一绝大利源，何幸如之。

柳蚕十利

利为圣贤所不言，而实天下莫能外，国无利不兴，家无利不起，人无利不生。外人之事侵占者，利也；我人之宜保守者，亦利也。若不知其利之所在，何以保又何以守？爰即在官言官之义，推求栽柳放蚕之利，盖有十焉。其仍事观望而不为者，所谓坐失其利而不顾者也，又何足与言利？

平原种五谷，高冈放橡蚕，下湿放柳蚕，庶使一省之中，无有弃地，一利也。

吉省蒿柳处处皆生，略加补栽，即成片段，较之远取种秧，大省工力，二利也。

先冬栽柳，明年即可放蚕，卖丝得钱，先于五谷，三利也。

无橡树处多放柳蚕，有橡树处兼放柳蚕，五十衣帛，自有余裕，四利也。

天寒之地，橡蚕恐难两季，柳蚕速成，可以补橡蚕之不足，五利也。

蚕食柳叶，所余枝梢三年一砍，烧柴不可胜用，六利也。

种柳放蚕，男子之事，框丝织绸，妇女分工，一家男女，各有职司，七利也。

柳蚕丝量一如橡蚕，加倍桑蚕，好丝织绸，薄茧作絮，衣绵衣单，皆我自有，八利也。

丝销外洋，久为大宗，以丝易金，可以富国，可以足民，保守利权，此其为最，九利也。

栽柳一年，养蚕数世，既省人工，又尽地力，虽不宜棉，冬寒可御，十利也。

《樗蚕通说》

整理说明

《樗蚕通说》不分卷，清代秦枡撰。秦枡，浙江临海人，生平不详，一生大部时间都花在发展柞蚕生产上，早年撰写过《养山蚕事宜》一书。

《樗蚕通说》一书分为释名，辨种、利用、土宜，培植、选茧、烘种、配蛾，产卵、上树、剪移、病患、蚕祥，收茧、晾茧，缫丝、器具、销路等节，较详细地叙述了柞蚕产业链的工艺。本书的主要内容，基本上是参考其他书籍编成，部分内容来自生产实践与调查，内容较为简单，但总体来说仍然可算是一本较好的柞蚕书。

本书成书时间为宣统元年（1909 年），有多种版本，此处点校底本为《四休堂丛书》本（1933 年版，第四册卷九）。此外，本书后又附有勘误表，本次校注时直接根据勘误表在文中改正，不再将原勘误表列出。

《槲蚕通说》

【清】秦枬 撰

重印版绪言

　　槲蚕，即山蚕，饲以槲叶，故谓之槲蚕。此树各省俱有之，其称为青槲，惟四川与贵州，以槲叶饲山蚕，产丝最旺者，惟贵州遵义，川东稍有之，北川甚尠，余昔于巴州署编此书，有以也。至巴州习艺所雕刻印刷科成立，即排印，详请督院司道审定，劝业道批：切当详明，适合劝业之用，仰即添印三百份申解，以便札发各州县参考办理①，价银若干另发云云。州于是如数印解，并将札文印卷首，此乃第二次所印者。民十九，余家被燬后，此本无存，访诸友亦是初本，核其实则此本有无，未必为是非所系，在吾浙则有无此说，亦可断为无关系，此非浙无此树，浙人多以柞台语音如宅称之，非浙之气候不宜此蚕，初办时得法与否，似乎有宜有不宜，办实业大抵如斯，非独蚕业为然。溯自宣统三年，浙江劝业道举办柞蚕，随即国变，后遂无复谈者。虽谓之不宜可也，废除此说亦无不可，惟究竟宜与不宜，然乎否乎，非一人能臆断，姑留此说，以俟后人，容有高明者为之论定。此次重印之意，即在于此，并于此书前数条辨树之处，稍加修正，较为明晰。是否，应质诸农家者流。

　　　　　　　　　　　　　　　　　　民三十二年秦枬识于四休堂。

---

　　① 原文误作"扎"，勘误中已改正，后文同。

序

　　戊申冬，余被檄权巴州，甫入境，辄欲察其山川之形势，与夫物产之赢虚，途次进野叟山农，问闾阎疾苦，遇崎岖偪仄处，复舍舆而徒，登高四顾，耳与目谋，知其地瘠甚，其民贫甚，为积息累日，然层峦叠嶂之盘郁于数百里间者，尚有蔚然深秀之气，殆地利无尽藏，而人事多有未尽者欤！下车后，乃属耆老而告之曰："若亦知林麓间青榔济济，不第供薪樏，实有裨于饲育耶？"或答曰："以距州治三百里芝包口地方，曾有以榔叶饲山蚕者，然无赢利。"余曰："是无法以导之故也。"遂拟办山蚕公会，草章程甫就，适奉劝业道劄查境内橡产，劝养山蚕，就地兴利，于是派朱生如椿赴乡劝谕，查报青榔，一面备价赍会章禀商本府，并寓书阆中松大令购种试验，因期迫，茧已烘种，未便出窝，缓其议以为后图。是时襄办学务委员秦梗友贰尹，出所编《榔蚕通说》见示，余欣然卒读，窃叹州人之荒是业也，有以夫目未睹中外古今大势，止踆踆焉囿于蜀之一隅，甚且囿于巴之片壤，无怪乎绝大利源，反视若堂坳之水，虽近年迭经当道提倡，又有夏君子猷《山蚕图说》鼓吹其间，仍不足以化一孔之见，倘得是编讲习而扩充之，则法愈便而利愈溥，且其利犹不止于山蚕，凡食品、染品、器用品，是编已无不类及之。抑吾更有进者，土人言冬斫榔木，截作数尺橛，层积山间，日暄雨润，久之则生耳，其色黑，犹常蔬也，若就山中之有溪沟者，当春斫榔置斜坡，夏生耳皆白，谓之银耳，值倍于银[①]，巴之二家坪、通江之陈家坝[②]，岁入颇饶。厥有明验，何以州人士若不知其有产也者？即知之，抑若土性之独宜于彼也者？此无他，盖即曩者耆老山蚕之说横梗于胸中也。吾将与吾民共研物理，浚利源，不使货之终弃于地也。故亟取是编付排印，附以弁言，徧饷农家者流，俾为谋生之一助云。

宣统元年己酉秋，

花翎在任候选道调署保宁府巴州事汉州知州诸暨楼蓼然。

----

① 此处"银"，似应作"黑"。

② "坝"字，原文误作"壩"，勘误中已改正。

《椆蚕通说》篇目

释名
辨种
利用
土宜
培植
选茧
烘种
配蛾
产卵
上树
剪移
病患
蚕祥
收茧
晾茧
缫丝
器具
销路

参考采用书目

毛诗传笺	周礼注
尔雅注	山海经注
淮南子	吕览注
汉书光武纪	说 文
农政全书	桑政萃编
会心外集	蚕桑答问

中国柞蚕饲育法　　　　山蚕图说

瀛寰全志

右列各种，半属参考，半属采用，大抵古籍详于辨树而略于蚕，近著详于蚕而略于辨树，若不互证参观，恐读古籍者不尽知此树之功用，读近著者虽知其利究不知为何树，古今异时，又复自此异地，无惑乎扞隔不通者愈多也。是编立说，务使之通，虽或就耳目见闻间附己意，要皆会众说以为折衷，每篇内外以不标明出典者，为中流以下社会说法，未便作经生家言也，故特标总目于入篇首云。

编者识。

《槲蚕通说》

临海秦枬编

释名

五方物产，异者少，同者多，惟方言不同，是以称名各异。青槲树，各省均有之，其称为青槲惟四川，若贵州称槲，亦曰橡，亦有称青槲者，陕西曰橡，亦曰栎，江浙曰栎、曰柞椵、曰梂，山东、辽东曰柞，河南或曰梂，徐州曰栩，亦曰杼。此外，称械、称花梨、称樗，纷歧错出，证之于耳目见闻，考之于经史传记，皆同一物而异其名者也。其所以异者，或就子与树分别言之，河南之梂、陕西之橡，又以橡为样为象斗，亦即皂斗，皆以子言也；或就同类异种者①，分别言之，如吾浙柞自柞、栎自栎、梂自梂是也；又有因大小而异者，如柞、械、樸是也。柞、橡、樗、栎得名最古，是以各省略同，惟川中独以青槲称，既有类别，复囿方言，遂致彼此纠纷，博物家愈多疑议。

辨种

地之生物，每于同中见异，非特异形，且异功用，所以农家种植，最重选种。青槲树一种，叶长而大，仿佛栗叶，边周微缺②，惟不作细齿状，味微甘，其枝干灰黑色，其子圆而微长，大如衣钮，其壳坚，上端覆以盖，或称盌，亦称斗，盖蒂着枝，壳内肉味涩苦，此即吾浙所谓柞椵，他

---

　　①　"类"字，原文误作"顾"，勘误中已改正。
　　②　"仿"字，原文误作"役"，勘误中已改正。

省所谓榍与橡也。一种叶稍短而小，其子大倍于柞，其盎大有刺状，其树理花纹较稠密，上海、吾台称麻栎，即花梨。此二种冬俱落叶。

一种叶短小，边周状细齿，味微苦，其枝干青黑色，间有白斑，干之大者不甚青黑，此名虎皮青榍，即吾浙之所谓栎，青栎质较坚，康栎逊之，不尽结实结较大，此二种叶俱冬绿。

一种叶带赤色，味辛。又一种叶最小，谓之细叶栐，此种不多觏。最多者莫若柞与栎，丛生山间，无和不有，有小者亦有大者。

利用

此树古称不材，止供薪料，仍不善引火，故其材宜于建造监狱，亦有制为车辐者，后世稍稍见用，或作捱舵，或作诸劳动器械柄，此盖青栎之坚者。余多闲散，祗以炭名，力大耐火，东南方炭甚多、种最佳之白炭，即川中之榍炭也。其最为适用、最昂声价者，莫若细叶种，作轿竿绝佳，能刚能柔，善如人意，每乘二竿，价二三十元不等，所谓栐竿者是也。麻栎虽不甚坚，亦有别用，剖板片花纹清楚，水磨以发其光，油擦以润其泽，制为文具或扇骨等件，古雅悦观，价居凡木上，名曰花梨木，好名者爱之重之，究不知何木，讵知此即乡村爨下废材耶！

其子颇苦涩，经人工精制，可充食品，冬食橡栗，由来已古，至杜少陵采橡自纵，虽云穷饿，实则此品自饶风味。作法与豆腐略同，去壳浸水发胀后磨之，承以桶，加注清水澄一二日，底质凝结，然后去水取其凝实者烹调之，乡人称为柞子豆腐，澄一次者色味不尽佳，经二次则黄浊去而洁白，苦涩去而清淡，若取其上层晒去水分，至极燥则成细白粉，称柞子粉，食法与蕨粉、藕粉同，其功能止泻。近岁吾乡饥，禁番薯川中称红苕，白者称白薯，北方亦称白薯或曰地瓜，又曰山芋、川豆川中称胡豆，北方称铁蚕豆，毋许作粉干，有以此粉作细条成粉干者，味与豆粉干同台称豆面，制法亦相似。此属乡里新发明，尚未普及，果能仿行①，其利溥矣。子之外壳向尽弃掷，间有作染料者，可染碧布，仍非视为佳品，自海上通商以来，制造家试验土货，始知制革厂所以染革者操靴类，系即此

---

① "能"字，原文误作"而"，勘误中已改正。

壳，即麻栎盌，川省近数年间，销售畅旺，价已昂贵，吾浙尚未之知也。然此非创始于外洋也，我周公立掌染之官，染革有象斗之属，大司徒经理山川，一曰山林宜皂物，谓即柞栗之属，其壳为汁，可以染皂，京洛、河内多言栩汁。古圣人详于辨物，取材者如此，惜后世不复讲明耳。

树子壳盌，各有所用，其最为无用，反可获最大利益者，莫如叶。以叶饲山蚕，收茧抽丝织绸，自古著称，东汉时已有之，始于河南、山东，传及盛京等处，蚕曰柞蚕，绸曰茧绸，又曰府绸，向来三省出口货，以此为大宗，销售各省，与江浙丝绸相颉颃。若贵州向产是树，视为弃材，至乾隆七年遵义府陈太守派往河南购山蚕种放养，初年不佳，次年续办丰收，由是盛行，近岁益旺。其由遵义传种入川，始于光绪年间，符阳一带经夏明府极力提倡，较为繁衍，他郡县尚不多觏，间有采叶以饲于家者。饲蚕之叶，以长大微甘者佳，余二种蚕不喜食，且成茧薄，得丝少矣。

土宜

此树性质不甚择土，随处皆宜，最著者山东之宁海、栖霞、文登、日照、沂水、蒙阴、潍、昌邑、莱阳、海阳、福山等县，盛京之怀仁、宽甸、大孤山、盖平、海城、辽阳、赛马集、通化、兴京、铁岭、昌图、复州、金州，均属繁殖，河南之伏牛山等处，贵州之仁怀、桐梓，川之合江、綦江，俱有成效，其余各省向未饲养山蚕者，并非土不宜树。此树徧地皆产，泥质为上，挟沙次之，红沙火石地为下，总以干燥为要，凡倾斜之山地，平坦之山巅，及山谷之中段，与夫高地、平地常得日光者，无不宜于是树，即不无宜于此蚕。

培植

其自然生殖者，须略加人工培补，务令疏密得宜，交枝接叶，倘其中稍有杂树，必致蚕病。最忌桐与白杨，蚕食辄死，故非删薙净尽不可。至于宜蚕之树，不删脚叶，俾子蚕便于上树，树至高不得过五六尺以上，愈密愈佳，疏则食叶尽时，多费人工移配，或四下堕地，曝烈日致死。

其人力种植者，仍以亩计，亩与亩之间，彼此约隔六尺，树与树之间，约隔三尺。先与十月间收取种子，选其肥大坚实，未被虫害者藏之，至三月春气畅发，土气融和，以锄劚土四五寸深为一孔，每孔下种子数颗，仍覆以土，二十余日①后萌芽出土，去其瘠弱者，留其肥壮者三五株，令得邕茂，一二年间叶最宜蚕，经三四年后较逊，止可供四眠以后之蚕。蚕之优劣，判于树之新旧，树经三年者，当于冬季齐根刈去，明春发新枝便成佳叶，若十年前后之老树，须于冬季就树干高五尺以上锯断，令春发新条，此叶可饲秋蚕，不可以饲春蚕。

此树不加肥料，自能壮长，害树之虫亦不多见，惟枝叶间每有五倍子寄生。五倍子有两种，其一种生于叶面或嫩条，其形如球，径可二分许，色绿，稍老带红色，此虫无大害，不过令叶生长微迟而已；其一种每群生于嫩条，其形虽似球状，而不甚圆整，此虫满身皆毛，恰如小栗，能致树枯死，巡视时须捕杀之。

选茧

是茧大小厚薄不等，秋蚕收茧后，择其色黄赤，茧大而厚，指衡之而重，摇之而活，耳听②之而不悉窣作声者为最良，收存作种。尖圆各半，尖者雄，圆者雌，茧之一端有系者为头，其一端无系者为脚。选定后，盛以笼挂室内，冬藏密室，以避冻，至春日天气晴和，移笼室外，曝以日光，三月下旬四月上旬，蛹自化蛾而出，亦有以种茧相联如念珠，悬檐前以受日光，久而自出者；一法，于秋蚕收茧后，择佳种埋诸柞树之根际，每穴数颗，穴深一二寸，以薄土覆之，至明春自能化蛾出土待长翅能飞，自然交尾，产子树间。此二法不费人力，最为简便，北方行之，惟化蛾较迟，贵州法费工资，用火催烘，出蛾较早。

烘种

贵州烘种法，立春后裱糊密室，量室内八九尺高，横列平竿如楼枕然，上铺席，中留方孔，以线穿茧脚，勿伤蛹，颗颗联缀成串，悬于列竿，离地尺余，当地中置青柞炭，燃微火，视节气之冷暖定火候之加减，

---

① "日"字，原文为一空格，姑添补于此。
② "听"字，原文误作"而"，勘误已更正。

约四十昼夜，不可间断，若冷热失宜，蚕多病斑、病蜝，病斑者将结茧时，周身现黑色而死，蚕蛹受热，用火太过故也，所烘之柴祇宜青椆，忌桐子树，如烧柴之户，烘室须与灶房隔远，免受杂木杂草烟气。此法费事，且温度易致失调，不右前之纯任自然者较为妥便，惟前法化蛾，必于三月杪，此则雨水节后即有报信蛾出，仍不堪作种，必惊蛰春分间化出者可也。

配蛾

蛾出茧后，防扑灯自毙，分其雌雄，各受以有盖之笼。雄者腹瘠，雌者腹肥，经过一日，乃移雄于雌之笼令自配合。是时倾听，或有拍拍作声者，此为狂夫，须除去，不除必乱群合。既合者，经一昼夜必拆其对，否则雌蛾或致胀死，此系过时之弊，不及时则产子仍不育也。当未合时，用两指将雄蛾微搠之，以去其溺，不去则碍精路，合如未合，然亦有无溺之雄，尾瘠不湿，不烦去也。折对后，必去雌之溺，或黄黑色不等，不去则难产。若岁生之雄少，一雄可配两雌，须间日一配；然后配之雌，其蛋多不育，即育蚕亦多瘠，父气不足故也。

产卵

拆对后，即于笼底置带叶青椆枝，以栖息母蛾，其所产卵粘着枝叶间，俟三日产毕，复置蛾亦如之，约十日而卵尽。色黑，微扁，如老萝卜子，然一蛾之卵，极于一百，产后去蛾，候天晴移枝出室，以受日光约十日，自陆续乳化而出，先出之蚕可食其所栖之椆叶。此法最适宜贵州，用生黄荆条作筐，使卵粘于此筐，未尽善也。

上树

子蚕初出，头红身黑，如香签粗，栖椆叶间，即持此枝叶横置树间，蚕自由枝移树，以食嫩叶。是时畏大风，先择风少处放之，后再匀配各树，每树一株，视其大小以判放蚕之多寡，大约树高三尺以上者，可放春蚕五十条，秋蚕三十条，三尺以下者，春秋两种皆以放至二十条为止，平均计算每株放春秋蚕共六十条，每亩树约六百株，可放蚕三万六千条。上树七日坐头眠，变青黄色，前后四眠易，一眠自食其脱去之壳，值眠时，切勿动之，四眠后再十日，则结茧。此十日中，蚕之食量增长，每蚕一日夜尽五叶，更宜加意周历巡视，毋使断缺。

剪移

蚕日壮长，所食日加，此树叶尽必移置他树，若欲捉而移，既不胜烦，且恐伤蚕，故以剪为便。此剪与家用剪不同，与桑剪无异，剪头短而宽，开合力自大，将枝剪下，顺挨放去，宁多往复，慎勿积压，以致伤蚕。如树与树接近，不必剪下，则用草束之，以交其枝柯。或蚕附空枝落地，及附大枝或干者，可捉置有叶处，须猛捉之，使其不妨，如捉迟稍惊，则后脚固抱，必致扯断，故曰其攫也如虎，放置如鼠。

病患

山蚕体质甚壮，远胜家蚕，不易染病，遇有旱潦，未免病毙，时时小雨，实能助蚕之发育，若霖雨及旱霜，亦易害蚕。有谓春蚕宜背日之叶，以免炎蒸，秋蚕宜向阳之叶，以免寒沍；或谓春蚕宜向阳，秋蚕宜阴，可避秋阳之烈。言各有当，未可固执，盖由辽河而迤北，由岷江而迤南，气候寒暑悬殊故也，不若是则不必有所趋避也。随处放养，鲜有疾病，其病也亦有三种：一黑点病，即皮肤现有黑点；一变色病，即变其本来之淡绿色而为黄色；一漏粪病，即遗漏白粪。天时无大变，受病自少，其为蚕患者，禽鸟啄食、野猪拔树、癞蛤蟆①吸卑枝，大马蜂北方称哇蜂咂肉汁，苍蝇之子寄生蚕间，其蚕必死，病理与家蚕同。凡此诸患，当随时巡视捕杀之，然莫若驱鸟为要，鸟之觅食，多在于将曙及薄晚时，防护之法，以声吓之，或以形骇之，或以机陷之，或以物击之，皆可也。但以所放之蚕数，至收时计之，终有一二成损失。

声吓如放空枪、敲响笱之类，又可仿古护花铃法，多用铃之善响者，系高处弱枝上，或植小竹木竿高出林上，竿之弱梢系以铃，鸟之性质，其将下也，必先栖高处，四顾而后下，啄鸟集枝动铃响，被惊辄去。形骇

① "癞"字，原文作"癫"，似误。

者，或束草作人，悬饰红綵，随风飘扬，或以枪毙鸟高悬林上，群鸟不复至，同类之悲，羽族咸知之。机陷如机竿、机丝之类，机竿者，植竿设机，鸟栖集则机发被套，亦称套竿；机丝用极细丝，多作圈，张林间若罗网然，鸟投辄被套。又有媒笼捕鸟者，向多用之。物击如沙撮、擎霹之类。凡此诸法，随意酌量可也。

蚕祥

子蚕上树五六日，中有香如兰者，谓之"蚕花香"，此上祥也，后必大熟。眠后有一二红黑头者，或青黄色间有深碧色者，头峥双角，小于常蚕，亦上祥也。凡蚕在树叶未尽，必不往食他树，惟此蚕朝东见之，暮或西见，但同林虽间一二里亦能往来，而不见其往来之迹，土人谓之蚕神①，稍惊之，似有希希声。

收茧

蚕自上树后，约四十日茧成，再过五六日坚实，盖成茧后，蚕自泻白浆浆茧，三日始干，若不俟浆干，湿摘之，其茧必坏。其已干者，采下载归，晒干裹叶，顺其丝系自上而下剥之，如逆剥则伤茧，缘结茧时各牵叶三皮②，自裹作瓮，于中周回吐丝成茧。或有大而厚且不封口，口有黑迹而湿，是曰油茧；或口封而汁汁湿，是曰血茧，斯二者蛹皆为败水所浸，不择出则坏好茧。其薄而不坚者曰二皮，因蚕食不足，及作茧时为人偶捣故也。春蚕毕茧在五月下旬，秋蚕毕茧在八月上旬，过迟则茧不封口矣。

晾茧

茧或数十百万，一时不能概取，须编竹帘晾之。就地置木架平铺之，布置③其上，约两寸许多厚，方透风不潮湿，则茧色佳。如当时不能尽缫，则留响茧，法以烈火炕之，不宜过猛，须四围拦密，用席覆茧上，中留一

---

① 《山蚕图说》作"神蚕"。
② 此处"缘"字，原文误作"绿"，勘误已更正。
③ 此处"置"字，《山蚕图说》作"茧"。

孔，以干谷草掩之发汗，茧色始佳。方是时也，蛹受火逼，索索若骤雨，候经时无声，撤去另换，毋令过久伤丝。其理与家蚕杀蛹同。

缫丝

此茧与桑茧微异，其性硬，先以滚水泡透，打捞起绪，分一簇入釜缫之，至中又取一簇续之，釜中之水不必加火，止须略温。一法，用灰少许，先于锅中调匀，俟沸极入数十茧煮之，以水搅为度，候茧舞跃汤面，然后去其绲，引其绪，和其丝，上贯丝车。最细丝以八茧为度，内地用者仍以十余万茧为宜，其法与缫桑丝同，以汤水清洁丝细匀净为佳。贵州用大锅，每锅茧二千个，灰二两，是以出丝不善也。善缫者，上茧无余壳，中下茧皆有余，此之谓缫余衣，及油、血、破口之茧绪中断，皆不中缫，翻去其蛹，用灰碱水洗净，晒干，和而筑之，以铁齿梳梳之，网以为絮，亦可销售，其佳者缫得之丝，较桑丝尤为坚韧。计茧种一万颗，出蛾、产子，饲养成茧，实收可得二十余万颗，缫丝织绸，可获四十疋之谱，若按亩计算，大约樠树一亩可收春秋茧共三万六千颗，所缫丝可织绸七疋，每疋长四丈余，即令贱价出售，赢利已厚，若售丝则其价与桑丝相仿佛，山乡穷户，何乐不为？北方养春蚕者少，养秋蚕者多，非春蚕之丝劣于秋蚕，春时农家事繁，秋多闲暇故也。

器具

养山蚕不必多制器具，亦非有定制，随地随宜，概属适用，如承茧、承蛾、晾茧，北方用笼、用帘，笼以柳条为之，帘以高粱为之；贵州用背篮、用筐，以竹为之，均无不可。至承蛾产卵之器，贵州人谓必用生黄荆条制新筐，以受生气，用旧筐则蚕卵不能粘固，且一子不出，迨卵化蚁，蚕上树时，倾筐而茅刷扫蚕。凡此诸法，皆甚拙笨，不若北方之便也，他若删薙用刀，移枝用剪，以及响笥、沙撮、擎霹、机竿等件，照式仿制，较为适宜。

蚕刀　式同普通柴刀。

蚕剪　式同普通桑剪。

响笥　以竹为之，鸣击惊鸟。

沙撮　以四五尺长之竹竿为之，破其一头五六寸长，析而不断，如响箸状，用篾丝横编之，略如箕而小。蚕上树四五日时，执其柄以撮沙土，向空抛撒，以惊鸟，沙土均细，堕不伤蚕。二眠后，用擎霹为宜。

擎霹　擎霹以棕为之，长约五尺，两头搓作绳，中段宽三寸，长五寸，编作细网状，以绳一头作一小套，套于右手中指，然后以大指、食指搦其一头，向空擎之，石即飞去，鸟即惊逸，而擎霹仍在手。

机竿　亦名发竿，所以套食蚕之鸟也。法，以五六尺长竹竿，竖于近蚕处，又以一细竿，长短相若，一头系长绳，一头缚于竖竿下节，然后截枝为钩，长约尺许，缚其柄于竖竿上节，即将细竿之绳，牵系于缚钩之处。又以一楔子长二尺三寸许①，竹木均可，量绳距细竿一尺五六寸远，横系之，随将楔子直亘于树钩间，另以一木竿长一尺五六，以一头置于钩上，楔子轻轻倚之，即为机矣。一头平放于细竿上，盖以树叶，使鸟不觉，至是则细竿曲如弓形，绳如弦紧，而近竖竿之绳则松而下垂，即将垂绳拾起，结一大活套，搭于钩前木竿上，即毕矣。

销路

山丝织绸，分上中下三品，中下品土人自用之，上品运销京师、山陕、江浙及广东等省，其由贵州运出者，岁值银五十万两，由河南山东运出者，有过之无不及焉，至海禁大开以后，丝与绸陆续出洋，近愈畅达，就东洋日本论，当一千九百三年，买进山丝二十八万六千四百磅，绸二十一万三千七百三十三磅，迨一千九百六年，买进山丝增至五十四万七千八百二十三磅，绸则减至二万二千五百三十三磅，盖因选丝自织成品益佳。横滨生丝检查所复有二种新发明，一即取原来黄色之丝曝以日光，二则纺织机器是也，用此新发明之机用丝之数，比前此大为节省，而丝之匀称远胜从前，价格亦高，东人既习而用之，复讲明饲养山蚕之法逐渐改良。

其销于西洋者，以英、法、意、美四国为最多，四国内又以法国为最多，一千九百六年，法国买进山丝一百一十六万零八百磅，意国买进五十八万八千六百零六磅，美国买进五十万零八千零六十六磅，英国买进一万

_____

① "二尺三寸"，《山蚕图说》作"二三寸"。

八千三十六磅，至买绸则惟法国有一十五万四千磅，其余各国均不过数万磅。

合东西两洋所买山丝与绸，平均总算每年共计四万磅，其出洋口岸，上海为最，烟台次之，东省之安东尚属新开，其丝行小者数十家，大者祇五家，然美国丝商在东者现正极意经营，数年后必大有进步。欧美丝场日增月长，我国之绝大利源也，深山大麓，毋自涸其源则幸矣。

《劝办桐庐柞蚕歌》

整理说明

《劝办桐庐柞蚕歌》不分卷，清代陈蕃诰撰。陈蕃诰（1867—?），画家，生平经历尚不清楚。据林京海著《清代广西绘画系年》（下）（广西师范大学出版社 2017 年版，第 555 页）载，略摘录如下：

> 同治六年，陈蕃诰出生于杭州，字少鹿，号画禅、退盦、非心居士，贵县人。
>
> 《陈少鹿首创回文梅花画册》自题识云："戊辰三月，少鹿并识，时年六十二。"戊辰，为民国十七年。又张文桓《陈少鹿六十六岁小景》云："贵县陈先生蕃诰，字少鹿，又曰画禅，别号非心居士，前四川总督鹿笙制军之四子。"末署题识云："中华民国二十一年夏历壬申仲秋，弟子张文桓谨志。"又《湖社月刊》第四十六册载陈少鹿绘《花鸟通景屏》载金潜庵题识云："陈少鹿，印蕃诰，又号画禅，亦号退盦，寄籍浙江杭州，原籍广西贵县人，现年六十五岁。"出版于民国二十年九月初一日。因逆推其年月，知陈蕃诰出生于同治六年丁卯，其父陈璚时任官于浙江杭州。

《湖社月刊》称其"原籍广西贵县，寄籍杭州，寓北京"，曾任"清季补用道"，"幼郎习画花卉、翎毛，从宋元入手，久而自成一派，精致茂盛，秀逸不俗。历任北京艺术学院、辅仁大学、北京大学华学中国画教授。循循善诱，成材极众。"此处的《劝办桐庐柞蚕歌》，应该是陈蕃诰担任浙江劝业道时的成果。因陈蕃诰的绘画功力，本书中的插图，应该也是出自其本人之手；不过，其图画的内容，则与董元亮《柞蚕汇志》中的插图极为相似，只不过《劝办桐庐柞蚕歌》一书中为彩图。因《劝办桐庐柞蚕歌》成书年代尚无法确定，故二书中的插图亦无法确定先后关系，存疑于此。

此处《劝办桐庐柞蚕歌》的点校，底本为浙江官纸刷印总局代印。出版年份无考，但根据正文中提及"预备立宪"、"劝业道"等内容来看，应该撰写于光绪三十四年（1908 年）至宣统三年（1911 年）之间。

《劝办桐庐柞蚕歌》

【清】陈蕃诰　撰

浙江官纸刷印总局代印

　　国民首重根基固，切莫放弃无程度。预备立宪过渡时，仕农工商同一路。天生出产无其数，亟研究，莫迟误。

　　桐溪山水清且秀，柞树林立无其右。维柞之枝《毛诗》咏，其叶蓬蓬随处有①。坚韧柞性分多种，绘图贴说言论透。山蚕利厚，作茧不落家蚕后，吐丝不比家蚕瘦。须赖人工调护勤，不畏春秋风雨紧。织出绸绫销售行，兴业莫把余利剩。我今劝办柞蚕莅兹土，满山柞树目亲睹。休负严桐椊栎多，快觅种子放枝柯。春暖蚕花熟，农家衣食足。秋成出茧多，卖茧如枲谷。剥茧千个街头挑，售价得银一两速。绝大利源开，都从桐庐来。

　　实业兴，实业兴，听我说原因。劝业新政改良策，满山遍地皆黄金。熟览柞蚕志，方知柞蚕事。熟览各柞图，方知各柞树。我今续著《劝办柞蚕歌》，又绘各种柞图阿。愿尔辟开地利，莫负天心。愿尔家家丰足，勿再因循。

郁平　陈蕃诰编

---

　　①　出自《诗经·小雅·采菽》："维柞之枝，其叶蓬蓬。乐只君子，殿天子之邦。"下文有引用，可参见。

图1

右北地曰柞，南地曰白栎，又曰柴栎，山乡一带随处皆有，不独严桐一处。《诗》云："维柞之枝，其叶蓬蓬。"有坚韧之性质，干与栗同，叶亦相类，土人不识可育山蚕，刊刈作薪。

右柞枝枒，每生子栗，凡结子之树为牝，柞子所落处茁生新枝。严桐

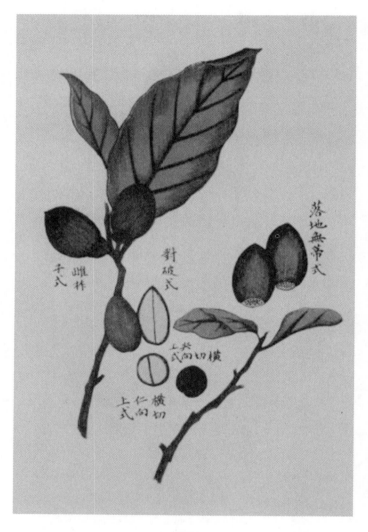

图2

有子之柞颇多，乃土性使然，北地子大，南地子略小，实同种耳。

右柞枝枒，每生刺栗，凡有刺栗者乃雄柞也，子落处不生新枝。访之于老农，始悉有雄雌之别。

图 3

　　右北地曰橡、曰槲，南地曰麻栗，亦曰橡树，又呼禄木檫檫①，查檫檫，木盛貌，树高数丈，桐庐所产不及柞栗之多。

　　右北地曰青榈柳，俗呼曰水杨柳，又曰榈木，其叶嫩而密。考查历史

---

① 此处原文作"橡木"，据文义考证应为"禄木"。

图 4

云，开宝五年，资州献梅、青桐二木合成连理①，即此种也。

———————————

① 此处开宝五年（972 年）献瑞之事，正史不载，仅《康熙字典》等字书中有提及，存疑。

图5

图 6

　　右柞即柘，又号樗栎，研究柘叶饲蚕①，为丝中琴瑟弦，清响胜凡丝。干有棘，冬不凋叶，柔软与桑同，每有撷其叶以饲家蚕，补桑之不足，俗呼曰圆柘。

————————————

　　① 此处"研究"一词，语意上似有不通，但原文如此，存疑。

图7

右种名曰尖柞，性质、枝干、颜色均与圆柞相同，惟叶下阔上锐耳。识者亦有采其叶饲养家蚕。

图8

　　右土人呼之曰花柘，亦尖柞也，性质、枝干、颜色、高低与圆柘同，叶不过大。

郁平　陈蕃诰绘

《安徽劝办柞蚕案》

整理说明

　　《安徽劝办柞蚕案》不分卷，清代徐澜编撰。徐澜，字澄圆，曾任安徽劝业道署农务科长。

　　在本书刊印之前，徐澜等人已经编撰过《柞蚕简法》（1909年编，有单行本）、《柞蚕简法补遗》（1910年编，有单行本）、《安徽柞蚕传习所试育柞蚕第一次报告书》（1910年编，有单行本）等书，1910年由徐澜等收录后，再加入了《凤阳柞蚕传习所蚕事分级表》《柞蚕简易办法》《烘蛾说附公牍》等内容，编成此书，可参见此书前安徽劝业道道台童祥熊的序。本书比较完整地展现了清末新政时期安徽省劝业道对柞蚕业的推广工作，特别是它记录了近代中国第一所以柞蚕放养为专业的学校——凤阳柞蚕传习所，对其创办、规模、体制，以及各种柞蚕试验和推广的情况都做了记录，是非常珍贵的史料。本书有安徽劝业道童祥熊（1908—1911年在任）的序，1908年童祥熊和沈方伯等人于凤阳森泉寺兴办安徽柞蚕讲习所（即凤阳柞蚕传习所），1910年又在安庆设安徽蚕业讲习所等机构。

　　总体来看，本书内容详略较为得当，对于柞蚕业的生产流程描述得非常专业，是一部很有价值的柞蚕书。1910年，清政府曾举办南洋劝业会，会后出版了《南洋劝业会研究会报告书》，其中就收录了《柞蚕简法》（附《椿蚕简法》），与此书有少量字句上的出入，可以参照对比。

　　本书成书时间为宣统二年（1910 年），之后有多次重印、翻印，并被一些著作大量引用和抄录。此处点校底本为宣统二年安徽省劝业道署排印本。

《安徽劝办柞蚕案》

【清】徐澜 撰

宣统二年
劝业道署编印

序

中国山蚕，见于唐宋各史，而于养育之法，则语焉弗详。余前嘱徐澄圆大令辑《柞蚕简法》，嗣增《补遗》一帙，又以传习所试育春蚕成绩，订为《第一次报告书》，次第印行。区区之愚，欲更有所贡献于社会，便蚕业家之研究，爰复荟萃三者，量加修改，并增其所未备，都为一编，而弁以言曰：

事有以因为创，既创之而民即可因之者，皖省之试育柞蚕是也。柞蚕之兴，自齐之登莱始，而豫之鲁山、南召、裕州继之，今两省茧丝为出口大宗，食其利者数十万户。比年直隶、奉天等处师其法，辄收其效，则壤连齐、豫，土腴多柞之皖省，其宜蚕可知，今之试育，盖因齐、豫已成之良法，创皖省近百年之所未有，故曰以因为创也。然而虑始之，无其财则事不举，有其财无其人则事仍不举，凤阳一传习所，成于库帑支绌之际，及其如法试育也，收茧既多，而丝亦坚良。凤郡乡民，前之疑为洋蚕，相视而莫敢近者，今且欢忻鼓舞，以为衣被之资在是矣。此不独余之所厚幸也！夫提倡者官，而仿傚者民，传其法、通其意，以浚民智而张利权者，则又赖有明达多闻、毅力宏愿之士绅。愿自兹以往，皖江南北，有柞之地，无不有蚕，用可久之法，而成可大之利，凤阳一所，其权舆耳！故曰既创之而民即可因之者也，区区是编，或为当世所不弃焉。或曰："柞蚕者，野蚕之一耳，柞之属若橡、若槲、若青㭜，皆宜蚕，兹编以柞蚕名，其未备乎？"曰："事固有举一以例其余者，且齐、豫习称柞蚕，民所易知，则仍之云。"

二品衔安徽劝业道童祥熊序

《安徽劝办柞蚕案》目录

柞蚕简法目录

种柞篇	种类	收子	下种	培植	割槎	留桩
	剪条	伐木	刨根	储材	治虫	

育蚕篇	购种	制种	蚕山	蚕场	防守	巡视
	蚕宜	蚕忌	蚕病	茧病	蛾病	

春蚕	收种	出蛾	配蛾	生子	出蚁	移树
	头眠	二眠	三眠	大眠	作茧	下茧

| 秋 蚕 | 收种　出蛾　配蛾　生子　出蚁 |
| | 移树　眠起　作茧　下茧 |

缫 丝 篇	剥茧　烘茧　炼茧　蒸茧　上车　添茧　搭头　下车
	烘丝　卸丝　缫盆　缫车　缫工　出丝　捆丝
	装箱　乱丝头　余衣　弃茧　拓绵　打线　纺线

| 附椿蚕简法 | 种树　润茧　拴蛾 |
| | 出蚕　秋种　椒茧 |

《柞蚕简法》

总务科长蒋汝正　　校正

农务科长徐　澜　编辑

科员　　刘宏逵
　　　　戴光敏　同参校

种柞篇

种类

柞树即橡树，一名栎树，非柘树也。其种有三：一名尖柞，其叶光泽尖而长，状类栗树，有黄栎、灰栎、红柞、白柞、拷柞五种，所放之蚕，其茧小而坚实。一名青槲柳，其叶尾窄头宽，较尖柞叶约大两倍，厚薄相同，有大小二种，所放之蚕，茧大而匀。一名槲棵，又名槲树，其叶怒生，较青槲叶尚大一倍，色浓厚而质坚硬，亦有大小三种，所放之蚕，其茧尤大，但春蚕喜青槲、槲树，秋蚕喜尖柞，一山之中，宜兼栽数种。

收子

橡子房生，与栗相似，壳曰橡椀，色绿，层层有鳞甲，子如莲子，皮黄而肉微白，野生者落地自生。若欲收种，取七八月自落之子，于园圃中挖一深窖，堆积其中，埋以土，勿令见风，则既不生虫，又不干燥朽坏。子熟自落，须随拾随埋，毋使见风，若散置室内则阅日生虫，入土不生。

下种

柞栎宜山阜，随地之高下，相距二三尺排列种之。种法，于十月中用
铁镢掘土为坎，深二寸，置橡子七八颗少则不旺，和粪少许，以土覆之，筑
其土使平，则橡壳经冬冻裂而来春芽萌矣。或云，冬月将子散置土中，如
畦菜之法，频频用水洒之，来春生芽一二寸，于清明前后移栽之。

培植

柞栎初种皆先生根而后发芽，芽出土二三寸，混杂草中，易被践踏，
宜妥为保护，培之以土，以为标志，杂草杂木悉除去之。其根入土最深与
榆同，春干无雨，须用水浇灌，以便生根。

割槎

柞栎初生，最不易长，当年不过七八寸，次年不过尺，三年不过尺
五，以力在生根也。欲使速长，春初以快橛贴地伐之，令其精神无处发
泄，则先向下茁根，夏间怒生，当年即长尺余，如此三年则一发一丛，皆
高三四尺，即可放蚕。

留桩

一、二年后，枝干已粗，择其直者，只留一本，名曰留桩，余悉剪
去，则生气聚于一木，不逾年而桩成矣。桩高四五尺即去其梢，使丛条旁
生，不高不低，便于饲蚕。后可剪去丛条，盖柞栎固随剪随生者，但年年
剪伐，树力易竭，故一年只能放蚕一次，或只饲春蚕，或只饲秋蚕，其树
或一二年一剪，或三四年一剪。一法，放蚕三四年，间过一二年，以养树力。

剪条

野生之柞，未经剪伐，以手攀之立折，饲蚕最易受病，须连剪一二
次，其性始柔而可用。

伐木

桩至十余年后亦渐老，而所发之条不旺，八九月间叶枯后，宜先剪其

枝，复贴地伐之，用铁橛两面对札，桩即倒地，不须斧斤也，或离地寸许，若深入土中，则不复发芽，次年另生名曰芽楺，旺更倍昔，便可饲蚕。

刨根

柞栎随剪随生，其剪每在八九月，冬冷不复发芽，则生气聚于下，愈聚则根愈大，年久根柢盘固，生机亦为不畅，须于四周刨其根，但勿令绝，则来春之芽愈旺。

储材

柞栎树不宜高，为便于饲蚕也，若山之四周或中央，不妨略留一二株以为荫庇，且可以结橡子收橡种，盖饲蚕者按年剪伐，新枝嫩条不能结子也。

治虫

柞树之虫，与桑虫相似。一名水牛，背黑色，有白点，头两角如八字形，缘树而飞，小满后啮破树皮，遗子其中，初生形如蛆，钻穴而入，及冬粗如指而树空矣。此虫每月十五前头向上，十五后头向下，天将明时必出头饮露，须于上半月清晨寻枝干有流黄水处，用小刀剔出其子，如子已成虫，穴外必有蛀屑，浅者用刀剔出，深者以百部水及桐油灌之。一名蟗蛓，色绿，背有毛，能螫人，秋吐白汁如浆，凝聚如雀卵，作蛹其中，及春化为蛾，生子如蚕，子复化为虫，黏著树枝甚牢，须折而去之。一名螳螂，秋生卵著树枝上如茧，及春化为小螳螂，俗名蟗蟭，能食虫，故去之务净。

按，柞树又名簸萝树，又名不落叶，饲蚕之外，尚有数利：

一、橡粉，以水漂橡子，去苦涩，磨成细粉，再以水漂即可食。

一、橡椀，其汁可以染青，虽敝垢而不落，其法，碾碎橡椀，用水煮透，去其渣滓，取其精华，熬炼成膏，用时以水化开，略加黑矾即可成色。

一、橡耳，凡砍落之树身，树本锯作二三尺，以一木矗立地上，以一木横架其上，然后两面挨次斜铺之如姬屋椽式，使其去地甚近，当春夏秋三季阴雨蒸湿之时，便生黑木耳，青榔柳于生耳尤宜，连采三年，如见银耳则木气已竭，便须剔去烧炭。

一、橡皮，西人以此树之皮浆，煎熬成块，译名曰橡皮，中国呼别为象皮，今行用极广，亦可仿制。制皮之法俟续编。

育蚕篇

购种

育蚕莫要于择种，种不佳则蚕不旺。创办之初，可向河南鲁山、舞阳等县购种，其种有论筐卖者，有论茧个卖者，每一对筐贵时值钱七八千文或十余千文，贱时值钱三四千文不等，每茧百个约需钱一百五六十文至七八十文，总之买茧不如买筐，盖筐乃已成之蚕卵也。又蚕种宜二三年一换，水土由此移彼，互相购买，愈换愈盛，至近亦须四五十里，水土不同，蚕始易旺。

制种

制种之法，于育蚕时即择其硕大无病者，凑置一二树，留心饲养。下茧后先以两指捏之，试其厚薄，次举而摇之，其声大而轻者，蛹已死不复生；其无声而重者，蛹或受病，亦不复生；惟摇之在似动非动、不轻不重之间方为合用，有摇之不能即定，以手握之，蛹生则热，死则凉。茧头有系，正者雄，偏者雌，或云小而尖者雄，大而圆者雌。然手估之，雌必重于雄，大约雌者一百雄者须一百一二，以雄者不尽交也。

蚕山

春蚕山宜向阳，向阳则暖；秋蚕宜山之阴，阴则可以避秋阳之烈。惟作茧时，天气渐寒，亦向阳为主，大抵春蚕上山时，宜在山之阳，作茧时可移置山阴；秋蚕上山时宜在山之阴，作茧时可移置山阳。凡山高而多风、多雾及当西晒者避之按，河南与此同，而奉天则春宜山背，秋宜向阳及窝负处，秋季蚕初食叶时，即山背亦可，惟绣茧时非背风不可，盖以风吹叶动，其茧不易成也，微有不同。

蚕场

场有蚁场、蚕场之分。蚁场俗名蚁子地，其树初发者为头芽，宜育子蚕，其二芽、三芽则壮蚕食之。凡场要平坦，若升降不平，则照料有所不周；场要齐整，若参差不齐，则防护有所不及。场之地，泥为上，挟沙次之，沙而多石者为下。

防守

鸟兽虫豸之属，害蚕者不可数计，日间不时防逻，夜间亦必篝火看守，至下茧时乃已鸦鹊之嘴甚利，虽蚕已绣茧，亦能啄而食之，故绣茧后仍须看守。最为害者有野虾蟆，蹲伏树底，仰而吸之，蚕自落其口中，至蜂蚁螳螂及土蚱蜢之属，秋蚕之受害尤酷。用白砒合米饭撒置草中，虫食之立死，俗名药岚子北方呼蚕场曰岚子。近时河南以白砒和豆饼、麻饼，撒置草中，既可杀虫又可肥地，较用米饭为善。又野蚕畏麝，一经薰袭，辄竟日不食，尤宜驱逐。

巡视

蚕进场后，每日必巡视二次，密者疏之，墬者升之。又秋蚕多懒，天气渐寒，墬地即不复升，故秋蚕巡视较春蚕宜勤，大风大雨之中，尤宜多巡几次。

蚕宜

蚕纯阳之性，喜燥而恶湿，湿则不食或身生黑点。又最喜洁，凡场中有秽物，除之务净，育蚕者衣服亦要洁净。

蚕忌

蚕忌香辛酸辣之物，故场有杂木则去之，最忌桐油，凡烘室中有燃桐油，及误以其木烘者，所出之蚕多不旺。又忌萝卜，蚕筐有误盛萝卜叶者，触之则死。又食白杨叶者亦致病。

蚕病

蚕之病不一，有弱而不食者曰软即黄软；有硬而不蜕者曰僵即白僵；有身出黄水者曰烂俗名黄烂；有身生黑点者曰斑即椒瘟。软与斑多系种内受病，或云伤湿所致，至僵与烂则移树时压积所致。又有因树叶食尽不为移树，其蚕多黄黑而死俗名变老虎。又有大眠后身上逐节忽现黑纹，多不成茧，即成茧亦薄甚，每眠起一次必剔选一次。

茧病

茧之病，有软而不坚实者为薄茧，有坚实而不封口者为穿头茧，有未化蛹而僵者，有已化蛹而僵者，有蛹已败而茧染黑汁者为笼死茧，皆蛹之病也，宜剔出缫之。如欲选种，则剔其坚实者剖视之，头有白点，亮如猪脂，病则昏，病甚则黑。或腰截之，其心正赤，汁作淡绿色者上也。以两手凑合而复分之，其质微黏若有丝相连属者尤佳，剖视一二，则其余可知矣。

蛾病

最后出之蛾，多弱而无力，不可作种，至于拳翅秃眉、焦尾光背，及腹现斑点者，皆去之。其无病之蛾，以右手大指、食指轻提蛾翼，以左手大指压蛾腹之尾部，使之紧张，视其连属无毛处颜色明净，方可制种之用。又有沿筐游走而不交者，或交时拍拍作声及乱交者，皆蛾之病也。

春蚕

收种

春种出于秋茧，择种者于秋蚕即留心查看，另树饲养，茧熟时诸茧皆下而此茧仍留于树，并留人看守，俟冬冷雨雪时乃连枝斫下，挂诸清凉室，最忌烟火薰蒸，一经伤热则种必不育。或饲养时未及留种，则于下茧后，择其茧之坚实者收储之。

出蛾

春分后将茧用细绳穿之成串，须穿其小头，大头有糸，若误针其丝则蛾死不出。以串搭长竿上，移暖室中奉天以纸糊密室，微火烘之，审其节之早晚，量其地之寒暖，暖则撤火，寒则加火，总计柞树生芽之候，以为出蛾之候，候至则蛾悉索有声，穿茧而出春蛾约在清明前后，俗云"清明蛾子谷雨蚕"，每在申、酉、戌三时，过时则弗出。

配蛾

凡蛾眉粗者雄，眉细者雌，腹小者雄，腹大者雌，先出者雄，后出者雌。分贮两筐，俟出齐之后，提置一筐，听其自相配合，以六时为准，过时则须人为之解。盖不及则子多瘕蛾生子之次日，其子由微黄而变浅色，三四日即出蚕，其不变者即瘕，俗名寡蚕，过则雌或胀而死。又雄蛾不足，或留待第二日以配他雌，所生之子亦多瘕，其不瘕者，蚕亦瘠，以父气弱也。配时有不合者，取出以盂覆之，则复合。有贪蜪而拍拍作声者，去之，不去则合者为之解，凡雄蛾多不合，故留种时必雄多于雌雄留六七，雌留三四。

生子

配蛾后，将雄蛾提出，雌蛾以两指捏去其溺，仍置筐中，微火烘之天暖即不用火，蛾自沿筐生子。筐用黄荆嫩条为之嫩条有温气，出蚁肥，筐须每年新制，若用竹木制筐，则不能黏子，而纸糊其外。蛾之良者，其子必散布筐中，若堆垛不匀，即为病证。大约一筐之蛾，极于一百，一人之力，极于五百，每蛾生子二百，合计可得茧十万按，奉天每人育蛾四五百，约占地二十余亩，每亩每蛾产子百余，约得茧五六万，每千茧可缫丝十两，一人所得之丝，约五六百两。

出蚁

生子后仍不能断火，至十余日，蚁出大如针，皮黑色，采柞枝嫩叶置筐中，蚁闻叶香，自缘附而上约一小时，其不上者去之，用水微洒叶上，俟出齐，将柞枝移插河套浅水中，名曰"养蚁"。河南则砍伐柞树芽成屯，以蒿引蚁上芽，移屯溪边，以资浸灌，俗名"下河"，一则叶可不败，一则蚕可得润，名曰"浴蚕"盖蚁幼小，难于挪移，亦难防护，且山高风狂，尤多畏忌，故浴蚕亦必要之法。俟头眠起，然后移之山上奉天则蚁蚕上枝叶后，即将枝叶移置可树上，似未尽善。

移树

移无定时，以叶尽为度。用铁剪连枝剪下蚕尾后之足抱枝甚紧，如不连枝剪下，挪移时须由尾上倒捉之即脱，不然虽断不脱也，盛于筐中，移而分搁于他树。按树之大小，分蚕之多寡，大约一树只供蚕二三日之食，盖春蚕喜移，或间日一移，或一日一移，愈移而蚕愈旺，并有此山树尽而移之他山者，惟眠时切不可移动蚕在树上，若遇春旱，用外洋喷雾器射水于树上，此法河南试用，已有成效。

头眠

春蚕自出蚁后，约七八日或八九日，即头次将眠之候，身肥皮紧，口吐沸丝于叶上名曰绊脚丝，若将此丝误断，则不能蜕皮而死，头向上，不食，嘴脱复生，一昼夜始眠起阴雨则眠两昼夜，黑皮脱而身骤长，色变绿，是谓头眠。

二眠

头眠起后，约五六日或七八日又眠，其状与头眠同，起后皮脱身长，色不变，是谓二眠。

三眠

二眠起后，约三四日或五六日又眠，其状皆与二眠同，是谓三眠。

大眠

三眠起后，约二三日或三四日又眠，其状与二三眠同，是谓大眠，起后不复眠。亦有五眠者，则以五眠为大眠，盖春天日暖一日，故蚕眠日早一日也。

作茧

大眠起后，蚕食叶日急，约四五日或五六日即将作茧之时，蚕沙泄净，喉间色发亮，内外通明。以后足攀枝，以前足牵引两叶相合，或以一大叶相合而吐丝其中，一日茧成，三日浆固，然后下茧按，窝茧之树，其叶要密，并审其蚕之多少，恐叶少蚕多，绣同宫之茧，蛹多颠倒，不但不能出蛾，亦不易缫丝，贩者多剔之，以其丝系两头，多缠绕不解。

下茧

春茧成熟在五月，最早者五月初即见茧，至五月杪始收齐。连叶摘下，剔其上者、次者，分而贮之，其薄茧及油烂者，又分而贮之。摊于箔上，置清凉室中，以备缫丝之用。

春茧收成较秋蚕为有把握，春日天气清明，少大风淫雨，蚕之生育易旺。惟春蚕烘种为紧要关头，习其事者更番守之，数十日夜无少懈。宜用寒暑表使热度渐进，若忽降忽升，则胎先受病，蚕必不旺矣。

秋蚕

收种

秋种出于春茧，择种者于春蚕即留心查看，另树饲养，下茧后摊于苇箔上，置清凉室中。摊茧之法，宜疏不宜密，并随时检阅，其有油烂及带臭气者，剔而去之，盖时当夏令，天气炎热，茧与茧相蒸，稍一传染，种全受病矣箔上茧不时以手拍之，使微惊，否则多不出。将出蛾时，慎勿惊，若有大声惊动，所出蛾全身皆血点，不可用。

出蛾

小暑后，将茧用细绳穿其小头成串，搭长竿上，门窗俱要开敞，令其透风，惟不可见日。秋蛾到时即出，不能为之迟早，大约自下茧后，不过二十余日即出矣俗云"大暑蛾子立秋蚕"。室中系长绳一条，随出随提，置绳上，蛾自抓住，屋有灯火须障之，以防其飞扑。

配蛾

蛾出齐，按其雌雄提置一筐，听其自相配合，一切与春蚕同。

生子

配蛾后，将雄蛾提出，雌蛾以两指捏去其溺，斫柞枝挂清凉室中或檐下、树下，用五寸长细麻拴蛾其上，其子即散着枝叶间，或携至山上，径拴于柞树上亦可。惟雄蛾提出后，须剪其翼，否则飞至山中，鬻雌不止，致不能产而胀死。

出蚁

秋蚕自出蛾后，约十余日则蚁出，俟出齐，然后携至山上，分树搁之，蚁缘附而上约一小时不上者，去之，其树宜用初发之头芽春后斫枝叶，至秋又发芽。若拴蛾于树上，散子亦宜择嫩芽之树，使蚁易食，天旱用水灌树或洒其叶以凉之。

移树

移树之法，与春蚕略同。惟按树之大小，分蚕之多寡，大约一树须供蚕十五日之食，盖秋蚕不喜移树，屡移则蚕不复成茧。

眠起

秋蚕自出蚁后，约二三日或三四日即头眠，头眠起后，约三四日或四五日即二眠，二眠起后，约五日或六七日即三眠，三眠起后，约七八日或八九日即大眠（亦有五眠者），其状皆与春蚕同，盖秋天日寒一日，故蚕眠日晚一日也。

作茧

大眠起后，蚕食叶日急，至八九日，天寒或十余日，即将作茧之时，其作茧之状、下茧之时，与春蚕同。

下茧

秋蚕成熟，最早者在七月中旬，至八月中旬始收齐，其收贮之法，与春蚕同。

秋蚕遇暴风淫雨，往往歉收，而趋之者如鹜，以其工省而利倍也。但丰歉之数，亦不尽关于天时，场之美恶、工之勤惰，亦居其大半，盖土厚树茂之场，旱涝皆不致成灾，而爱惜保护人工，又可挽回之。闻之春蚕丝少，秋蚕丝多，春蚕值农忙之时，饲蚕者少，不过出蛾以备秋种；秋蚕丰收之年，盈千累万，市廛之上，堆积如山，故缫丝者实多资秋蚕云。

缫丝篇

剥茧

下茧后，必剥去其叶，名曰剥茧。茧头有糸，顺其糸而剥之，不可倒剥，若伤其糸，则不中缫。又茧外有浮丝，为茧（缋），或撚为线，织绸时，间而用之，其色微黄，俗名茧花。然其绸易敝，敝常自茧花始，今缫丝者多剥去之。

烘茧

凡茧多不及缫，则蛾穿茧而出，于是有烘房以烘之。房置火坑，周围以墙，前开一小门，坑下置火，将茧盛筐中，用木板支之，离坑二寸许，层累而积之，火气上升，最上之筐先热，蛹在茧中翻动，自有声以至无声，然后将最下之筐挪移于上，其火候以蛹干为度，不可过，亦不可不及又有蒸茧法，但蒸必须晒，阴雨不能晒，茧多烂。

炼茧

缫丝必先炼茧，置大釜，注水其中，搀以碱，搅之令匀，每茧一千约须碱三四两，候水沸时将茧倾入釜中，用木铲频频翻弄，以渍透为度。碱用土碱、面碱、柴碱俱可，尤以洋碱为佳。旧法用荻灰水，今不用。

蒸茧

炼茧后，将茧出置筐中，涤其釜，更注清水，连筐置釜中，釜中之水令与筐底平，火以渐而加，水以渐而升，极猛时水必沸入筐内，直注釜盖，然后火以渐而减，水以渐而落，仍与筐底平，则筐中之碱气淘净而茧亦熟。若火忽微忽猛，致水落后又沸入筐内，则碱气亦因之而入，从此再不能净矣。

上车

茧熟后，将茧盛于盆内，移置床边，先以手提去其粗丝，以清丝头穿入桩上丝眼，又由丝眼引上响绪，上下交互，再由响绪送入丝枰上之丝钩，由丝钩搭上车轴，下有踏脚板，将横条套于轴端，用脚踏之，车自旋转，丝便环绕于轴上。

添茧

丝之粗细不等，有四个茧为一绪者，有八个茧为一绪者，谓之细丝；有十二个茧为一绪者，有十六个茧为一绪者，谓之粗丝凡出口者皆细丝，粗丝内地织绸用之。无论粗细，必须始终为一，若少一茧即粗细不匀，急须另挑一茧，以清丝搭入。

搭头

搭头，亦谓之拾头，有薄而丝先尽者，有飏而丝中断者，又有上撞而抵住丝眼者，皆须剔去，另配以清丝。法，以左手两指分开丝窠，以右手两指执清丝，将丝头搭入窠内，自然夹带上去，天然无迹，若从丝窠外缠绕，便有接续之痕。

下车

丝分绺上轴，有六绺者有四绺者，约重一两一钱余为一绺。缫毕，连车头一并卸下，另换一车头，大约每车有三车头方敷用辐，俗谓之车头，或谓之轩，旧法缫毕即将丝卸下，今仍留于轴上，候丝干再卸之。

烘丝

新缫之丝不干，不可以收贮，仍置烘房以烘之。法，以木板支火坑上，约离二寸许，将车头排列于上层，累而积之，上下挪移，以丝干为度，不可过亦不可不及。亦有晒者，但阴雨不能晒，仍须烘，忽烘忽晒，丝之颜色不匀，即不易售旧法，以火盆置车后，随缫随干，惟车多则不便。

卸丝

车头有六辐者、有四辐者，名为贯脚，其六辐者则活二辐，四辐者则活一辐，为卸丝也。丝干后以木抵住杠木之小头，用椎击之，杠木贯脱，贯脚松而丝自脱，乃提其头双挽之。

缫盆

车置釜旁，随煮随缫，此旧法也。今缫房之大者，多则安车一二百架，少亦安车数十架，若一车一釜、一釜一灶，势不能容多车，其缫几何？盛茧于盆，无论车之多少，茧皆出于一釜，先分置于丝盆，而后分于各车。

缫盘

盛茧于盆，缫时诸茧齐动，目力有所不及，即不免粗细不匀。今缫丝者于床头安一木盘或于床前半截镶一木板，将茧抓置盘中，茧之多寡，一目了然，故能始终如一，拾头亦灵 [便]①，而不费手。

缫车

一人摇车，一人理丝，每车须用二人，再加一司火者，是每车用三人矣。今用脚踏车，名为蹭轩，以手理丝，以脚踏车，一人可兼二人之事。况一车用二人，其迟速总不相宜，若以一人兼之，则迟速得自由，旋转如

---

① 《南洋劝业会研究会报告书》收录的《柞蚕简法》中，此处有一"便"字；再考《安徽劝办柞蚕案》一书，此处似缺一字，应即"便"字。

意而丝必匀矣。

缫工

缫丝须良工，极一日之力，四个茧者一人可缫五两，八个茧者一人可缫七两，十二个茧者、十六个茧者一人可缫八九两。不善缫者，工多而缫少，或黯而无光，或粗而有颣，皆不易售。

出丝

缫工之良者，不惟缫多，出丝亦多，每茧一千，上者出丝十二两，次者出丝十两，又次者出丝七八两，最下者出丝五六两，量茧之厚薄，即知出丝之多寡。不善缫者，或打头绪太重，或余衣太多，出丝即不能如数。

捆丝

捆丝有架，长二尺，高如之，四面为活板，可以上下，底板刻横渠四道，内铺以纸，置丝其中，以顶板压之，贯以铁闩，用杠木抵紧，丝由厚而薄，自然齐整，一二日后将顶板及两旁之板卸下，以细绳穿入底板横渠内，绕丝一周紧束之，计长一尺五分，宽五寸，厚三寸五分。

装箱

出口必装箱，箱务令干洁，不可稍有潮湿，如有潮湿，丝为所蒸，颜色必变。今出口细丝，每绺重一两二钱，八十绺为一捆，重六斤，合英磅八磅；十八捆为一箱，重一百八斤，合英磅一百四十四磅。

乱丝头

缫丝先以手提去其粗丝头，挂于车旁，俗名大挽手，随缫随摘；及搭头时所剔下之丝，俗名二挽手，又名乱丝头，亦随丝价之高低而售之。

余衣

凡茧缫将尽而见蛹者，或蛹已脱出者，谓之余衣，黏连丝上，上抵丝眼，即足以撞断丝绺，若经过丝眼与绺相并，必使光洁之丝突增粗颣，须剔而出之，可拓以为绵。

弃茧

凡茧之不可缫者，则为弃茧，其薄茧、油茧及不封口茧，于摘茧时剔出，出蛾破口茧于下蛾时剔出蛾穿茧而出，俗以为咬破，误也。蚕作茧时必于头上预留一孔，以为出路，口吐汁浆黏之，自然连合无迹，暨化为蛾，复吐浆将茧头润湿，乃穿茧而出，故茧虽破口而丝仍完好。近有创为新法，专缫破口茧及油茧者，若咬破则丝皆寸断，不能缫矣，不上丝眼之水茧，于缫丝时剔出，是皆不可缫者也，有打线纺线之法。

拓绵

拓绵，以稻草灰渍水，将茧放釜中煮之，并加豆油少许，煮熟后取置清水中，浸之一日一夜，再用清水一盆，将茧撕开，一一洗净，层累套在手上，或十余个或二十余个不等，用两手拓之，既成绵，然后取置日中晒之。

打线

打线之法，将茧煮熟煮茧法与拓绵同，去其蛹洗净，用一尺之竿层累套于上，另用铜签，下镇铅坠，上扭为螺纹，尖有小钩，中贯芦筒，以左手执绵叉，右手大指、食指抽绵，撚而为线，将线先缠芦筒，余绕于铜签上钩之，撚其签，签愈旋愈坠愈下，丝亦愈引愈长，将及地乃收之，芦筒上积寸许为一繀。

纺线

纺线，以左手执绵叉，以右手大指、食指抽绵，撚而为线。用脚踏纺车纺之，较打线法为稍速，但纺线与打线总不能匀，所织之绸亦粗甚。

缫丝以织绸也。自烟台通商后，野蚕丝销路日广，业此者乃改缫细丝，由烟台运赴上海而转售于外洋。烟台之商务，以缫丝为大宗，即沿海百余里内之市镇，亦莫不以缫丝为恒业，缫房之大者，往往安车一二百架，或数十架不等，是名内轩；无业贫民及妇女之无事者，授以茧而代缫于家，是名外轩。人烟辐辏之区，车声聒耳，比比皆然，且一年之中，除盛暑月余不缫外，余则无日不缫，以故登郡一隅之产，不足供其十一，而关东茧之进口遂日见其多。考其茧之进口，即知其丝之出口，真东北一带之绝大商务也，不惟商务之盛也，即工艺亦有进焉。其缫也，不以热釜，不以冷盆，先蒸茧而后缫丝，已蒸之茧，十数里可以取携，附近之村落，朝而授茧暮而课丝，权其轻重，以给其值，几于无一里之家不缫丝者，此工之省也；床头置盘，盘中置茧，茧有定数，一目可以了然，其有丝尽或中断者，随手拾之，无事停车而待，亦无粗细不匀之病，此艺之精也。夫野蚕初行时，纺线打线以为绸，咸以为不可缫也，惟郑氏《樗茧谱》始载缫法，而其缫则与家蚕同。今者四海交通，争奇角异，商智渐开，举向之所谓逊于家蚕而不可缫者而缫之，其缫法之敏捷且数倍于水缫，不可谓非工艺之进步也，而精其业者又复改为水缫，以仿织宁绸、湖绉之属，不且进而益上哉?!

野蚕丝俗名灰丝，盖别乎黄丝而言之也。查野蚕初作茧时，丝色亦甚洁白，迨由外而内层层积累，每累一层，必浆以固之，茧既成，复堙其户而垩其壁茧之内容甚光滑，丝为汁浆所染，颜色遂变灰暗。今缫丝者以木为盘，盘底密凿为孔，炼茧后将茧置盘中，用冷水浇之，以硷气淘净为止，然后放釜中蒸之，缫出之丝，洁白不异家蚕，是亦改良之一端也。惟关东茧无论如何制作，丝终不白，或亦地气使然欤！澜按，日本《屑茧缫丝论》有漂白一法[1]，柞蚕丝亦用之。其法，每丝十两，用漂白粉一两五钱，沙打二钱沙打系西洋译名，日本名为重炭酸曹达，各药房有之，买价亦不甚贵，漂时，先用锅注清水，烧之使沸，乃投入漂药，用物拌转，俟药溶解，以疏布袋装丝，束其口，置沸汤中，以袋没汤中为度，汤少则加水，上等丝约煮二时，下等丝约煮三时，连袋取出，冷定去袋，稍整理其丝，则别以器盛微温之汤，又加沙打三钱拌转，以丝向汤中振濯，使去药气，

---

① 此处《屑茧缫丝论》一书，著者待考，清末由浙江蚕学馆翻译为中文。

再用清水洗涤数回，绞燥阴干之。无论如何污丝，用此法能透，真光洁白，不异家蚕。

附：椿蚕简法

种树

椿树有二种，一曰香椿，可充食品；一曰臭椿，即樗树，饲蚕宜用。臭椿种法，秋收椿子，藏之如藏橡子法，春时将地锄松，将椿树子去瓣，分行散入地内，初出时，分移排列，高二尺许摘去树头，使枝桠四出，止要长四五尺，勿令过高，两年成林。

润茧

谷雨后，将茧种或用柞蚕茧，或向山东觅椿蚕茧用温水润过，或二三十枚，或四五十枚，用线穿成串挂壁间。小满时，蛾即出，其法与柞蚕略同。

拴蛾

雄蛾听其飞去，将雌蛾用撚麻，或系其左翅或系其右翅，挂椿树上，雄蛾自来寻对。

出蚕

成对六时，弃去雄蛾，雌蛾即生子树上，八日以后即出小蚕，树叶食尽移置他树。其挪移及防护之法，亦同柞蚕。一月即成茧。

秋种

春蚕既成，便留秋种，其法同柞蚕，悬挂屋内，不用水润，七月初旬即出蛾下子，饲养收成，亦如春蚕。

椒茧

椿蚕一眠起后，移置花椒树上作茧，名为椒茧，此绸最佳，极贵。椿蚕、椒蚕，育法、缫法俱同柞蚕。

《柞蚕简法补遗》

种柞篇

种类

鲁山放蚕之树，向分二种：一曰尖柞，俗名栗树栗当作柞，其叶状类椿树，头尖而长，色绿，较椿叶坚厚；一曰槲树，花叶尾尖而头圆，色深绿，较柞叶宽大。二种皆宜放蚕，而柞叶较槲叶为良。另有小青檞树一种，其叶碎小，状若楝树，俗名青栩子，较槲树更劣，向不放蚕。

种法

种树在山阜土石夹杂，不宜五谷之地，皆从根而生按，此即野生之柞，无需以橡子布种，若以橡子布种，必四五年方能放蚕，其树年年剪伐剪伐在放蚕之后，详见《柞蚕简法》前编，皆贴地丛生，不令成大本，距地仅尺余，高者亦不逾二尺此与《柞蚕简法》前编稍异，每年冬间复修理一次。

育蚕篇

选种

鲁山有春秋二蚕，三十年前，秋蚕收成较春蚕为优，近三十年所养蚕种，相传从关东购来，春蚕收茧后一月内，有自能出蛾者可育成秋蚕，有不出蛾者俗名"闷子"，可作次年春蚕种。收茧时次第摇试，其有声者能出蛾，其硕大坚实而若无声者即闷子，不出蛾按，山东以茧之无声而重者误为蛹已受病，不复出蛾，故春蚕必用秋种，不知此即闷子，乃种之最良者。此河南丝所以胜于山东丝欤！其余之茧放在院中晒干缫丝，大约出蛾之茧不过十分之一耳。从前春茧至立秋前方出蛾，此时天气渐凉，蜂蚁已少，易于放养，近时春茧至小暑后已出蛾，虾蟆、蜂蚁、螳螂、蚱蜢飞食子蚁，顷刻立尽，故乡间皆不放养，其养者亦不过十分之一，且蚕茧蚕种此言秋茧作春种用皆不及春蚕，费力多而获利少也按，山东、奉天春蚕出于秋种，秋蚕出于春种，与河南不同，[①] 然近时柞蚕丝以河南为佳，以宜用河南之法[②]。又按，山东、奉天春种，在春分前后始穿茧烘之，而河南在立春前即穿茧烘之，大约因地气不同，橡树发叶有早晚故也。他省试育，宜因地制宜，未可拘执。五月杪调查员至鲁山，见已有出蛾者，其蛾大于桑蚕蛾一倍，两翼则大于桑蚕蛾十倍，作土黄色，两翼中

---

① 此一句中，《南洋劝业会研究会报告书》中，多出"俟柞蚕传习所试验后再行报告"几个字，应需留意。

② 此处"以宜用河南之法"一句中，《南洋劝业会研究会报告书》将"以"字更换为"似"字，更为合适一些。

间各有两镜，俨若蛱蝶。若放养秋蚕，即将蛾拴树上，可以自配自育，否则置之闲筐而已按，不养秋蚕，宜用新法烘茧，使不出蛾。

烘蛾

春茧非烘之不能出蛾，名曰烘蛾。鲁山有人专开蛾房，代人烘茧出蛾，俗呼为蛾倌，乡间家家皆能养蚕，而烘蛾则非蛾倌不可。其烘法，大寒之节后，凡养蚕之家，将春季所留闷子蚕种，自备荆筐，送入蛾房，聚数十家十余万茧种，线穿成串，立春前三五日，以串搭横竿上，移悬密室中，离地五六尺，室内用柞柴燃火，窗牖紧闭，不令透风，屋顶留一洞以出烟。先用微火烘之，按时酌度添火，火之巨细，时之迟速，全在蛾倌目力若用寒暖计、干湿计，则较为简便，如不得其宜，则茧种必有早出及烧死之患。约历四十五日，至惊蛰前后，蛹已出蛾，由蛾倌拣蛾放在筐内，每筐雌雄各五百枚，仍放烘房内，令其配对，以六时为准，将雌雄分开，弃去雄蛾，雌蛾乃放筐内令产子，俟子产尽，各家即将子筐取去，自行入房烘蚁。除自养外，皆入市出售，两筐为一对，俗呼对筐，约售钱二三千文。

烘蚁

一、烘蚁。各家取筐或买筐后，置室内，仍用细火烘之，名曰烘蚁。其烘蚁之家，必另移一室，若烘蚁仍用烘蛾之室，蚁子必至受病，俗呼为"老娘房"，盖烘蛾之室热度已达极点，再用此室，则蚁子必有干枯之患，约历三十日至清明前后，蚁始出齐，用物刷下，以纸盛之。

下河

一、蚁既刷下，取柞树发芽嫩条，捆束成囤，放在近山溪内，将蚁倾囤上，俗名"下河"。

入场

至五六日后，看柞树嫩叶已盛，即将蚁移入初眠场，放养树上六七日，初眠起后，移入二眠场，二眠起后，移入三眠场，三眠起后，移入大眠场，俗呼"二八场"，盖养蚕功夫至此已有八成也。入二八场即大眠五六日后，蚕老将作茧，另移入作茧场。其管理之法，自出蚁、下河、入场起，即须勤加巡视，至二眠、三眠、大眠，每眠起食后，食叶正盛，尤须时时看守，每丛食叶将尽，即将蚕连枝剪下，移上别丛，稍缓蚕即受病，昼则放炮夜则执灯，巡视林丛，刻不成寐，其食叶之老嫩，各有次第，全在临时移动得宜，若遇晴雨调和，计有十倍之利。自初眠、二眠、大眠、作茧，共须五场，约历四十五日，始可收茧矣。

蚕性

一、蚕性喜燥恶湿，此似为家蚕言之，若野蚕似有相反者。计蚕蚁下河，须五六日之久，至二眠、三眠之间，尤赖三五日一雨，蚕饮雨水，气润则吐丝较多而且光泽按，大风大雨亦不利于蚕，须设法遮护；若天雨不时，专恃人力用竹筒洒水，或用日本喷雾器价亦不贵，每具约十二元，亦可补救，然究不若天雨之匀普也。今年汴境一春不雨，故取丝分两较往年为逊，丝色亦较往年为劣。

收茧

一、养蚕之人，乡人呼为蚕倌，小户人家全是自己放养，其有蚕场而不能自养者，则雇蚕倌。计蚕倌一人，可养蚕子四筐，每筐五百雌蛾，每雌蛾生百子，应得五万蚕蚁，即遇大风骤雨、鸟啄虫食，至少可收茧一万枚，一人养四筐可得四万之茧。其蚕倌每月工价甚廉，仅一二千文，所收之茧，蚕蚁分十分之一为红利，若雇蚕倌至皖，每月约给薪工钱五六千文，红利照分，川资另给。

缫丝篇

缫丝

一、鲁山收茧后，皆自缫丝出售。缫丝尚用土法，每锅每次用清水煮茧千枚，随煮随缫，谓之水丝。其已出蛾之茧，用莜灰水拌匀，再入蒸笼蒸之，然后缫取，谓之干丝。水丝干丝售价略同。

余利

一、每千茧至少可缫丝十两，每两至少值钱二百五六十文，收茧四万，约可得钱百余千，除蚕倌红利十千、薪工二十五千、蚕种五千，场主可得钱六十千，若遇风雨时若，可增至四五倍。

图说

野蚕产于登莱，有厜丝之贡，苏氏遂以东莱之山茧当之，而后儒多沿其误。近人诗文集杂著中，则或误以为樗茧，或误以为柘茧，此皆不知其所出之树也。其知者，则又柞与栎莫辨，槲与檞不分，良以野蚕之推行未广，在作者既未目睹，而流俗之传闻，言人人殊，其胶葛固无足异焉。南皮张孝达尚书《书目答问》中，有刘祖震《橡茧图说》二卷①，今物色之不获，因仿其意，绘为图而系以说，共计蛾图一、蚕图一、茧图一、树图九，虽形似粗具，而物类分明，不至混淆，或亦多识之一助也。至缫织之法，与家蚕大略相同，近人蚕书中多有绘图者，兹不复赘。

蛾，茧蛹所化也，而野蚕蛾为最大，两翼横径四寸许，色赭黄，沿线而中暗，每翼各具一眼，中明如镜，外作黄圈，上有白痕一掠如半月，小

① 即刘祖宪《橡茧图说》二卷，张之洞在《书目答问》中将撰者姓名误作"刘祖震"。

翼眼亦如之，身生细毛，触之则簌簌落，雄者眉粗，雌者眉细，雌雄配合，生子复化为蚕。

　　野蚕，色绿，长三寸，共十二节，自顶以上微赤，两牙相对列，如翦平动，而不能起落。前六足为硬壳，后八足则膜质所成，与体共为涨缩，尾底有双歧，甚似足，其运用亦与足同，脊上肉峰微起，双行并列，上生细毛成簇，至近尾处则孤峰独立如驼焉。脊两旁有黄色一线隔别上下，有小孔九为气管，气管及肉峰上或现金星，多寡不一，俗名"金星子"。
　　柞蚕茧，色灰黄，大于桑蚕茧一、二、三倍不等，在树上绣茧时，以

两足捲两叶，或捲一大叶，而绣茧于其中，向明处转厚，而向暗处较薄。

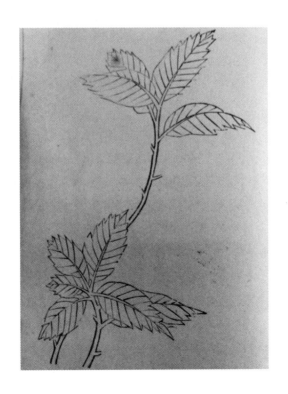

　　黄栎，叶短而厚，上半有歧缺，作锯齿形。初生色微黄，味甘，蚕食之无病，故饲蚕以黄栎为最。惟不易长成，四五年始可蚕也。其种宜黄壤，木细密，可为器具。

　　灰栎，叶微长，无歧缺，有刺。初生色微白，背有细茸，作灰色，味苦，然多汁，饲蚕易肥且出丝坚韧。其种宜白壤，木亦坚实。

　　红柞，叶细而长，无歧缺，有细刺锐如针。初生色微黄，味甘，最发蚕，早眠早起，茧大而厚，且叶尽易生，春秋相继，宜于头眠后食之。其种宜黄壤，木细密，色红。

　　白柞，叶微小，无歧缺，有细刺锐如针。初生色微黄，味甘，发蚕与红柞同，以饲小蚕尤佳。其种宜黄壤，木细密，心、理皆白色。

拷柞，叶似栎而长大，无歧缺，有刺，色绿，甚光滑，味微苦，以饲蚕出丝坚韧，惟易致病，宜于大眠后食之。其种宜黑土，木粗而劲。

小青槲，叶小而薄，有歧缺如锯齿，色青，有微毛，味苦，萌蘖最早，春蚕喜食之，故种者多其种。宜黑土，粗甚。

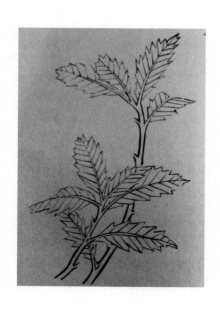

大青楣，叶大而长，有歧缺如锯齿，色青，有微毛，味苦，其生较小青楣尤早，采其枝用水生之，可以养蚁。其种宜黑土，木亦粗甚。

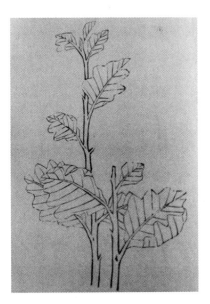

大槲柞，叶粗厚，顶微圆，上宽下窄，大如掌，有歧缺，齿亦微圆。初生色黄，有微毛，味苦，蚕食之多瘠，有色青者一种，饲蚕颇肥美。凡沙石之地皆宜之，丛生，干直立无旁枝。

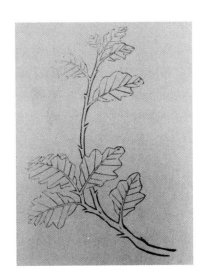

　　小槲柞，叶较小，顶微圆，上宽下窄，有歧缺，齿亦微圆。初生色黄，有微毛，味苦，饲蚕肥而出丝多，有色青者一种，尤佳，且长成最速。凡沙石之地皆宜之，木粗而多孔。

安徽柞蚕传习所试育柞蚕第一次报告书

原始

柞蚕之名，始见于郭义恭《广志》，其饲养之法，则肇于山东登莱诸郡，由是而奉天、河南、陕西、贵州诸省闻风兴起，转相仿傚，日盛一日，而奉、齐、豫三省最多，柞丝、茧绸，岁为出口大宗，日、俄二国，购者尤众。

设所

光绪三十四年，祥熊承乏劝业道，设立劝业公所，沈方伯以王令元綖精于蚕学，荐充科员，王令呈所著《野蚕录》一书，详说山东柞蚕之利，及种树、育蚕、缫丝、织绸诸法，嗣又觅得河南、奉天饲养方法，乃属农务科长徐令澜，考其异同，编辑《柞蚕简法》刊布流传。祥熊前在凤阳，见凤境野生柞树极多，拟设一传习所，所以开风气，约需开办费一千一百两，常年费二千五百两，沈方伯力任筹款，遂派商务科员刘令宏达为所长，前往河南鲁山等处，详细调查，以河南之丝较胜于山东也。刘令调查回省，开呈节略，其法有与前刊《简法》不同者，复属徐令编次之，附以图说，为《柞蚕简法补遗》，亦刊布流传。而刘令由河南延聘管理蚕事者一人曰王平章，又精于饲养者四人，以充蚕师，并购到茧种四万枚至凤阳，择定森泉寺左近，多柞宜蚕，拟在此处设所，而凤民诧为洋蚕，颇多疑阻，经再三劝导，始得租定蚕场，而借用森泉寺修造房屋，设所开办。嗣以商科事繁，调刘令回省供差，改派谭县承启桂接办。

选场

放养柞蚕，必先选择蚕场，场中之柞宜小而低，不宜大而高。森泉寺左近，有柞百余亩，皆贴地丛生，高三四尺，最便放蚕，树之种类，以尖柞为多，而青榍次之，槲栎较少，约可放蚕种二十筐；距森泉寺十余里悟道庵，左近亦有柞数十亩，高三四尺，其种类以槲栎为多，而青榍次之，尖柞较少，约可放蚕种十余筐，皆租为蚕场。考柞树即橡树，亦即栎树，民间以之砍柴烧炭者也，其种有三：一名尖柞，其叶光泽，尖而长，状类栗树，亦类椿树，有黄栎、灰栎、红柞、白柞、拷柞五种，所放之蚕，其茧小而坚实；一名青榍柳，其叶尾窄头宽，较尖柞叶约大一二倍，厚薄相同，有大小二种，所放之蚕，茧大而匀；一名槲栎，又名槲树，其叶怒生，较青榍叶尚大一倍，色浓绿，而质坚厚，亦有大小二种，所放之蚕，其茧尤大。而凤阳则三种均有。

烘蛾

春蚕茧种，必烘之而后出蛾，名曰烘蛾。山东春种出于秋蚕，秋种出于春蚕，而河南则以春蚕茧之不出蛾者，名曰"闷子"，留作次年春蚕种。传习所用河南之法，于大寒节后，以鲁山购来茧种，线穿成串，至立春前五日，以串搭横竿上，悬之密室中，离地五六尺，室内用柞柴燃火，窗牖紧闭，不令透风，屋顶留一洞以出烟。先用微火，按时酌度添火，火之巨细，时之迟速，全在目力明年拟用寒暖计、干湿计，一不合宜，则有早出及燥死之患。约历四十五日，至惊蛰节，蛾陆续破茧而出，选其强壮，别其雌雄，眉粗者雄，细者雌，放在筐内，以黄荆条制之，每筐雌雄各五百，凡三十筐，雌雄配对者凡三万蛾，仍放烘室内，令其配合，以六时为准，将雌雄手拆之，去雄留雌，雌散子沿于筐，其巨如黍。自此，乃以三十筐定选树之准数，与得茧之预算矣。树之准数，大约柞树三十亩，可育蚕种四筐，一蚕师管理之茧之预算，大约每筐可收万茧，三十筐应收三十万茧，此中数也，丰歉则视乎天时。

烘蚁

清明前十日，乃取筐环置室内，中用细火烘之，视柞芽之迟早，酌温度之高低今年尚用目力，明年拟用寒暖计、干湿计，昼夜不息，名曰烘蚁，亦名烘子。惟烘蚁必另移一室，若仍用烘蛾之室，热度已达极点，则蚁子必有干枯之患。至上巳前后，子化为蚁，蠕蠕然缘筐行，用物刷下，以纸盛之。

下河

蚁既刷下，于是掘渠引水如有山溪者，即用山溪，取柞树嫩芽，束之成捆置渠中，刷蚁附之，名曰下河①，七日，乃移入蚕场，置之树上。

眠起

蚕之眠起，四五次不等，场亦须分四五处，每一眠起则移置一场，至大眠后五六日蚕老，周身通明，另移入作茧场，即在树上绣茧矣。其管理之法，自出蚁、下河、入场起，即须勤加巡视，至二眠以后，每逢眠起，食叶正盛，尤须时时看守，每丛食叶将尽，即将蚕连枝剪下，移上别丛，稍缓蚕即受病，昼则放炮夜则执灯，巡视林丛，刻不成寐，以防虫鸟之害。其食叶之老嫩，各有次第，全在临时移动得宜。此次试育，见蚕具五色，青、黄、赤、白及褐色，黄者居多数，赤者最大，粗如食指，重五钱有奇，而结茧稍迟。当夫朝露未晞，旭日初上，蚕缘枝食叶，沙沙如细雨声，其色映日，如金如珠如孔翠。乡民来观者，无不生羡，向之以为洋蚕，谓其不宜中土者，咸恍然于天生异品，足以利民，特前次无提倡者，故愤愤耳，至是而民智渐开矣。

收茧

山东收茧在五月，河南收茧在四月，传习所蚕场中，至四月十七日即见茧，数日则垂垂满树，茧在叶下，绿白相间，观者欣羡不置。尖柞之蚕茧小而较白，青棡、槲栎之蚕茧大而较灰，其重量二三钱不等，据蚕师说，茧质之良，实胜于鲁山。当初豫算本可得三十万茧，后因四月二十一日风灾，森泉寺蚕场损失约万茧，而悟道庵蚕场又因蚕伤热病，损失三四

---

① 此"曰下"二字处，原书残破，补正于此。

万茧，共实收茧二十五万枚。盖柞蚕之性，喜润恶燥，若天时雨旸时若，收成且数倍，若久晴酷热，则蚕患热病，须以人力洒水，今年仅用竹筒洒之，现已购到日本喷雾器，明年拟试用之。惟烈日之下，骤下暑雨，最易染病，至大风大雨，惟适值绣茧之时，蚕半身悬空，则易堕落，不复成茧，平时则蚕足缘枝甚固，虽遇大风雨，亦不致过于损失。

缫丝

河南缫丝，有水丝、干丝二法，而水丝为佳，传习所之蚕师，只能缫水丝。其法与缫桑丝之土法略同，每缕用十六茧至二十余茧不等，故其丝质粗而颣节多。谭县丞乃延江南蚕桑毕业生赵儒芸，以日本小车试缫之，每缕均用五茧，细而且匀，色亦较白，与土法缫者大不相同，惟柞茧较桑茧浆质胶粘数倍，必煮至一点钟之久，茧壳方能软熟。釜中之水，须在热表二百度，方能缫抽，核与日本《屑茧缫丝论》中之法相同。今年二十五万枚之茧，除分送外，因明年拟推广多养，留种约二十万枚，故缫丝不多，平匀计算①，每万茧可缫丝一百十两，若尽行缫丝，约可得三千两。传习所为开通风气，传授学徒起见，故宜留种推广，而不能缫丝售卖，若将来民间能自放养，不过费六七人之力，阅数月之久，以售价每两三百文计之，应得钱八九百千，其利亦厚矣闻去年柞蚕丝销洋庄者，至秋后价贵，逾于桑蚕之丝。

丝质

柞蚕丝与桑蚕丝比较，其优点有三：用日本检尺器、检位衡、检力器试验之，复合以中国之度量，其茧丝之长，可得裁尺二百余丈；其五茧之丝，伸度每丈可伸二尺五寸；五茧丝之强力，可提三两余之重量而不断，其纤度则与桑蚕丝相仿。缺点有二：柞蚕就树结茧，偶尔风来，则吐丝稍停，故多颣节，不如桑蚕丝之易缫；色微黄或灰，不如桑蚕丝之洁白。现在已研究缫丝之法及漂白、染色、织绸之法，闻西人现造飞行艇，须用柞蚕丝制气球，想因其丝质之韧耳。

---

① 此句中"平匀"二字，似应为"平均"。

秋蚕

山东秋蚕至立秋始出蚁，天气渐凉，害虫渐少，故山东养秋蚕为多；河南秋种，至小暑即出蚁，天气甚热，害虫甚多，故河南养秋蚕者少。《柞蚕简法补遗》中已说明之。此次传习所试育秋蚕，因春蚕茧多闷子，出蛾者不及十分之一，夏至后即出蛾、产子、化蚁，均听其自然，至小暑节一律成蚁，陆续移送上树。查旧法就树拴蛾，即附叶生子，始照此办法，系蛾六七百，不数日俱被虫伤，因改置筐中生子、出蚁，然后移树上，乃山系久荒，害虫极多，其最虐者有一种金壳虫，专食树之嫩叶，又一种黑壳虫，俗名臭牛，大者名天牛，日间四飞，雨中及夜间则缘枝叶食蚕，不尽不止，日夜分班看护，终难尽净，再于日间用药水、烟熏之法，夜间用燃火诱集之法，亦竟不效。始信皖省气候与河南相同，似不利于秋蚕，明年拟购用山东蚕种再试育之。

推广

民可与乐成，难与图始，信哉！当刘令始至凤阳，租山设所，群相疑阻，经刘令再三演说，撰贴白话告示，始得租定开办。谭县丞接办之后，又竭力经营，随处劝导，直至结茧满山，而民间始信柞蚕之利，闻风兴起。现在定远贡生方璧等，在小寺湾、杏山寺二处设立蚕场，从九王之衡等亦在镇铘寺设立蚕场①，均禀请借给蚕种，代售蚕师，业经批准，并饬凤、定二县保护在案。而霍邱县袁令励衡，亦禀请做办传习所，尚未办定。祥熊又查，滁州柞树甚多，拟择地分设一所，已饬由谭县丞前往滁州租定关山边堡陈绅景蕃家柞山一大片，该处满山柞栎，青棡尤多，拟明春开办试育春蚕。又查皖省南北各属，凡有山之处，无不有柞，民间只知砍柴烧炭，大利之弃，甚可惜也。拟在皖南、皖中，再分办数处，使数年之后，大利骤兴，亦足为皖民救贫之一法，惜财政困难，经费尚未筹定耳。

---

① 此句中"从九"一词，指古代官僚等级体系中，九品十八级官制中的第十八等级，此外还包括未入流的各种官职。

凤阳柞蚕传习所蚕事分级表

第一级　自烘茧至出蛾					
元年十二月 十二日	二年正月 十二日	正月 二十三日	正月 二十五日	正月 二十八日	正月 二十九日
穿茧入暖房，悬诸竿烘以火	雨水节。自入暖房后，火以次而加，至雨水节火益大。	始出蛾二三枚。	惊蛰节。蛾出渐多。	配蛾一筐，每筐计雌雄蛾各五百个。	配蛾一筐。
二月初一日	二月初二日	二月初三日	二月初四日	二月初五日	二月初六日
配蛾一筐。	配蛾一筐。	配蛾五筐。	配蛾四筐。	配蛾二筐。	配蛾四筐。
二月初七日	二月初八日	二月初九日	二月初十日		
配蛾四筐。	配蛾二筐。	配蛾三筐。	配蛾二筐。		
附　说	按，自河南购茧四万枚，今配蛾三十筐，计共蛾三万个，合七五成出蛾。按，自十二月十二日烘蛾，至正月二十五日蛾竞出，计凡四十三日，其中用火之法，蚕工但云升降视乎天时，亦且由于心计。然究不能举其所以然者以告人，遂无所据以为准则。拟今冬于蚕室内外置寒暑表两具，每昼夜分五次，详记内温、外温，则火力之进退与其高下，似可参考而知，以后乃较有把握矣。				

第二级　自烘子至出蚁蚕工呼初出卵之蚕曰蚁					
二月十六日	三月初三日	三月初四日	三月初五日	三月初六日	三月初十日
入暖房，始烘以火（按，是时在春分后五日）。	蚁始见。于是日开渠引泉，剪树嫩条，束立水次，名曰插墩。	蚁次第出。用嫩柳引蚁，扫之以羽，移于墩上，名曰上障，又曰下河。	蚁出益多。	蚁涌出。	蚁尽出。每筐中有蚁未扫净者，置筐于墩旁，蚁自沿缘而上，名曰坐墩。
附　说	按，自二月十六日烘子，至三月初五日蚁盛出，凡二十日。其中火力之大小，蚕工云：视柞发生之迟早，为用火之缓急。所言固有至理，但用火之法，伊亦不能明言，亦应用寒暑表试之。按，《简法》云：蚕蛾下子，堆垛不匀者即为病证。查各筐之子，均不免此病，而子已在筐，迨化为蚁，即无法剔除之。来年应先行选蛾，以清其受病之根。				

续表

第三级　自分蚁至结茧					
三月初八日	三月初九日	三月初十日	三月十一日	三月十六日	三月十七日
分蚁上树，计九筐（按，分蚁移蚕，系簇筐与烘茧之筐不同）。	分蚁十一筐。	分蚁十三筐。	蚕有头眠者十之三。	头眠已齐。	间有二眠者，其余则头眠未起者半，已起者半。
三月十八日	三月二十日	三月二十一日	三月二十五日	三月二十六日	三月廿八日至廿九日
移蚕入二眠场，计四十筐。	移蚕十九筐。是日头眠起者已齐，二眠者十之五六。	移蚕六筐。二眠起者已数百枚。	二眠已齐，间有三眠者。	二眠起者十之四五。	移蚕入三眠场，共九十筐。三眠已齐。
四月初一日至初三日	四月初五日至初七日	四月十四日至十六日	四月十七日	四月廿三日至廿五日	四月二十八日
移二眠蚕至悟道庵，共三十二筐。是日三眠齐起，间有大眠者。	移蚕入大眠场，共二百一十筐。	移蚕入二八场，共二百七十筐。	始见茧三枚。	移蚕入茧场，共三百三十五筐。	本场见茧十之四五，悟道庵见茧十之五六。
五月初一日	五月初二日至十一日				
两场同日摘茧，本场一万一千枚，悟道庵八千五百枚。	本场摘茧共十八万二千五百枚，悟道庵共六万八千三百枚。				
附　说	按，春蚕二三眠时，蚕工均言蚕为上上，及计其结茧，只为中稔。其中因三月二十三、四、五等日大风大雨，四月初一、二日大雾，四月二十一日风灾，致受大损；而害虫之啮噬，又复种种不一。至于挑蚕往悟道庵，因受热蒸，遂致所收不能十分满足。然初次试养，幸即告成，故远近来观，莫不欣羡，而思仿办也。				

柞蚕简易办法

柞蚕试办之始，须先选租柞树或青棡、槲栎连片之山场放蚕之树，以旁枝侧条、贴地丛生、高二三尺者为合用，约百余亩此就放养十六筐蚕种而论，或增或减，可以相地之宜，随时酌定。惟第一年有招雇蚕师等费，则至少必须此数，见利方厚，于秋冬农隙时，如法修剪只去长枝，不令太高，如成本大树，则须从根伐去，俟其丛生小枝，一年后即可放养，大约树密之地，每三十亩可养蚕种四筐之谱。大寒节后，即须入房烘蛾法详《柞蚕简法补遗》、《第一次报告书》及《蚕事分级表》，惟蚕事以烘蛾为较难，即豫省相传百余年，习其技者亦颇少见《烘蛾说》，皖省风气初开，民间自行放养者，恐不免以购种匪易，或生疑阻。兹特为筹一便利之法，如今年冬间派员赴河南鲁山，多购茧种，添雇蚕师，在省城蚕业讲习所及凤阳柞蚕传习所两处，附设制种局，烘蛾制种，听绅民就近到局请领，每筐一对，酌收价四千文按，茧价每个三文，对筐须二千茧，已合钱六千文，筐、炭、人工等费尚在外，兹为提倡起见，故特减收。如有放养者，应先择定山场，约须用种几筐，尽十月内预行函告，俟明年清明前一月，备价领取。惟初次试养，烘蚁、下河、上山等事，如无蚕师，恐难合法，并可由制种局代雇，以便指导蚕师工价，每月六千文，道远者须酌加一二千文，火食在外，计养蚕十六筐，有蚕师二人，再用工人二名，即能照料周备每人约可养蚕四筐。若虑创办之初，收茧取丝，不能自谋销路，现拟暂由制种局一律收买，估其成色，照给价值，以资提倡。今姑约算本金及获利数目如左。

山租以一年计	约钱四十千文
房租五个月，三间	约钱六千文
蚕种十六筐	计钱三十二千文
蚕师二人，每人每月工资六千文，以五个月计算	计钱六十千文
雇工二人，每人每月工资二千文，以五个月计算	计钱二十千文

续表

山租以一年计	约钱四十千文
蚕师雇工火食四人，每人每日一百文，以五个月计算	计钱六十千文
蚕师来往川资	约钱三十千文
缫丝车二具	约钱十千文
缫丝锅及修树剪、蚕筐一切杂用	约钱十千文
以上共需钱二百六十八千文	

　　试更以获利计之，养蚕十六筐，每筐约收茧一万枚据蚕师云，每筐五百雌蛾，生子实在十万枚之外，而豫省历年所收，以万枚为中数，多至一万数千枚而止，其损失之额，几十居八九，固由于防护不易，实亦配蛾制种，素无研究所致，若能照家蚕之法改良，其收数当不止此，共可收茧十六万枚，每茧千枚缫丝十一两，约可得丝一千七八百两，丝价每两约售钱三百文，合计得钱五百余千文，即以卖茧而论，每个售钱三文，亦值钱四百八十千文，除去用款，均可余利二百余千文。若家有山场，兼育秋蚕，并能烘蛾、烘蚁，自行放养，不须蚕师雇工者，则其利更巨矣。

烘蛾说

　　放养柞蚕，以烘蛾为必要，亦以烘蛾为较难，凡春蚕选蛾制种，非先期烘茧不能出蛾。皖省风气初开，现拟设制种局，购茧烘蛾，听民间价领子筐，简便之法，无踰此矣。顾或谓因其难而代谋之，是民间无由谙烘蛾法也，不知倡始者必躬为其难，斯仿傚者无所疑畏，而大利由是兴，利兴则衣食于斯者日以众，必将穷究其所以然，分其功、精其业、营其利，而难者易矣，况未必果难耶？且柞蚕以豫省为最盛，请更以鲁山已然之事证之。鲁山全邑，民恃蚕业以生，比户皆知养蚕，然能烘子成蚁者十之五六，而能烘蛾者则十之一二耳。其民间惯习，有专开蛾房者，每年冬收茧烘蛾，来春生子，计筐出售（每对筐价，钱五六千文不等）。养蚕之家，有茧种者，届时备荆筐并茧，交蛾房代烘，给以炭价、工赀（每烘千茧约给钱五六百文），蚕子生齐后，连筐取回，烘蚁放养。其无茧种者，则向蛾房预订子筐若干，至期购取，又有临时购自集市者（鲁山清明前一月，大镇集上均有出售之子筐），此外亦有集合十数家，共雇一蚕倌烘蛾者。其民每只习烘蚁，而习烘蛾者恒少，盖其间又有二原因焉：一原于风气蔽塞，文明新理尚未输入，不知寒暑表、干湿计为何物，蚕倌烘蛾第凭一身试天气之寒燠，默察温度之高低，而不能以言语发明其理由，指示其标准，业此者非五六年经验不可，既非人人所得而学，即非人人所得而能；一原于茧多乃便烘蛾，穷檐数口之家，养蚕不过数筐，所须不过数千茧，无论未必有适宜之烘蛾室两间，即有矣，而数千茧实不值用火。有此二因，故非由蛾房代烘，即集合十数家共烘，否则临时购种也。然则豫省柞蚕盛行，而烘蛾者之简少若是，吾皖绅民，即欲多雇鲁山烘蛾之人，岂可必得哉？制种局之设，盖以少数人烘蛾，供多数人取求，开通风气，斯为最善。一面仍由传习所教导生徒，实习烘蛾，一二年后，生徒咸知其法，归而导其乡人，成效之昭著，当不在豫省下。况皖省四达之地，已著文明，本旧法而参以新知，由深造而至于有得，将必有制图立说，发明其理由，指示其标准者，将必有专设蛾房，以肆应乡民之取求者。孰谓烘蛾之果难，而不可以学而能之哉？

附公牍

详报柞蚕传习所开办稿

为详报事。窃查齐豫等省，发明一种野蚕，食柞、栎、青栩等叶，较之桑蚕，工省效速，于小民生计最为有益，故近年来日益发达，始仅供内地织绸之用，今且为出洋大宗。查河南通年产额，值银二千余万，岁收厘捐数十万两，直接固为民生大利，间接亦有裨于公家财政。职道访闻皖北等处，野生柞树极多，久思为因利而利之计，兼以禁种莺粟之后①，民间骤失利赖，尤不可不亟筹补助，以善其后。兹经撰发白话告示，通饬晓谕，并饬精于蚕学之员，编辑《柞蚕简法》成本，刊印通颁，以便仿行。

---

① 此处"莺粟"，即"罂粟"，同音所致。

惟事不经实验，不足以资提倡，拟先在凤阳设立柞蚕传习所，租地开办，拣派讲员，雇用蚕师，招集生徒，授以种柞放蚕之法，试办有效，即可逐渐推广。现在规画经始，先派员至河南调查种柞饲蚕方法，并选雇蚕师，一面即派员赴凤阳查勘柞树最盛之处，租地若干亩，作为试验场，靠近场地租借祠庙一所为传习所，俟由河南调查之员到凤，即筹办开所事宜，并以凤阳县知县兼充该所提调，以便保护而资倡率。预算开办经费约一千一百两，常年经费约二千五百两，应于何项内动支，容职道与藩司商筹的款，另文禀请拨给。所有现拟兴办柞蚕传习所缘由，理合开具简章，暨委员衔名，分缮清摺，并检同《柞蚕简法》一本，具文详报，仰祈

　　宪台鉴核，俯赐批示立案，实为公便。为此，备由呈乞

　　　　　　　　　　照详施行　　　　详　　抚宪

柞蚕传习所暂订简章

一、本所宗旨，以直隶、东、豫各省现养柞蚕，为民生大利所在，拟仿照兴办，务使各州县百姓，皆知种柞养蚕之法，因风气初开，先设传习所一处，以为提倡。

一、皖北各州县，原有野生柞树颇多，凤阳尤盛，而地居皖北首要，故先于凤阳设所。

一、本所暂不建造房屋，拟租本地寺庙为校舍，或于其傍添造草屋一二十间，俾敷居住，就近择柞树最盛之处，租地若干亩，以作柞蚕试验场租地多少，俟开办时察看所房宽狭，暨工力所及，再行酌定。

一、本年先派员至河南延聘蚕师，并采集各种野茧，及育蚕、缫丝器具，以为传习所标本与实地习验之用。

一、试验场野生之柞，必修剪一二次，方可育蚕，其旁生之杂木，亦须伐去，应于本年八九月间，督饬蚕师如法剪伐，至十月收采橡子，补种新树。

一、拟明年正月传习所开校，所内设所长兼文案一员，讲员兼庶务收支一员如果事繁，一员不能兼顾，临时再行添派一员，蚕师三人，杂役八名。

一、本所设正班学生五十名，住所不收膳学费，以粗通文义、勤朴耐劳者为合格，以备养成讲员、蚕师之用。另设附班学生无定额，不住所供

膳，不收学费，凡本地农民，皆准每日来所学习二小时，俾能自行饲养，以求普及。

一、凡正班学生，入所肄业者，于报名时须注明籍贯，并邀请公正绅商为保证人。

一、传习期限，正班生以一年毕业，讲习、实验并重。每年十二月起，授以烘蛾、烘蚁实验，并上课讲习，至次年三月起，授以春蚕及缫丝实验，六月起，授以秋蚕及缫丝实验，九月起，授以修剪旧树、栽种新树实验。凡实验期内，均仍随时讲习，至十月底毕业。附班生，自三月起至十月止，以八个月毕业，随同正班生实验各事，并随时口授讲习。十月终考验成绩，正班生给毕业证书，附班生给修业证书。

一、蚕师多系乡人，未必通晓文理及教授之法，故另设讲演员，按照《柞蚕简法》各节，与蚕师详细研究，编成白话，分课讲授。惟蚕师亦须随同上堂，以备生徒质问及验习等事。

一、民户如自有柞树山场，愿试办者，本所当力为保护，应需蚕种若干，可备价请由本所代购。

劝养柞蚕白话告示

为出示晓谕事。我们中国有名的大宗出产，就要算茶、丝两种，丝的用途，较茶的用途更多，所以利也更大，这是人人都晓得的。不过大家所说，都是用桑树养的家蚕，我现在打听得，家蚕之外更有一种野蚕，也与家蚕之利，不相上下，其养法却比家蚕格外容易，大约你们未必知道，我如今就说与你们听听。野蚕吃的，不是桑树，另是一种柞树，又叫橡树，又叫栎树，又叫青栩柳，又叫槲树，名目虽不同，样子却差不多，都可以养得的。至于养的法子，不用人喂，把他放在树上，任其自己吃叶，只要常常赶去鸟雀等类，休让他在树上伤害，不过二十余天，就能结茧，等到茧子结成后，便可取下来抽丝卖钱，你说简便不简便呢？我听见养野蚕地方的人说起，一个人可以养四五百个蚕蛾的子，一个蚕蛾，生子一百多个，算起来可以得五六万个茧子，一千个茧子，出丝十两，一人得丝五六百两，值银一百四五十两，贵的时候，可以卖到一百六七十两，这还是一季收成，野蚕春秋都可以养的，若能养两季，那所得就更多了。这个法子，本是从山东兴起，后来河南、陕西、贵州、奉天各处都学着养起来，年年进项，有几十万两的，也有几百万两的。奉天省，就是现今浙江增抚台，做安东县时，教人办的，到如今不过十年功夫，已经有六七百万银子一年出息。河南鲁山县地方，有一镇市叫拐河集①，逢到蚕忙时，上海、汉口都有人去坐庄收买，一年的丝价竟要值两千多万银子。这都是有凭有据的，你们说这种利，大不大、厚不厚呢？如今人人所知道的，什么山东土绸，什么周村连机绸，什么汴绸、汴绉，什么南阳缎，都是这野蚕丝织的，就是外洋洋绉、洋巴缎，也都是搀用这个丝，所以俄罗斯、日本各国都争著贩运，出口的货，一年多如一年，果然能大家做起来，非但中国不愁没有销路，还可以发洋财，真是一桩极便易的事情。现在皖南北有几处，自生的柞树极多，满山都是，真算得天然的财产，顶大的利源，如今人开口就要说安徽土瘠民贫，真真是冤枉极了，依我看来，竟偏地是黄金呢！况且这个橡树，不止叶子可以养蚕，结的果子外壳，叫做橡椀，可以染青，南京的玄色缎子，都是拿这个染的；果子可以磨粉吃，六安州有卖栗子粉的，就是这个东西；老枝粗的锯下来，埋在潮湿地里，可以长木耳；生过木耳之后又能烧炭，有一种极好的炭，名叫栗炭，就是这个木头烧的；更有一样极大的用途，橡树的皮，可以熬胶，洋人拿他制造各样东西，中国人都叫做象皮，其实就是这个胶做的。这些用场，你们都不晓得，仅拿他砍做柴烧，不是把真珠宝贝当做瓦块看了吗？实在可惜得狠。现在本道已把种柞树养野蚕的法子，打听得清清楚楚，编出书来，发给各州县，你们想看的，可以到州县衙门里去要；又派委员到各处细查，看看那里这个树顶多，再到山东、河南找会养野蚕的人，买野蚕的种子，来教你们，帮你们兴这个大利。安徽荒地荒山，真正不少，若是到处种柞养蚕，总可以同河南鲁山县一样，每年也有一两千万的进款。你们于五谷杂粮之外，添了这些钱，还怕什么荒年，怕什么穷呢？我现在这个告示，编成白话，晓谕你们，也是一片苦心，无非想你们多几个人知道，以后有柞

---

① 拐河集，清代南阳府裕州（今方城县）境内一处市镇，距离鲁山县境不远，但并不属于鲁山县。此处作者的说法有误。

树的地方，千万不可糟蹋①。有识字的人，把这告示念给大家听听，如果能齐心办起来，真是子子孙孙，享不尽的利益，那不好么？特示。

批定远县增贡生方璧禀仿办柞蚕请给茧种并代雇蚕师由宣统二年五月十二日

禀摺均悉。该生因见官办柞蚕已著成效，请于小寺湾设场仿办，热心桑梓，嘉许殊深，所需茧种，准由凤阳传习所借给，仍俟结茧后，照数还茧，并由该所长代为选雇蚕师一名，以资向导。惟该生此举，为开通风气起见，须知公家设所传习，系教育性质，员司工役，人数不能过少，开支因而较钜；若民间养蚕，则纯乎营业性质，必须力求节省，始能获利，切勿摹仿学堂公司规模，因糜费而失败，转致阻阏柞蚕进步。该生其善体此意！仰该所长即转饬遵照，摘由批发。

① 此处"糟蹋"，原文作"蹧踏"，似音同所致，故加以更正。